技术 森林营造

SENLIN YINGZAO

JISHU

主　编　张玉芹

副主编　唐志红　张亚雄

参　编（按拼音排序）

吕志鹏　宋　杰　宋加录

杨双宝　张虎林

重庆大学出版社

内容提要

"森林营造技术"是高等职业教育林业技术专业的核心课程,是讲授人工林营造和培育的基本理论和技术的一门应用性课程,具有较强的综合性、地域性与实践性,是林业工程岗位技术人员必须掌握的知识和技能。甘肃林业职业技术学院按照"项目导向,任务驱动;知行合一,学做结合"的原则,在对林业工程岗位进行工作任务调研、职业能力分析的基础上,依据职业标准,基于工作过程,聘请林业技术专家与校内课程组骨干教师合作编写了《森林营造技术》"活页式"项目化教材。书中内容包括造林作业设计、造林施工、造林生产管理、主要林种营造、主要树种营造五大学习项目(情境),22个学习性工作任务。每个任务按照"任务目标—实践训练—背景知识—巩固拓展"的逻辑体系编写。

造林作业设计、造林施工、造林生产管理是本书的核心内容,是林业技术专业学生和林业工程岗位技术人员必须掌握的知识、技术和技能;主要林种营造、主要树种营造为选学内容,各学校可依据课程学时安排和当地人工林经营方向选学。教学内容的选取以技术、技能应用为主线,基于工作过程,突出基本技能和综合能力训练,专业知识的讲解本着必须让学生够用的原则,有利于学生可持续发展,能够满足学生在工作中轮岗、创业和创新的需要。

本书可以作为高等职业技术学院、高等专科学校、成人高等学校以及中等职业学校林业技术专业以及水土保持技术专业、森林资源保护与管理专业等相近专业的教学用书,也可供林业工程岗位技术人员学习使用。

图书在版编目(CIP)数据

森林营造技术 / 张玉芹主编. -- 重庆:重庆大学出版社,2022.7

ISBN 978-7-5689-3066-6

Ⅰ.①森… Ⅱ.①张… Ⅲ.①造林—高等职业教育—教材 Ⅳ.①S725

中国版本图书馆CIP数据核字(2021)第241909号

森林营造技术

主 编 张玉芹
副主编 唐志红 张亚雄
策划编辑:尚东亮

责任编辑:鲁 静 版式设计:尚东亮
责任校对:刘志刚 责任印制:张 策

*

重庆大学出版社出版发行
出版人:饶帮华
社址:重庆市沙坪坝区大学城西路21号
邮编:401331
电话:(023) 88617190 88617185(中小学)
传真:(023) 88617186 88617166
网址:http://www.cqup.com.cn
邮箱:fxk@cqup.com.cn(营销中心)
全国新华书店经销
重庆俊蒲印务有限公司印刷

*

开本:787mm×1092mm 1/16 印张:19 字数:381千
2022年7月第1版 2022年7月第1次印刷
ISBN 978-7-5689-3066-6 定价:58.00元

　　本书在编写过程中注重"森林营造技术"课程所蕴含的思想政治教育元素和承载的育人功能，融入育人目标，引导教师在教学过程中融入思想政治要素，做到思想政治教育和专业知识、技术教育有机结合，价值引领和知识传授、能力培养有机统一，教书与育人有机统一。在课程教学内容的安排上，本书按照"项目导向，任务驱动；知行合一，学做结合"的原则，通过分析林业工程岗位能力，提炼出典型工作任务，将典型工作任务转化为学生的学习性工作任务；再以学习性工作任务为载体，岗位实际工作过程为导向，学生思想政治素质和职业能力培养为核心，将课程核心知识点、技能点，按照林业工程岗位工作流程、学生职业成长规律进行解构、重构、增删、整合，划分为5个学习项目（情境），22个学习性工作任务。全书按岗位实际工作过程系统地安排教学项目，并考虑到学生能力培养的递进关系，紧密结合教学规律和学生的认知规律，采取由简单到复杂，由单一到综合的螺旋式教学法，通过造林作业设计、造林施工、造林检查验收、主要林种营造、主要树种营造等真实工作任务的训练，提高学生的职业能力和职业素质，实现职业能力和职业素质由低级到高级的递进。本书在吸取传统教材优点的基础上，将理论知识与实践有机融合为项目任务，每个项目任务贴近实际工作过程，针对性强，注重对学生专业技能的训练，体现了"三全育人"理念。

　　本书是校企合编的基于工作过程的"活页式"项目化教材。书中内容突出地方特色，注重行业需求，面向西北，辐射全国林业技术专业对《森林营造技术》教材的需求及林业相关技术人员对知识、技能提升的需要。

　　本教材由张玉芹任主编，唐志红、张亚雄任副主编。参编人员有吕志鹏、宋杰、宋加录、杨双宝、张虎林。具体分工如下：项目一的任务1、任务3、任务5，项目二的任务4，项目三的任务2，项目四的任务4，项目五的任务2实训项目和背景知识（2.1、2.6小节）由张玉芹编写，并负责全书统稿；项目二的任务1，项目三的任务1，项目四的任务1、任务5，项目五的背景知识（1.23小节）由唐志红编写，并审阅部分实训项目；项目一的任务1、任务3、任务4、任务5，项目二的任务4，项目四的任务2、任务3、任务4，项目五的背景知识（1.2、1.3、1.4、1.5、1.7、2.1、2.5、2.6、2.7小节）由宋杰编写，并负责全书文字校正；项目一的任务 2，项目二的任务 2、任务 3，项目四的任务 2，项目五的背景知识（2.2、2.3 小节）由宋加录编写；项目二的任务 5、任务 6，项目五的背景知识（1.5、1.6、1.8、1.9、1.10、1.11、1.12、1.13、1.14、1.15、2.4 小节）由吕志鹏编写，并审阅部分实训项目；项目二的任务 7，项目四的任务 6，项目五的任务 1 实训项目和背景知识（1.1、1.16、1.17、1.18、1.19、1.20、1.21、1.22、1.23、1.24、1.25、2.7、2.8 小节）由张亚雄编写，并负责搜集相关文献资料；杨双宝、张虎林负责全书审稿和修订。

本书的编写依据是社会主义核心价值观和"三全育人"理念，以立德树人为宗旨，以为党育人、为国育才为根本任务，全面贯彻习近平生态文明思想，立足"两山"理念、聚焦"双碳"目标，基于造林工程岗位工作过程，参考和引用了林业技术专业人才培养方案、"森林营造技术"课程标准、《造林技术规程》《造林质量管理暂行办法》《全国营造林综合核查技术规程》以及其他大量文献资料，在此向所有作者谨表衷心的感谢。由于编者水平有限，书中难免存在不足之处，敬请广大读者批评指正。

在教材编写过程中，甘肃林业职业技术学院领导给予了大力支持，在此表示衷心的感谢！

编者

2022.1

目 录

项目一　造林作业设计

造林作业设计是为需完成植树造林的地块预先编制的技术性文件，是指导造林施工的主要依据，是加强造林工程管理、体现"适地适树"科学原理、发挥立地的最大生产潜力、提高造林绿化质量的重要手段。

造林作业设计能力是造林工程岗位技术人员必备的职业能力。本项目以造林工程岗位的工作任务为载体、工作过程为导向，构建了5个学习性任务，包括造林地调查与立地条件类型划分、林种与造林树种设计、人工林树种组成设计、造林密度和种植点配置设计、造林作业设计文件编制。

任务1　造林地调查与立地条件类型划分

◎任务目标

◆ 知识目标

①熟悉造林地上影响林木生长的立地因子及其性能，掌握立地条件和立地条件类型的含义。

②掌握造林地立地因子调查记载方法。

③掌握立地条件类型的划分依据、方法。

◆ 能力目标

①能够运用线路调查与典型调查相结合的方法进行造林地立地因子调查。

②会综合分析立地因子，找出主导环境因子，划分立地条件类型，编制立地条件类型特征表。

◆ 育人目标

①通过学习造林地调查和立地条件类型划分，培养学生认真负责、实事求是，去粗取精、去伪存真，由此及彼、由表及里，精益求精的工作作风。

②培养学生秉持科学态度、尊重科学规律、坚守科学认知、实施科学举措，做到求真务实、开拓创新，严格按照行业规范进行操作的科学态度。

◎**实践训练**

实训项目1.1　造林地调查与立地条件类型划分

一、实训目标

掌握造林地立地因子调查的方法、步骤。会调查记载立地因子；会分析整理调查资料；会综合分析立地因子，找出主导环境因子，划分立地条件类型，编制立地条件类型特征表。

二、实训场所

拟造林地、森林营造实训室。

三、实训形式

学生5~6人一组，在老师或企业技术人员的指导下进行实操训练。

四、实训工具

罗盘仪（或GPS定位仪）、计算器、皮尺、围尺、测高仪、海拔测量仪、树木生长锥、标本夹、土壤刀、土壤袋、土壤养分检测仪、硬度计、酸度计、军工锹、比色板、10%稀盐酸、指示剂、1:10 000地形图、各种调查记载表、内业整理统计表、铅笔、钢笔、橡皮、笔记本等。

五、实训内容与方法

（一）造林地立地因子调查

1. 调查方法

（1）访问调查　到达调查地区后，与当地村民或林场技术人员等座谈当地的自然、经济情况。

（2）线路调查

①选设调查线路。根据造林地的地形、地势特点，并照顾到线路的水平分布（造林地内分布均匀）和垂直分布（由山脚、沟底到山顶、沟顶），尽可能较多地通过各种自然条件的造林地。一般应先在图面上（最好在地形图或航拍照片上）预设，然后通过现场踏查确定所需选设的调查线路，各条调查线路按顺序统一编号。（图1-1-1）

每条调查线路应保持一定的方向，并基本按直线进行调查。每条调查线路的长度一般应不少于500 m或1 000 m，以保持在一条调查线路上自然条件变化规律的延续性。调查线路的数量应根据调查地的具体情况而定，以能反映立地条件的变化规律、说明立地条件类型的特征为原则。

②划分调查段。在调查线路上进行调查时，应随时注意观察地形（坡向、坡度和海拔

高度等）、土壤（土层厚度、质地、结构、紧实度、pH 值和石砾含量等）、植被（优势种和指示性植物）等各方面的变化规律。当这些条件有明显变化（不是局部的偶然现象，而是在一定条件下出现的不同立地条件特征），而这些变化又足以引起造林树种或造林、经营措施等方面的不同时，则应准确地划定变化界限，区分出不同立地条件的调查段，并按顺序进行编号。

划分调查段以后，估测调查段的水平距离和海拔高度（可借助地形图和海拔测量仪）。在调查段内选择有代表性的位置，即选择能够充分反映本调查段立地条件特征的地段（应避免选在两个调查段之间的过渡地带），进行详细的调查记载。在本调查线路或其他调查线路上如遇到同类型的地带，仍需划分调查段进行调查记载。同一类型调查段的调查材料，一般应不少于三个。

③绘制线路调查图。为了对线路调查情况有比较直观和概括性的了解，便于对调查材料进行整理与分析，在进行线路调查时，应分别针对每条调查线路绘制线路调查草图。草图的内容主要包括线路长度、地形条件、调查段间距和海拔高度等。草图可用方格纸或普通纸按大致比例勾绘。（图 1-1-2）

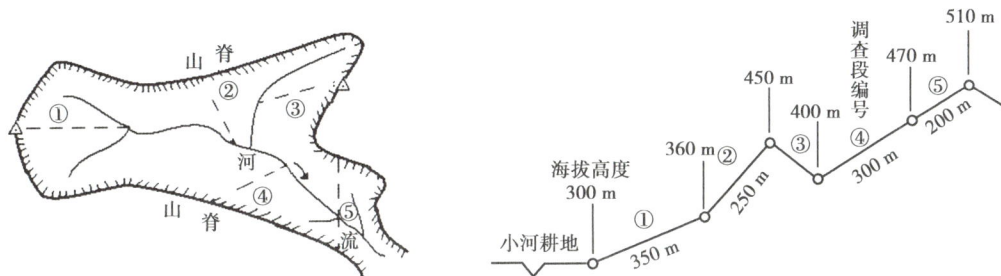

图1-1-1　线路选设示意图　　　　　图1-1-2　线路调查草图

（3）典型调查　典型调查通常是在线路调查的基础上，进行一些必要的典型补充调查。或者当局部造林地面积较小，不便设置调查线路时，直接在造林地选择典型样地进行调查。

线路调查完成以后，如果发现调查材料不够典型、不能充分反映某立地条件类型特征，或某些立地条件类型的调查材料较少（一个立地条件类型尚不足三个调查段），导致汇总的材料不够充分，就应补充进行典型调查。

做典型调查，应根据所需补充调查的对象和数量，在该类型具有代表性的地段进行。注意应避免选在与线路调查重复的地段。当某一立地条件类型需要补充两个以上调查材料时，不应在同一地段内重复选设调查点。典型调查的内容与方法均同线路调查。典型调查中的调查段应另行编号。

2.调查内容的记载

一般应以主导环境因子（地形、土壤、植被）为主要调查内容，并对局部小气候和水文等方面做适当补充调查。

野外调查一般按"造林地立地因子调查表"（表1-1-1）中的项目和顺序进行。表中所列项目较多，但针对某个调查段并不一定要求所有项目俱全。比如，调查段内没有岩石裸露或者没有乔木树种，则可在相应栏内注明"无"或画一条斜线"/"，表明已进行调查，其并非漏项。

表1-1-1 造林地立地因子调查表

调查段编号	地点	调查段周围情况	海拔	坡向	坡度	坡位	裸岩比例	侵蚀程度	母质及母岩	地表水、地下水	地形特点	小气候特点	人为活动情况

土壤剖面记载

土壤名称 _____

剖面略图	层次	厚度	颜色	质地	结构	紧实度	干湿度	石砾含量	pH 值	石灰反应	根系分布	新生体	侵入体

植被调查记载

乔木：

树种	树龄	树高	胸径	单位面积株数	分布	生长状况

灌木：总覆盖度 _____

种类	高度	覆盖度	分布	其他

草本：总覆盖度 _____

种类	高度	覆盖度	分布	其他

调查小结（立地条件总特点：   ）

调查者：_____   调查日期：_____

（1）地形调查记载　在测绘学上，地形是地物和地貌的统称。地貌是地球表面各种形态的总称，包括高原、山地（高山、中山、低山）、丘陵、平原、盆地等。

地形因子包括海拔、坡向、坡度、坡位、坡形、小地形等。河谷地貌分为河床、河漫滩和阶地等；沙地地貌分为固定沙丘、半固定沙丘、流动沙丘、丘间低地等；黄土高原区地貌分为塬面、梁、峁、坡、沟坡、沟底、阶地、河谷等。

（2）土壤因子调查记载　根据土壤因子调查记载的方法，在标准地必须挖标准土壤剖面（图 1-1-3），并按土壤剖面的发生层分层调查记载以下内容。

①土壤种类。

②腐殖质层厚度（A 层）。依厚度分为三个等级：薄层（< 10 cm）；中层（10～20 cm）；厚层（> 20 cm）。

③土层厚度（A+B 层）。分为三个等级：薄层（≤ 30 cm）；中层（30～60 cm）；厚层（> 60 cm）。

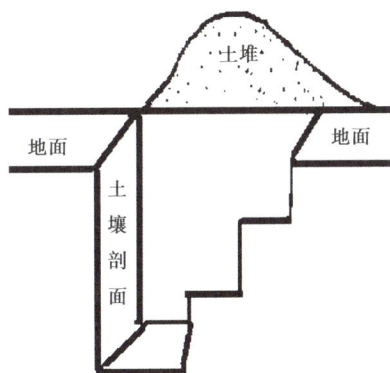

图1-1-3　标准土壤剖面示意图

④石砾含量。依石砾含量分为四个等级。

轻石质：土壤中石质（石块）、角砾、石砾含量为 20%～40%。

中石质：土壤中石质（石块）、角砾、石砾含量为 41%～60%。

重石质：土壤中石质（石块）、角砾、石砾含量为 61%～80%。

石质土：土壤中石质（石块）、角砾、石砾含量为 80% 以上。

⑤土壤湿度。分为干、润、湿润、潮湿、湿五个等级。

干：土壤放在手中感觉不到凉意，吹之尘土飞扬。

润：土壤放在手中有凉意，吹之无尘土飞扬。

湿润：土壤放在手中有潮湿感，能捏成团，能使纸变湿。

潮湿：土壤放在手中，可使手湿润，土壤能捏成团，捏不出水，捏泥黏手。

湿：土壤里的水过于饱和，用手挤压土壤时，有水流出。

⑥土壤质地。分为沙土、沙壤土、轻壤土、中壤土、重壤土、黏土等。

沙土：沙粒含量在 85% 以上。在手掌中研磨干土时几乎是沙粒的感觉，用手指压时散碎；用肉眼观察，其组成主要为沙粒；土壤干燥时土粒分散，不成团，湿时不能搓成团。

沙壤土：黏粒含量在 0～15%，沙粒含量在 55%～85%。干土在手掌中研磨时主要是沙粒的感觉，也有细土粒的感觉；用手指能将其压成不完整的小片，用肉眼观察，其组成主要是沙粒，也有较细的土粒；土壤干燥时，土块用手指轻压则易碎，土壤湿润时，土块可搓成球但不能搓成土条，勉强搓成条也极易裂成小段。

　　轻壤土：干土在手掌中研磨时有相当数量的黏粒，用手指能压成小片，但表面较为粗糙；用肉眼观察，其组成主要是粉粒；土壤干燥时手指需用较大的力才能将土块压碎，湿时可搓成粗 3 mm 的小土条，但提起时易断。

　　中壤土：干土在手掌中研磨时感觉沙质和黏质的比例大致相同，用手指压成的小片光滑但不光亮；用肉眼观察，其组成主要是粉粒；土壤湿润时能搓成土球或粗 3 mm 的小土条，将土条弯成环状时有裂痕，压扁时则断裂。

　　重壤土：黏性较重的土壤，黏粒含量在 15%~25%。干土在手掌中研磨时感觉有少量的沙粒；用肉眼观察，其组成主要是粉粒，杂有黏粒；土壤干燥时用手指不能将土块压碎；土壤湿润时可搓成土球或粗 1~2 mm 的土条，将土条弯成环状时无裂痕，压扁时有大裂痕。

　　黏土：黏粒含量在 25% 以上。干土在手掌中研磨时感觉主要是黏粒，是很细的匀质土；用肉眼观察，其组成为匀质的细粉末；干燥时形成坚硬的土块，用锤击仍不能使其粉碎。土壤湿润时可搓成土球或粗 1~2 mm 的土条，将土条弯成环状时无裂痕，压扁时也无裂痕。

　　⑦土壤紧实度。依土壤刀插入和拔出土壤剖面的用力程度，分为疏松、松散、紧实、极紧四个等级。

　　疏松：稍加压力即可将土壤刀插入土壤剖面。

　　松散：加压力时顺利将土壤刀插入土壤剖面。

　　紧实：用力时能将土壤刀插入土壤剖面，但拔出稍难。

　　极紧：用大力时能将土壤刀插入土壤剖面，但取出很困难。

　　⑧土壤结构。指土壤中土粒的大小和形状，分为六种结构。

　　粉状结构：土粒直径 0.25~0.5 mm。

　　屑状结构：土粒直径 0.5~1.0 mm，形状不规则。

　　粒状结构：土粒直径 1.0~3.0 mm，形状似圆形颗粒。

　　块状结构：土粒直径 3.0~10.0 mm，具有一定厚度，有不规则的面和边。

　　片状结构：由薄的层片组成。

　　核状结构：土粒直径在 5.0 mm 以上，有明显棱角且成球形。

　　⑨土壤 pH 值。用 pH 试纸比色法或酸度计测定土壤 pH 值。

　　强酸性：pH 值 < 4.5；酸性：pH 值 4.5~5.5；微酸性：pH 值 5.5~6.5；中性：pH 值 6.5~7.5；微碱性：pH 值 7.5~8.5；碱性：pH 值 8.5~9.5；强碱性：pH 值 > 9.5。

　　⑩石灰（碳酸盐）反应。用 10% 稀盐酸测定石灰含量，依据反应中有无声音、气泡和反应的强弱分为石灰含量高、石灰含量中等和无石灰。

　　⑪土壤新生体和侵入体。

　　土壤新生体：包括假菌丝体、钙质结核、铁锰胶膜、锈斑等。

侵入体：如水泥残渣、塑料袋、贝壳等由外界侵入土壤的物质。

⑫生物活动、根系分布情况。土壤害虫、土壤有益生物等的活动；草根盘结度，树木和灌木根系的多少。

（3）植被调查　调查项目包括乔灌木种类、杂草种类、盖度。采用样方调查法进行，记载具有指示意义的地表植被情况。

（4）裸岩比例　记载裸露岩石的分布状况和所占面积的比重。岩石分布状况通常用"带状""团状""均匀"和"零星"等描述；岩石裸露面积比重以目测百分数记载。

（5）侵蚀状况　主要调查记载有无土壤侵蚀、风蚀或沙化等情况。在有土壤侵蚀的地区，应按侵蚀类型（片蚀、沟蚀、崩塌）、侵蚀程度（轻度、中度、重度）和侵蚀形成的原因进行调查记载。在有土壤风蚀或沙化的地区，应调查记载风蚀程度（轻度、中度、重度）或沙化程度（轻度、中度、严重、极严重）。

（6）水文因子　包括地下水位深度及季节变化，地下水矿化程度及其盐分组成，土地被淹没的可能性等。

（7）小气候特点　如风口、迎风面、干燥、阴湿、低温、积雪、霜期等。一般采用访问调查的方法或根据地形条件加以判断。

（8）人为活动情况　调查记载该调查段内有无人为活动情况及其频繁程度，如砍柴、割草、割条、放牧和火烧等。

（9）可能的限制因子

①干旱：在坡地上部、山脊、坡度较大、土壤瘠薄、岩石裸露地段。

②水湿：在坡地下部、谷地、坡度平缓和山地反坡地段。

③霜害：在空气流动不畅的沟谷地段。

④风害：调查是否位于风口。

⑤雪害：调查是否为冬季积雪地段。

⑥牲畜活动、病虫害：依造林地的位置分析牲畜活动，由地表植被受害症状分析病虫害种类及其程度。

（二）造林地立地条件类型划分

1.调查材料的整理与汇总

（1）调查材料的整理　对野外调查记载的材料进行全面检查，对有遗漏或存在误差的项目进行补充、修正，必要时进行野外补充调查。

对野外难以确认的植物、土种、岩石等，应及时对其标本进行鉴定，按鉴定后的名称修改野外记载的代名或代号。

（2）立地条件类型因子汇总　本着立地条件类型内部条件趋于一致，与外部又有明显差异的原则，按照野外调查时初步划分的立地条件类型或根据地形、土壤、植被等特征，采取分级归类、逐步组合的方法，逐步将近似的立地因子汇总，在汇总过程中加以调整，（表1-1-2），最后据此归纳出不同的立地条件类型。

表1-1-2　立地条件类型因子汇总表

调查段编号	地形							土壤										植被	
	海拔	坡向	坡度	坡位	地形特点	裸岩比例	侵蚀状况	腐殖质层厚度	土壤种类	土层厚度	质地	紧实度	湿度	石砾含量	pH值	石灰反应	母质及母岩	优势种	覆盖度

2.找出主导环境因子，划分立地条件类型

划分立地条件类型依据的主导环境因子应是对林木生长影响大且本身有较大差异的立地因子。逐一分析地形因子（海拔、坡向、坡度、坡位等）、土壤因子（土壤种类、土层厚度、土壤结构、土壤质地、土壤pH值、母岩性质等）等对生活因子的影响，找出作用大的立地因子；然后从整个调查区的角度逐个分析这些立地因子本身是否有较大的差异，差异大者可作为划分立地条件类型的主导因子。根据立地分类体系的要求，可将主导因子进行分级和组合，组合成理论上的立地条件类型数；再根据调查区的实际情况筛选掉不存在的立地条件类型，从而得出实际的立地条件类型数。

立地条件类型划分的数量（即细致程度），应根据当地的自然条件和生产上的实际需要确定，一般划分不宜过多过细。

3.编制立地条件类型特征表

立地条件类型特征表（表1-1-3），是划分立地条件类型的主要成果。在立地条件类型因子汇总表的基础上，经反复分析调整，确定所需划分的立地条件类型，根据立地条件类型因子汇总表概括出每一立地条件类型特征的变动范围。特征的描述要力求简练准确、重点突出。

表1-1-3　立地条件类型特征表

调查段编号	地形	土壤	植被	立地条件类型名称

在造林作业区调查中，若发现立地条件类型特征表中某立地条件类型划分得不够恰当或因子特征不够准确，则应根据造林作业区的调查材料进行适当修改或补充。

六、注意事项

①正确使用调查用具，确保人身安全。

②调查线路要贯穿造林地；作典型调查，样地要有代表性。

七、实训报告要求

①说明造林地立地因子调查的方法、步骤。

②整理分析调查资料，找出主导环境因子，编制立地条件类型特征表。

实训项目1.2 造林作业区选择与调查

一、实训目标

会选择造林作业区，会进行造林作业区面积测量，会填写造林作业区现状调查表。

二、实训场所

拟造林地、森林营造实训室。

三、实训形式

学生5~6人一组，在老师或企业技术人员的指导下进行实操训练。

四、实训工具

罗盘仪（或GPS定位仪）、经纬仪、视距尺、花杆、皮尺、围尺、工具包、铁锹、土壤刀、土壤袋、指示剂、比色板、绘图工具、铅笔、钢笔、橡皮、当地造林总体设计图及附表、年度造林计划、1∶10 000（或1∶25 000）地形图或林业基本图、方格纸、造林作业区调查记载表等。

五、实训内容与方法

（一）造林作业区选择

造林作业区由组织者负责选择，由设计人员进行指导。先在室内依据当地造林总体设计图及附表、年度造林计划选择造林作业区，将任务落实到各个造林作业区。造林作业区可在宜林地、退耕还林地以及其他适宜造林的小班中选择。造林作业区的布置要相对集中，便于管理、施工。造林作业区总面积与年度造林计划应尽量吻合，正负误差不超过10%。

造林作业区在原则上为一个小班。为了便于造林和经营，宜林地小班的最大面积不宜超过20 hm²。小班的最小面积应根据所使用图面材料的比例尺来确定，以在设计图上能明显、准确地反映出来为原则。当使用比例尺为1∶10 000的地形图时，最小面积≥400 m²。当小班面积过大时，可划分为2~3个细班，每个细班为一个造林作业区。细班的编号可在小班编号后加①、②、③等编号予以区分。当相邻或相近的数个小班的立地条件、经营方向、树种选择一致，而数个小班的总面积不大时，也可合并为一个造林作业区。

（二）造林作业区踏查与调绘

根据初步确定的造林作业区，由组织者和设计人员到现场共同查看、核实。踏查的主要内容包括：地类或小班界线是否变更、总体设计的设计内容是否合理。

在核实现场，将造林作业区位置用铅笔勾绘在以乡镇为单位分幅的总体设计图或地形图上。如使用地形图，地形图的比例尺与总体设计图一致，最小作业区的成图面积 ≥ 4 mm²。同时，逐年的造林作业区要标注在同一份地形图上。

具体勾绘作业区（小班）界线时，在不足以使立地条件类型有较大出入的前提下，作业区界线应尽量通过明显的地形、地物，并尽可能保持作业区界线的规整，以便在造林和经营活动中易于识别。

（三）造林作业区面积测量

造林作业区的面积以实测为准。作业区形状规则且面积较小，可用测绳量测。当边界不规则时可用罗盘仪闭合导线测量法，闭合差不大于1%；或用经过差分纠正的GPS定位仪接收机测量，面积误差不超过5%。测量过程中，明显的地形、地物应勾绘，并尽量做到现场成图。测量数据记录于"造林作业区现状调查表"（表1-1-4）。地形、地物明显的造林作业区也可用地形图勾绘法调绘，面积误差不超过5%。

（四）造林作业区调查

造林地根据不同的立地条件类型划分为若干作业区后，为了进一步掌握每个作业区的立地条件，在完成作业区界线勾绘的基础上，应深入作业区进行调查，作业区的调查内容大致与造林地的调查内容相同。造林作业区调查记载内容见表1-1-4。

（五）填表说明

造林作业区现状调查表见表1-1-4、表1-1-5。

1. 作业区编号

作业区编号为"邮政编码"+"村/屯名的汉语拼音缩写（大写字母，双声母选第1个字母）"+"-"+"年份"+"-"+"阿拉伯数字序号（三位数）"，例如：100102NHQ-2002-008。

2. 调查者

签署调查者个人姓名，不得签署××调查组、××科、××调查队等不能确认调查者个人身份的名称。

3. 造林作业区立地特征等

地貌类型、地类、母岩类型、土壤质地几项用选择法填写，选择其一，将前面的序号涂黑。其余各项填写具体内容。

表1-1-4 造林作业区现状调查表（正面）

作业区编号：	日期： 年 月 日		调查者：
位置： 县（市、区） 乡镇（苏木、林场） 分场 村屯（工区） 林班 小班 细班			
地形图图幅号：	比例尺：	公里网范围： 东 西 南 北	
作业区实测面积： hm²（精确到 0.01），相当于 亩（精确到 0.1，1 亩 ≈ 667 m²）			
造林作业区立地特征：			
地貌类型：①山地阳坡 ②山地阴坡 ③山脊 ④山谷 ⑤丘陵 ⑥岗地 ⑦阶地 ⑧河漫滩 ⑨平原 ⑩其他（具体说明）			
海拔 / m：	坡度：	坡向：	坡位：
地类：①宜林地 ②湿润区沙地 ③采伐迹地 ④火烧迹地 ⑤疏林地 ⑥低价低效林林地 ⑦退耕还林地 ⑧干旱区有灌溉条件的沙荒地 ⑨道路河流沟渠两侧 ⑩其他（沼泽地、滩涂、盐碱地等）			
母岩类型：①第四纪红色或黄色黏土类 ②花岗岩类 ③页岩、砂页岩类 ④砂岩类 ⑤紫色砂页岩类 ⑥板岩、千枚岩等页岩变质岩类 ⑦石灰岩类 ⑧玄武岩类			
土壤种类：	土层厚度 /cm：A 层 ，AB 层 ，B 层 ，C 层		
石砾含量 /%：	土壤 pH 值：	土壤质地：①沙土 ②沙壤土 ③轻壤土 ④中壤土 ⑤重壤土 ⑥黏土	
植被类型：	覆盖度 /%：总覆盖度 ；乔木层 ，灌木层 ，草本层		

主要植物种类中文名（及拉丁名）	生活型	多度	覆盖度 /%	分布状况	高度 /cm

小气候特征（光照、湿度、风害、寒害等）：
需要保护的对象：
树木生长状况及树种选择建议：
社会、经济情况：
总评价（立地条件好坏、利用现状、造林难易程度、有无水土流失风险、有无需要保护的对象、权属是否清楚、交通是否方便、退耕地的耕作制度与收成、适宜的树种、整地方式、栽植配置等）：

表1-1-5 造林作业区现状调查表（背面）

面积测量野帐与略图（案例）

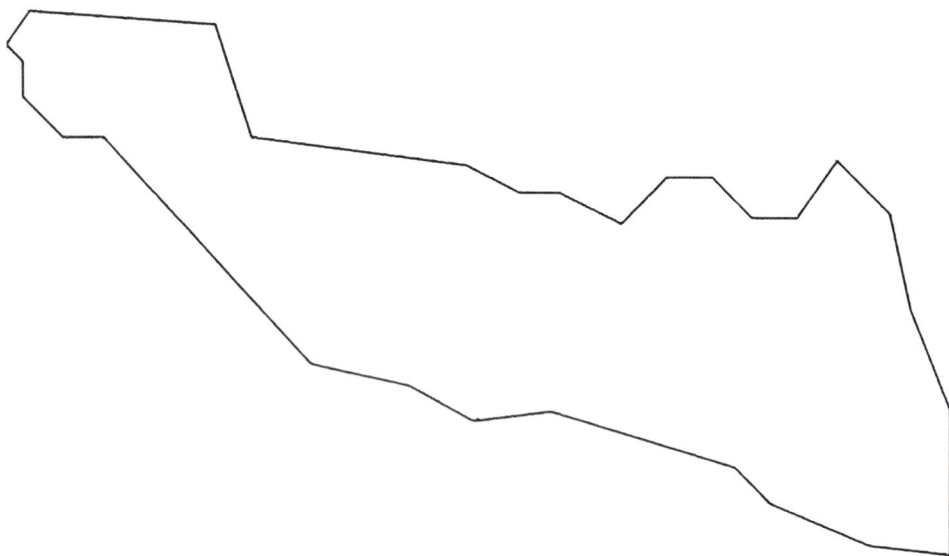

比例尺：1 ： 12 000

面积：73 亩

4. 植被

调查植被类型，植被总覆盖度，各层覆盖度，主要植物种类（建群种、优势种）及其生活型、多度、覆盖度、高度。如为退耕还林地要调查原作物种类、耕作制度。

（1）植物种类的生活型　分为高大乔木、乔木、小乔木、灌木、小灌木（处于草本层）、半灌木（冬季部分枝条脱落）、多年生草本、1年生草本、藤本、附生、寄生。

（2）主要植物的多度记载　采用目测法确定，用符号或文字表示各级多度；soc——植株密集成背景化；cop^3——植株数量很多；cop^2——植株数量多；cop^1——植株数量尚多；sp——植株数量少呈散生状；sol——植株稀少；un——个别植株。

（3）主要植物分布状况　分为5级，包括均匀、密布、团状、片状、散生。

5. 需要保护的对象

珍稀濒危植物、古树名木、古迹、历史遗存、有特殊价值的景点、珍稀濒危动物或有益动物的栖息地（如小片灌丛、枯立木、水池、洞穴等）。

6. 树种

根据造林作业区及其附近林分、树木的生长情况，查看当地造林总体设计等技术文件确定的树种是否恰当，提出补充、修改意见。

7. 社会经济情况

包括社会、经济、交通、林地权属、林地经营习惯等方面。

六、注意事项

①正确使用调查用具，确保人身安全。

②勾绘作业区（小班）边界时，在不足以使立地条件类型有较大出入的前提下，作业区界线应尽量通过明显的地形地物，并尽可能保持作业区界线规整。

七、实训报告要求

①说明造林作业区选择、踏查调绘、面积测量的方法、步骤。

②填写造林作业区现状调查表。

◎ 背景知识

1.1　相关概念

（1）造林地　实施造林作业的地段，也称宜林地。

（2）造林作业区　指预备栽植或正在栽植乔灌木及防风固沙草本植物的地块。

（3）造林　在无林地、疏林地、灌木林地、采伐迹地、火烧迹地和林冠下人工营建森林的过程，是在造林地上进行的植苗造林、播种造林和分殖造林的总称。包括人工造林和人工更新。

（4）人工造林　在宜林的荒山荒地及其他无林地上通过人工植树或播种营造森林的过程。

（5）人工更新　在各种森林迹地、采伐迹地、火烧迹地、林冠下、林中空地上通过人工植树或播种恢复森林的过程。

（6）人工林　通过人工造林或人工更新形成的森林。

（7）造林模式　在某一造林作业区，根据不同立地条件类型和培育目标，明确造林树种、种植材料、造林密度、配置方式、整地、栽植、未成林抚育管护以及成林后的生长预估等造林要素的设计。

（8）树种配置　营造混交林时各混交树种的比例及混交方式。

（9）四旁（零星）植树　在连续面积不超过 0.067 hm^2 的路旁、水旁、村旁和宅旁栽植树木的过程。

1.2　造林地种类

经过林业区划后的同一分区范围内，虽然大气候和地貌类型基本一致，但不同的造林地在小气候、地形、土壤、水文、生物等方面仍有较大差异，为做到适地适树，需要对造林地进行调查和立地分类，以便分类设计、科学造林，提高造林成效。根据造林地环境状况的差异，将造林地划分为荒山荒地，农耕地、四旁地及撂荒地，采伐迹地和火烧迹地、已局部更新的迹地、低价值幼林地、林冠下造林地及疏林地四大类。

1.2.1　荒山荒地

没有生长过森林植被，或森林植被在多年前遭破坏，已被荒山植被更替，土壤失去了森林土壤的湿润、疏松、多根穴等特性的造林地，称为荒山荒地。

根据植被的不同，荒山荒地又可划分为草坡、灌丛地、竹丛地和荒地。

（1）草坡　在这类造林地上草类占优势，大多是多年生、以禾本科杂草为代表的根茎类杂草，其繁殖力强，对幼树的竞争作用很强，在造林过程中应采取有效的措施将其消灭。但荒草植被一般不妨碍种植点的配置，因而可以均匀地配置种植点。

（2）灌丛地　灌木覆盖度占总覆盖度 50% 以上的荒坡地。灌丛地的立地条件一般比草坡好。可利用林地上原有的灌木保持水土、改良土壤、给幼树侧方遮阴，但灌木侧根发达、萌芽性强、生长繁茂，与幼树的竞争作用更强，需进行较大规格的整地。

（3）竹丛地　小竹丛生的造林地。小竹的再生能力极强，鞭根盘结土壤并能迅速蔓延，在这类地上造林相当困难，必须将小竹全面砍除，同时在造林初期要增加幼树密度，促使幼林早日郁闭，抑制小竹生长。

（4）荒地　多是不便于农业利用的土壤，如冲刷地、沙地、盐碱地、低湿地、沼泽地、河滩地、海涂等。在这些地区造林比较困难，如冲刷地的土壤干旱瘠薄，沙地干瘠且沙粒流动，盐碱地的含盐量高，低湿地、沼泽地、河滩地、海涂等地下水位过高，需要经过土壤改良或采用特殊的整地造林措施。

1.2.2 农耕地、四旁地及撂荒地

（1）农耕地 营造农田防护林及林农间作的造林地，一般平坦、裸露、土层厚、条件较好。但农耕地的耕作层下往往存在较为坚实的犁底层，对林木根系的生长不利，如不采取适当措施，易使林木形成浅根系，容易发病及风倒。造林时最好采用深耕及大穴深栽。

（2）四旁地 路旁、水旁、村旁和宅旁，植树面积小于 0.067 hm² 的造林地。在农村，四旁地基本上是农耕地或与农耕地类似的土地，条件都较好。在城镇地区，四旁地的情况比较复杂，有的可能是好地，有的可能是建筑渣土，有的地方有地下管道及电缆，有的地方有高楼挡风、遮阴等。

（3）撂荒地 停止农业利用一定时期的土地。这种土地上一般植被稀少，草根盘结度不大，有水土流失现象。撂荒多年的造林地，其植被覆盖度逐渐增大，与荒山荒地的接近，但造林条件较好。

在农耕地、四旁地及撂荒地上造林时，株行距配置一般不受限制；但在梯田上造林时，要考虑到梯田的宽度及种植点离梯田田埂的距离等因素。

1.2.3 采伐迹地和火烧迹地

（1）采伐迹地 森林被采伐（指皆伐）后腾出的空地。新采伐迹地，光照充足，土壤中腐殖质较丰富、土质疏松湿润，原有林下植被衰退，喜光杂草尚未侵入，此时人工更新条件好，应当争取时间及时清理林地，进行人工更新。但新采伐迹地上伐根尚未腐烂，萌生幼树及枝丫堆的占地面积较大，影响种植点配置。老采伐迹地由于没有及时更新，土壤恶化，喜光杂草大量侵入，有时有草甸化、沼泽化倾向，不利于造林更新，必须进行较细致的整地。但因老采伐迹地上伐根及枝丫堆都已腐朽，有利于进行机械化作业及均匀地配置种植点。

（2）火烧迹地 森林被火烧后腾出的空地。与采伐迹地相比，火烧迹地上往往有较多的枯立木、倒木需要进行清理。火烧迹地上土壤灰分养料增多，土壤微生物的活动强度因土壤温度增高而有所提高，林地上杂草少，应充分利用这个条件及时进行人工更新。新火烧迹地如果不及时更新，造林地的环境状况将不断恶化，逐渐过渡为荒山造林地。

1.2.4 已局部更新的迹地、低价值幼林地、林冠下造林地及疏林地

这类造林地的共同特点是造林地上已长有树木，但树木数量不足、质量不佳或已衰老，

需要补植或更替造林。

（1）已局部天然更新的迹地 需要进行局部造林，原则上是见缝插针，栽针保阔，必要时砍去部分原有的低价值树木，使新引入的树木得到更均匀的配置。

（2）低价值幼林地 封山育林或采伐迹地经天然更新形成的天然幼林，由于树种组成或森林起源不良、密度太小而分布不均；人工造林由于不适地适树、树种组成不合理、造林密度偏大或抚育管理不及时等，林木长成小老树。这些都需要分别根据具体情况采取适当措施及时加以改造。改造低价值幼林地时，要注意搞好树种搭配。

（3）林冠下的造林地 这种造林地有良好的土壤条件，杂草不多，但上层林冠对幼树的影响较大，适用于幼年耐荫的树种造林，当幼树长到需光阶段便及时伐去上层树木。采用择伐作业的林地如需进行人工更新，其情况和林冠下的造林地相似。由于造林地上有林木，更新作业障碍较多。

（4）疏林地 郁闭度0.1~0.19，由乔木构成的林地。这种造林地的立地条件介于荒山荒地与林冠下造林地之间，更接近荒山荒地。造林时可采用见缝插针法补植或重新设计造林。

1.3 造林地立地因子

造林地上的立地因子主要包括气候、地形、土壤、生物、水文和人为活动因子。

在造林地上，与林木生长发育有关的所有自然环境因子的综合称为立地条件，简称立地。

1.3.1 气候

气候因子包括光照、温度、降水量、风等。我国从南到北、从东到西，气候条件（主要是温度和降水量）的不同决定了森林植被类型的地带性分布情况和森林生产力的高低。我国由南向北，形成了热带雨林、季雨林、亚热带常绿阔叶林、暖温带落叶阔叶林、温带针阔叶混交林和寒温带针叶林等森林植被类型。由于大气候主要决定大范围或区域性森林植被的分布，小气候明显影响树种或群落的局部分布，因此大气候只作为地域分类的依据或基础，加之小气候变化常常与地形变化相关，而地形变化往往伴随着土壤等因子的变化，所以在立地条件类型划分中并不考虑气候因子。

1.3.2 地形

地形因子包括海拔、坡向、坡度、坡位、坡形和小地形等。地形主要影响与林木生长发育相关的水热因子和土壤条件。地形因子与其他生态因子相比，有以下3个特征：①稳定、直观，易于调查和测定；②常与林木生长高度相关，地形稍有变化就能在林木生长状态上明显反映出来；③每个局部地形因素（如海拔、坡向、坡位、坡度等）都能良好地反映一些直接生态因子（如小气候、土壤、生物等）。因此，地形因子是划分立地条件类型的主要依据。

（1）海拔　在山区，海拔能够直接作用于降水量和温度条件，影响林木的分布和生长发育。如刺槐的垂直分布范围上限为海拔 2 000 m，适生范围在海拔 1 500 m 以下；油松的垂直分布范围为海拔 800~2 200 m，适生范围在海拔 1 100~1 800 m；枣树的适生范围在海拔 800 m 以下。在同一山区，特别是由低山到高山，由于海拔不同形成明显的植被垂直带谱。

（2）坡向　即坡面所指方向。立地调查时，按东、南、西、北、东南、东北、西南、西北、无坡向 9 个方位记载调查段的主要坡向；整理材料时根据坡向对立地影响的大小，可将其归纳为阳坡、阴坡、半阳坡、半阴坡。

北方地区不同坡向的光热差异大，影响水分支出。阳坡光照充足、干燥温暖；阴坡光照弱、温度低、水分蒸发少、土壤湿度大。按坡向排序，从北坡—东北坡—西北坡—东坡—西坡—东南坡—西南坡—南坡，干旱程度逐渐加重。

（3）坡位　指小班在坡面上的相对位置，分为山脊、山坡上部、山坡中部、山坡下部、谷地、平地。坡位主要影响水土保持能力，山坡上部受降水冲刷和重力影响，水土流失严重，土壤瘠薄；山坡下部可接纳更多的从上部流失的水土，土层深厚、湿润。但具体情况还须具体分析，要把各立地因子综合起来考虑。如油松是喜光树种，比较耐旱、耐寒、抗风，但在西北干旱山地，低山地区缺乏水分，在阴坡、谷地、阳坡坡脚造林较为适宜。

（4）坡度　指调查段所在坡面的陡缓程度。通常将坡度分为六级（表 1-1-6）。整理材料时，小班坡度取平均值。坡度影响光热、水分支出及水土流失的程度。陡坡的光照强，水分蒸发量大，水土流失严重，因此土壤干旱、贫瘠、岩石裸露。

地形因子中还有坡形（包括凹形、直形、凸形），地形位置（包括前山、深山、后山），地势（包括高地、洼地）等，它们对立地也有影响。

表1-1-6　坡度等级

平坡	缓坡	斜坡	陡坡	急坡	险坡
0~5°	6°~15°	16°~25°	26°~35°	36°~45°	>46°

1.3.3　土壤

土壤因子主要包括土壤种类、土层厚度、腐殖质层厚度、土壤质地、土壤结构、土壤紧实度、土壤 pH 值、土壤侵蚀程度、石砾含量、土壤含盐量、成土母岩和母质的种类等。土壤是林木生长的基质，对林木生长所需水、肥、气、热等具有调控作用，与林木生长有高度的相关性，比较容易测定。土壤因子是划分立地条件类型的重要依据之一。

1.3.4 生物

造林地上植物种类、组成、覆盖度及其地上部分与地下部分的生长分布状况，病、虫、兽害状况，有益动物（如蚯蚓等）及微生物（如菌根菌等）的存在状况等，直接或间接地影响植物生长。在植被未受到严重破坏的地区，植被的状况能反映出立地质量，特别是某些生态适应幅度窄的指示植被更能反映出立地的特性。如蕨类植物生长茂盛，指示宜林地的生产力高；马尾松、茶树、映山红、油茶指示酸性土壤；黄连木、杜松、野花椒等指示土壤中钙含量高；柏木、青檀、侧柏天然林生长的地方，母岩多为石灰岩；仙人掌群落指示土壤贫瘠和气候干旱。但在生产实践中，由于多数造林地的植被受破坏比较严重，用指示植物评价立地的方法受到较大限制。

1.3.5 水文

造林地的水文包括地下水位深度及其季节变化、地下水的矿化度及其盐分组成、有无季节性积水及其持续期等。对于平原地区的一些造林地，水文起着很重要的作用。在平原地区的立地分类中，水文因子特别是地下水位经常作为主要考虑的因子之一。而山地的立地分类则一般不考虑地下水位。

1.3.6 人为活动

造林地的人为活动包括土地利用的历史沿革及现状，各项人为活动对环境的影响等。不合理的人类活动如取走林地枯枝落叶、不合理的整地和间种，将导致造林地的生产性能下降。而建设性的生产措施，如合理的整地、施肥和灌溉能提高土壤肥力，提高造林地的生产性能。由于人为活动因子的多变性和不易确定性，在立地条件类型划分中一般只作为其他立地因子形成或变化的原动力之一进行分析，而不作为立地条件类型的组成因子。

1.4 立地条件类型的划分

立地条件类型：指立地条件相近，具有相同生产力的各地段的组合，是立地分类中最基本的分类单位。

立地条件类型划分：将立地条件相近，具有相同生产力而不相连的地段组合起来划为一类，按类型选用造林树种并设计营林措施。

1.4.1 立地条件类型划分的意义

立地条件类型划分是造林设计及施工的重要基础工作。只有科学地进行立地分类，才能做到适地适树，科学设计和实施造林、营林技术措施，保证造林成功，提高造林成效，充分发挥其生态效益、经济效益和社会效益。

1.4.2 立地条件类型划分的依据

立地条件类型划分应遵循科学性与实用性的原则。即立地条件类型划分所依据的因子能正确反映立地的本质和特征；直观性强，具有一定的稳定性；简单、不繁杂，便于野外直观鉴定；不易受天气影响，与林木生长有高度相关性。

1）气候

气候是森林分布的限制性因子，对林木生长有很大的作用，但在同一个地理区域的一定范围内，大气候条件基本相似，所以从生产方面考虑，在一个县或林场这样的不大的地理范围内，气候一般不作为划分立地条件类型的依据。

2）地形

地形因子通过对光、热、水等生活因子的再分配，引起土壤状况和小气候条件的变化。如高山比低山和平原温度低、风大、雨水多、湿度大；阴坡比阳坡日照时间短、温度低、空气湿度大，阴坡土壤较湿润；平地比山地温暖，而洼地易积水和起碱。地形因子会对林木生长产生重要影响，在山区划分立地条件类型时可将地形因子作为主要依据之一。

3）土壤

土壤是林木赖以生存的载体，是各个生态因子的综合反映，对林木生长具有决定性的直接影响，是立地条件类型划分的最重要的依据。

4）植被

造林地上的植被生长情况，是划分立地条件类型的补充依据。尽管在人为活动频繁的地方，原生植被已遭破坏，但只要仔细地调查研究，仍然可以发现某些植物具有指示土壤某种特性的作用。

综上所述，在山区划分立地条件类型的依据主要是地形因子和土壤因子，平原地区主要依据的是土壤养分和土壤水分，以植被作参考，以林木生长状况作验证。

1.4.3 立地条件类型划分的方法

目前国内外采用的立地条件类型划分方法归结起来主要有主导环境因子分级组合分类法、生活因子分类法和用立地指数代替立地条件类型分类法。

1）主导环境因子分级组合分类法

主导环境因子分级组合分类法是根据主导环境因子的异同性进行分级组合来划分立地条件类型。其特点是简单明了、易于掌握，在实际工作中应用广泛。但这种方法包含的因子较少，比较粗放，较适用于山地。

（1）主导环境因子的概念　在不同的造林地段，各环境因子所起的作用是不同的，在众多的环境因子中，对林木生长发育起着决定性作用的环境因子称主导环境因子。

（2）主导环境因子确定的方法

①逐个分析环境因子与林木生长所必需的生活因子（包括光、热、水、气、肥）之间

的关系，找出对生活因子的影响面最广、影响程度最大的环境因子。

②找出处于极端状态，有可能限制林木生长的环境因子。按照一般规律，成为限制因子的环境因子多是主导环境因子，如干旱、严寒、强风等。

③将以上两方面结合起来，采用定性分析与定量分析结合的方法，逐个分析立地因子的作用程度，找出主导环境因子。主导环境因子因树种和造林地不同而有所不同。

（3）以主导环境因子分级组合分类法划分立地条件类型　该方法是先进行环境因子调查，选择若干主导环境因子，对每个因子进行分级，按因子、因子水平组合来划分立地条件类型，编制立地条件类型表。

①立地因子调查。在大面积造林地区，不可能对每块造林地一一进行立地因子调查。因而设计时必须考虑到既不能使外业调查的工作量过大，又要使调查材料较为全面地反映不同立地的特征。通常在充分搜集与分析当地现有资料的基础上，采用线路调查（机械选样）和典型调查（典型选样）相结合的方法进行调查。通过立地因子调查和综合分析，将立地条件相似、具有相同生产力的地段划分为同一立地条件类型。然后按立地条件类型划分宜林地小班，进行造林作业设计或造林典型设计。

②逐个分析立地因子，找出主导环境因子。逐个分析地形因子（包括海拔、坡向、坡位、坡度、坡形和小地形等）、土壤因子（包括土壤种类、腐殖质层厚度、土层厚度、土壤质地、土壤结构、土壤紧实度、土壤 pH 值、土壤侵蚀程度、石砾含量、土壤含盐量、石灰岩含量、成土母岩等）与生活因子的关系，找出对生活因子的影响面广、作用大、本身差别也大的主导环境因子，将其作为划分立地条件类型的依据。

③划分立地条件类型。将系统各级的主导环境因子进行分级，再组合，即得立地条件类型。

案例：冀北山地立地条件类型的划分。（表 1-1-7）

第一步，找出主导环境因子：海拔、坡向、土壤种类和土层厚度。

第二步，主导环境因子分级：海拔，2 级；坡向，2 级；土层厚度，3 级。

第三步，主导环境因子组合：共组合出 11 个立地条件类型。

表1-1-7　冀北山地立地条件类型划分

编号	海拔 /m	坡向	土壤种类及土层厚度 /cm	备注
1	> 800	阴坡、半阴坡	褐土，棕色森林土，> 50	
2	> 800	阴坡、半阴坡	褐土，棕色森林土，25~50	
3	> 800	阳坡、半阳坡	褐土，棕色森林土，> 50	
4	> 800	阳坡、半阳坡	褐土，棕色森林土，25~50	

续表

编号	海拔 /m	坡向	土壤种类及土层厚度 /cm	备注
5	> 800	不分	褐土，棕色森林土，< 25	土层下为疏松母质或含 70% 以上石砾
6	< 800	阴坡、半阴坡	褐土，棕色森林土，> 50	
7	< 800	阴坡、半阴坡	褐土，棕色森林土，25~50	
8	< 800	阳坡、半阳坡	褐土，棕色森林土，> 50	
9	< 800	阳坡、半阳坡	褐土，棕色森林土，25~50	
10	< 800	不分	褐土，棕色森林土，< 25	土层下为疏松母质或含 70% 以上石砾
11	不分	不分	褐土，棕色森林土，< 25 及裸岩地	土层下为大块岩石

④立地条件类型命名。将系统各级中依据的主导环境因子连接起来 + 土壤种类。

（4）立地条件类型划分案例

案例 1：如表 1-1-8 所示。

表1-1-8　晋西黄土残塬沟壑地区立地条件类型划分

编号	地形部位及坡向	土壤母质	立地条件类型	1 m 土层内含水量估算值 /mm	14 龄刺槐上层高 /m
1	塬面	黄土	塬面黄土	162.1	12.0
2	宽梁顶	黄土	宽梁顶黄土	—	11.9
3	（梁峁）阴坡	黄土	阴坡黄土	168.69~182.76	11.9
4	（梁峁）阳坡	黄土	阳坡黄土	119.80~133.97	10.5
5	侵蚀沟阴坡	黄土	阴沟坡黄土	151.21	10.9
6	侵蚀沟阳坡	黄土	阳沟坡黄土	102.42	9.8
7	沟底塌积坡	黄土	沟底塌积坡黄土	209.31~218.75	—
8	沟坝川滩坡	黄土	沟坝川滩坡黄土	319.41	15.2
9	梁顶冲风口	黄土	梁顶冲风口黄土	—	丛枝状
10	崖坡	红黏土	崖坡红黏土	—	7.9

案例 2：如表 1-1-9 所示。

表1-1-9　陇东南黄土沟壑类型区立地条件类型划分

编号	地形部位及坡向		土壤种类或母质	立地条件类型名称
1	塬面、台阶地		黄土	塬面、台阶黄土
2	塬坡	阴坡	黄绵土	塬坡阴坡黄绵土
3		阳坡	黄土	塬坡阳坡黄土

续表

编号	地形部位及坡向		土壤种类或母质	立地条件类型名称
4	沟坡	阴坡	黄绵土	沟坡阴坡黄绵土
5		阳坡	黄土	沟坡阳坡黄土
6	沟道		淤积黄土	沟道淤积黄土
7	川滩		淤积黄土	川滩淤积黄土
8	川滩		石砾土	川滩石砾土

案例 3：如表 1-1-10 所示。

表1-1-10　广西柳州沙塘林场立地条件类型划分

立地条件类型区	立地条件类型组	立地条件类型		划分依据的因子		
		名称	代号	坡度	岩石	土层厚度 /cm
平丘区	砂岩组	平丘砂岩厚土层红壤	I_1	≤ 15°	砂岩	≥ 100
		平丘砂岩中土层红壤	I_2	≤ 15°	砂岩	50 ~ 100
		平丘砂岩薄土层红壤	I_3	≤ 15°	砂岩	≤ 50
	砂页岩组	平丘砂页岩厚土层红壤	I_4	≤ 15°	砂页岩	≥ 100
		平丘砂页岩中土层红壤	I_5	≤ 15°	砂页岩	50 ~ 100
		平丘砂页岩薄土层红壤	I_6	≤ 15°	砂页岩	≤ 50
斜丘区	砂岩组	斜丘砂岩厚土层红壤	II_1	> 15°	砂岩	≥ 100
		斜丘砂岩中土层红壤	II_2	> 15°	砂岩	50 ~ 100
		斜丘砂岩薄土层红壤	II_3	> 15°	砂岩	≤ 50
	石灰岩组	斜丘石灰岩厚土层红壤	II_4	> 15°	石灰岩	≥ 100

案例 4：如表 1-1-11 所示。

表1-1-11　陇中西部黄土丘陵类型区立地条件类型划分

编号	地形部位及坡向		土壤种类及母质	立地条件类型名称
1	梁顶		黄土性褐土	梁顶黄土性褐土
2	梁坡（山坡）	阴坡	黄土	梁阴坡黄土
3		阳坡	黄土	梁阳坡黄土

续表

编号	地形部位及坡向	土壤种类及母质	立地条件类型名称
4	沟坡	红黏土	沟坡红黏土
5	阶地、塬地	黑麻土	阶地、塬地黑麻土
6	河川地	褐土	河川地褐土
7	河滩地	草甸土	河滩地草甸土
8	河滩地	石砾土	河滩地石砾土
9	河滩地	盐碱土	河滩地盐碱土

案例5：如表1-1-12所示。

表1-1-12 甘肃天水麦积区立地条件类型划分

编号	立地条件类型名称	立地特征			适宜树种
		地形	土壤	植被	
1	中山阳坡薄土层类型	海拔1 000~2 100 m，坡向为南坡、西坡、东南坡、西南坡；坡位为中上坡，个别出现在下坡，坡度在30°以上	土壤主要为褐土，中度侵蚀，局部强度侵蚀，土层厚度在30 cm以下，石砾含量多	以沙棘、酸枣、白茅草、羊胡子草等为主	刺槐、侧柏、山杏、沙棘、紫穗槐
2	中山阴坡薄土层类型	海拔1 300~2 700 m，坡向为北坡、东坡、东北坡、西北坡；坡位为中上坡，个别出现在下坡，坡度在30°以上	土壤主要为褐土，中度侵蚀，局部强度侵蚀，土层厚度在30 cm以下，石砾含量多	以沙棘、蒿类等为主	刺槐、榆树、油松、沙棘、紫穗槐
3	中山阳坡中土层类型	海拔1 100~1 900 m，坡向为南坡、东南坡、西南坡、西坡，坡位为中坡，坡度为20°~35°	土壤为沙壤土、褐土、黑垆土，中度侵蚀，土层厚度为30~60 cm，石砾含量少	以栎类、沙棘、酸枣、白蒿等为主	刺槐、侧柏、榆树、山杏、仁用杏、核桃、花椒、沙棘、文冠果
4	中山阴坡中土层类型	海拔1 100~1 900 m，坡向为北坡、东北坡、西北坡、东坡，坡位为中坡，坡度为20°~35°	土壤为褐土、棕壤土，中度侵蚀，土层厚度为30~60 cm，石砾含量少	以栎类、油松、华山松等为主	刺槐、榆树、油松、华山松、落叶松、核桃、杨树、柳树
5	中山阳坡厚土层类型	海拔1 000~1 700 m，坡向为南坡、东南坡、西南坡、西坡；坡位为中下坡，坡度为20°~35°	土壤为黄绵土、红土，中度侵蚀，土层厚度在60 cm以上	以刺槐、花椒、苹果等为主	刺槐、杨树、榆树、臭椿、核桃、山杏、苹果、扁桃、漆树、葡萄、花椒等多种阔叶树种
6	中山阴坡厚土层类型	海拔1 000~1 600 m，坡向为北坡、东北坡、西北坡、东坡，坡位为中下坡，坡度为20°~35°	土壤为褐土、黄绵土，中度侵蚀，土层厚度在60 cm以上	以刺槐、油松、华山松、柳树等为主	刺槐、油松、榆树、漆树、华山松、落叶松、杨树、柳树、苹果、花椒、梨等
7	中山梁峁类型	海拔1 300~2 100 m，全坡向或无坡向，坡位为山脊，坡度为5°~30°	土壤为山地褐土，中度侵蚀，局部强度侵蚀，土层厚度为30~60 cm	以刺槐、沙棘等为主	刺槐、侧柏、榆树、油松、核桃、山杏、沙棘

续表

编号	立地条件类型名称	立地特征			适宜树种
		地形	土壤	植被	
8	中山沟谷类型	海拔 1 000~2 000 m，多为全坡向，坡位为谷地，坡度为 15°~35°	土壤为绵土、红沙土、红斑土，中度侵蚀，局部强度侵蚀，土层厚度为 30~60 cm	以柳树、芦蒿等为主	刺槐、落叶松、杨树、柳树、沙棘、榆树、漆树、紫穗槐、山茱萸

2）生活因子分类法

生活因子分类法是选取与林木生长有直接关系的生活因子（如土壤水分和土壤养分等）为立地因子，然后对其分级和组合来划分立地条件类型。具体做法如下：

①以纵坐标代表土壤湿度，横坐标代表土壤养分。

②从极干旱至湿润，将土壤湿度划分为若干水分级，并以数字表示各自的干湿程度，同时借助植物组成（主要是反映土壤湿度的指示植物）、覆盖度指示水分状况。

③土壤养分按土壤种类、土层厚度分为若干养分级，以字母表示养分高低。

④最后编制立地条件类型表。

在实际应用中，只要测定造林地的土壤湿度、土层厚度、植物种类、覆盖度，通过立地条件类型表（如表1-1-13）就可查出造林地相应的立地条件类型。这种方法较适用于平原地区。

这种方法反映的立地因子比较全面，选取的立地因子有明显的生态意义。但生活因子不易测定、水分级很难界定，在立地调查过程中一次测定结果无法代表造林地的水分状况，需要长期定位观测才能够比较客观地反映造林地的水分状况，而且土壤的水分和养分受地形的影响较大，需要针对不同的地形条件测定土壤肥力，这就需要布设大量的定位观测点，因此这种方法在生产实践中很难大面积推广。

表1-1-13　华北石质山地立地条件类型

水分级	养分级		
	瘠薄的土壤 A（< 25 cm，粗骨土或严重的流失土）	中等的土壤 B（25~60 cm，棕壤、褐土或深厚的流失土）	肥沃的土壤 C（> 60 cm 的棕壤和褐土）
极干旱 0（旱生植物，覆盖度< 60%）	A_0	—	—
干旱 1（旱生植物，覆盖度> 60%）	A_1	B_1	C_1
潮润 2（中生植物）	—	B_2	C_2
湿润 3（中生植物，有苔藓类，且徒长、柔嫩）	—	—	C_3

3）用立地指数代替立地条件类型分类法

用某个树种的立地指数来说明林地的立地条件。该方法的特点是：可应用于大面积人工林区评估立地质量，易做到适地适树；能够预测未来人工林的生长状况和产量；编制立地指数表的外业工作量大；某一树种的立地指数表仅适用于该地区该树种，针对不同的树种要制作不同的立地指数表；立地指数只能说明特定立地条件下某树种的生长效果，不能说明产生该生长效果的原因。

◎ 巩固拓展

一、思考与练习题

（一）名词解释

造林地　造林作业区　采伐迹地　火烧迹地　立地条件　立地条件类型

（二）填空题

1.造林地上的立地因子主要包括（　　　　）、（　　　　）、（　　　　）、（　　　　）、（　　　　）、（　　　　）。

2.山区划分立地条件类型的主要依据是（　　　　）和（　　　　），（　　　　）作为参考，林木生长状况作为验证。

3.平原地区划分立地条件类型的主要依据为（　　　　）和（　　　　），（　　　　）作为参考，林木生长状况作为验证。

（三）选择题（单选）

1.生活因子分类法划分立地条件类型的主要特点是反映的立地因子比较（　　　　）。

　　A.准确　　　　B.直观　　　　C.全面　　　　D.易测定

2.主导环境因子分级组合分类法划分立地条件类型较适用于（　　　　）。

　　A.山地　　　　B.丘陵　　　　C.平原地区　　　　D.沙荒地

（四）问答题

简述用主导环境因子分级组合分类法划分立地条件类型的方法、步骤。

二、阅读文献题录

1.焦凡洪.焦裕禄精神的战斗基因——评高建国长篇报告文学《大河初心》［N］.中国国防报，2020-11-23（3）.

2.赵兴国.焦裕禄经典话语背后的故事［J］.党史文汇，2020（11）.

3.赵振辉.习近平实事求是观的理论基础、科学内涵及价值意蕴［J］.温州大学学报（社会科学版），2020，33（6）.

4.杨婧娴.论新时代大学生生产劳动素养的提升［J］.长江丛刊，2020（35）.

5. 翟明普，沈国舫. 森林培育学［M］. 3 版. 北京：中国林业出版社，2016.

6. 王飞. GIS 技术在渭北黄土高原立地分类中的应用——以永寿县永平乡为例［D］. 咸阳：西北农林科技大学，2013.

7. 郭子薇. 承德地区公路边坡立地类型划分与植被配置研究［D］. 北京：北京林业大学，2019.

8. 张春霞，冯自茂，李文鑫，等. 陕西黄陵油松人工林立地类型划分及评价［J］. 西北农林科技大学学报（自然科学版），2021，49（1）.

三、标准与法规

1. GB/T 15776—2016　造林技术规程

2. NY/T 86—1988　土壤碳酸盐测定法

任务 2　林种与造林树种设计

◎任务目标

◆ 知识目标

①掌握造林树种选择的原则。

②熟悉各林种对造林树种的要求。

③熟悉适地适树的标准、途径。

◆ 能力目标

能够根据造林目的、社会需求、立地条件，合理设计林种和造林树种。

◆ 育人目标

培养学生树立正确的人生观、价值观和世界观，追求高尚的品格；树立积极进取、乐观向上、厚德载物、不回避矛盾、勇于竞争、自强不息的人生态度。

◎实践训练

实训项目 2.1　林种和造林树种设计

一、实训目标

掌握林种与造林树种的选择原则；能够根据造林目的、拟造林地的立地条件、适地适树原则，合理设计林种和造林树种。

二、实训场所

拟造林地、森林营造实训室。

三、实训形式

学生 5~6 人一组，在老师或林场技术员的指导下进行实操训练。

四、实训工具

皮尺、围尺（或钢卷尺）、测高器、调查记录表、记录本、橡皮、铅笔等。

五、实训内容与方法

（一）林种设计

林种设计应以总体设计或当地林业区划所确定的林种为依据。要从国家建设的总体利益出发，从生态效益和经济效益等方面考虑，结合拟造林地区的自然条件（如气候、地形、土壤等）、社会经济状况（如当地的人口，耕地，粮食产量，经济来源和对木料、燃料、饲料、肥料的需求情况等）、社会发展对林业的要求，因地制宜地设计所需培育的林种。

（二）造林树种设计

设计造林树种首先要考虑经济建设、人民生活和社会发展对树种的需求，满足造林目的（用材林、经济林、防护林、能源林、特种用途林等），体现适地适树（所选树种的生态学特性与造林地的立地条件相适宜）的原则。要以优良的乡土树种为主，适当选用引种成功的优良外来树种，因地制宜地确定针叶树种和阔叶树种、乔木和灌木的合理比例，选择多树种造林，防止树种单一化。

1. 了解当地主要造林树种的生物学、生态学特性

（1）文献法　学生到图书馆或通过网络查阅文献资料，掌握本地区主要造林树种的生物学和生态学特性。

（2）调查分析法

①选择调查林种与造林树种。在林场技术员或课程老师的指导下，选择本地区与造林目的相适应的林种（天然林或人工林）及有代表性的主要造林树种。

②设置标准地。标准地的面积一般为 400 m²（标准地内林木应不少于 100 株），标准地边界测量的闭合差应小于 1/200，标准地内立地条件应尽可能一致。

③造林历史调查。调查标准地所在小（细）班的造林历史，是分析标准地立地条件、总结造林经验不可缺少的基础。造林历史的调查力求详细，充分利用现有的技术档案资料，同时要访问参加造林工作的老工人、技术人员，向他们核实和补充有关内容。造林历史调查的内容如表 1-2-1 所示。

表1-2-1 造林历史调查的内容

地点 _____   立地条件类型 _____

造林时间（年、月、日）	造林树种	造林密度	种植点配置	树种组成	混交方法	整地方法	造林方法	苗木（种子）来源	抚育管理措施	备注

④林分生长环境因子调查。主要包括地形、土壤、植被调查，如表1-2-2所示。

表1-2-2 林分生长环境因子调查

标准地编号	地形						土壤											植被		
	海拔	坡向	坡度	坡位	地形特点	裸岩比例	侵蚀状况	土壤种类	腐殖质层厚度	土层厚度	质地	结构	紧实度	湿度	石砾含量	pH值	石灰反应	母质及母岩	乔木	灌木	草本

⑤测树因子调查。包括树高、胸径、树冠（冠幅、分枝角度、新梢长度等）等因子调查，如表1-2-3所示。

表1-2-3 造林树种测树因子调查

地点：   立地条件类型：   造林时间：   调查时间：

标准地编号	树种	树号	树高/m	胸径/cm	冠幅/m	分枝角度/°	新梢长度/m	备注

2.根据调查结果，分析地树关系，为拟造林地设计造林树种

（1）分析树种对气候因子的要求　气候是限制树种分布的重要因素，一般各树种自然分布的中心是该树种最适宜生长的地区，在生长量、繁殖力、干形、抗性、寿命等方面都比较良好。相反，该树种愈接近其分布区边缘则生长状况愈差。在气候条件中，影响林木生长的最重要的因子是气温（平均温度、最高及最低温度、有效积温等）和雨量（年降水量及其分布规律等）。此外，日照、空气湿度、风等因子也对林木生长有一定影响。选择树种时，应逐个分析树种对上述气候因子的要求与造林地相应的气候因子是否相符。

（2）分析树种对土壤因子的要求　在同一气候带内，土壤与树木生长的关系极为密切，

树种不同，对土壤条件的要求也不同。在土壤条件中，影响树种选择的主要因素是土壤养分、水分、酸碱度及盐渍化程度等。选择树种时，应逐个分析树种对上述土壤因子的要求与造林地相应的土壤因子是否相符。

（3）分析树种对地形因子的要求　不同海拔、坡向、坡度、坡位和小地形下，温度、风、雨量、空气湿度、日照时间、土壤水分和养分等不同。选择树种时，应逐个分析树种对上述地形因子的要求与造林地相应的地形因子是否相符。

3. 林种和造林树种设计

林种和造林树种设计如表 1-2-4 所示。

表1-2-4　林种与造林树种设计

村屯名	小班号	立地条件类型	林种	树种组成	树种

六、注意事项

①标准地设置要有代表性。

②在分析树种对土壤因子和地形因子的要求时，不应与一块块的造林地块比较，应与一个个立地条件类型比较。

七、实训报告要求

分析调查结果，根据拟造林地的立地条件类型，设计适宜的林种和造林树种。

◎背景知识

2.1　林种

根据造林目的和人工林产生的效益，把森林划分为不同的种类，简称林种。《中华人民共和国森林法》将森林划分为 5 大类，即防护林、用材林、经济林、能源林和特种用途林。在森林分类经营中，常把防护林和特种用途林归为生态公益林，用材林、经济林和能源林合称商品林。

2.1.1　防护林

以发挥生态防护功能为主要目的的森林。根据其功能的不同，可细分为防风固沙林、农田牧场防护林、水土保持林、水源涵养林、护岸林、护路林等。防护林对保护和改善生态环境，增加农业、牧业、工业收益均具有重要的作用。各种防护林应本着因地制宜、因害设防的原则进行合理配置，形成防护林体系，有效地发挥防护效益。

2.1.2 用材林

用材林是以生产木材或竹材为主要目的的森林。按照木材的生产用途和规格，用材林可分为一般用材林（生产大、中、小径材）、专用用材林（矿柱林、纤维林等）和速生丰产用材林。

2.1.3 经济林

经济林是以生产食用油料、干鲜果品、工业原料、药材及其他林副、特产品为主要经营目的的森林，包括果树林（以生产各种干鲜果品为主要目的，如柑橘类、苹果、梨、桃类、枣、柿、板栗、李、桂圆、荔枝、枇杷、杏、核桃等）、食用原料林（以生产食用油料、饮料、调料、香料等为主要目的）、林化工业原料林（以生产树脂、橡胶、木栓、单宁等非木质林产化工原料为主要目的）、药用林（以生产药材、药用原料为主要目的）、其他经济林（以生产其他林副、特产品为主要目的）。经济林具有收益早、收获期长、利于开展多种经营等特点，是发展山区经济的重要途径，在农村产业结构调整中占有重要的地位，有力地推动了农村商品生产的发展。

2.1.4 能源林

能源林是以生产木质生物质能源为主要目的的森林，包括木质燃料能源林、油料能源林、生物质醇类能源林。能源林是一种可再生的洁净能源，有利于环境保护和社会可持续发展。在能源较为缺乏的地区，适当发展能源林不仅能解决燃料问题，而且能提高森林覆盖率，起到防风固沙、保持水土、调节气候、改善生态环境等多种作用。

2.1.5 特种用途林

特种用途林是以国防、环境保护、保护生物多样性、生产繁殖材料、森林旅游和科学实验等为主要目的的森林，包括国防林、名胜古迹和革命纪念地林、实验林、母树林、风景林、环境保护林和自然保护区的森林。

林种划分是相对的，每一个林种的功能都不是单一的，都兼有其他方面的效益。

2.2 造林树种选择

2.2.1 选择的意义

造林树种的选择适当与否是造林成败的关键原因之一。如果造林树种选择不当，造林后树种难以成活，浪费种苗、劳力和资金；即使造林成活，人工林长期生长不良，也难以成林、成材，造林地的生产潜力难以充分发挥出来，无法获得应有的防护效益和经济效益。例如在北方干旱地区栽植的杨树和在南方丘陵地区栽植的杉木，有不少形成了"小老头林"（指生长非常缓慢、生长势极弱，不能成林和成材的人工林），这就与树种选择有很大的关系。由于林业生产的长期性、造林目的的多样性、自然条件的复杂性，造林树种选择成为带有百年大计性质的事情，我们必须认真对待、谨慎从事。

2.2.2 选择的基础

1）生物学特性

树种的生物学特性指树种在生长发育过程中表现出的特点，主要包括树种的形态特征、生长特性、解剖特征等。

根据造林目的选择树种时要考虑树种的生物学特性。树体高大的乔木树种适宜作为用材林、防护林和特种用途林等树种。树体虽不高大，但树形、枝叶、树皮美观，或花和果的颜色、气味具有特色的树种，可以作为风景林树种。树种的树叶硕大，则对土壤水分条件的要求比较高；树种的叶表面气孔下陷、角质层发达，则往往对干旱条件比较适应；主根发达、侧根比较少的树种要求土层深厚；须根发达的树种比较耐干旱瘠薄。

2）生态学特性

树种的生态学特性是指树种对于生态条件的需求和适应能力。树种对生态条件的需求主要表现为树种与光照、水分、温度和土壤条件的关系。不同树种的生态特性是不一样的，如落叶松、樟子松、桉树、马尾松、刺槐、杨树、泡桐、檫树喜光，而云杉、冷杉、棕榈、青刚栎耐荫；桉树、杉木、马尾松、樟树、油茶、毛竹喜温暖，而樟子松、油松、文冠果耐寒；杉木、冷杉喜空气湿度大的环境，柳树、枫杨、池杉、乌桕等耐水湿，而二针松类、麻栎、臭椿、白榆和侧柏耐旱；杉木、檫树、泡桐、毛竹喜肥，而马尾松、刺槐、臭椿耐瘠薄；多数树种在微酸性及中性土壤上生长较好，而桉树、油茶、马尾松、茶树喜酸性土，柏木、光桐喜钙质土；多数树种不耐盐碱，而柽柳、柳树、胡杨、刺槐、乌桕、紫穗槐耐盐碱。每个树种都有一定的生态要求和适应范围，只有在最适宜的生态环境中才能生长良好。

3）林学特性

林学特性是指树种的生物学特性和生态学特性中与林业生产相关联的部分，主要指可以组成森林的密度和形成的结构，从而形成单位面积产量或达到主要培育目标的性质。

树种的生物学特性和生态学特性的不同以及培育技术水平的差异，导致树种的林学性质出现多样化。如有些树种个体生长良好、单株产量较高，但由于喜光强烈，或者地下或树冠分泌有毒物质而产生"自毒"效应，不宜进行成片栽培或大面积种植；有些树种因树冠紧束、郁闭度小，难以形成高质量的森林环境；当同一林分需要搭配两个或两个以上树种时，树种之间会出现不同的相互关系。

2.2.3 选择的原则

树种选择要遵循定向、稳定、丰产、优质、高效的原则。

1）经济学原则

根据森林主导功能选择适合经营目标的树种，满足国民经济建设对林业的要求，优先选择生态目的和经济目的相结合的树种。

对用材林来说，木材产量和价值是树种选择的客观指标。由于不同的树种在种子来源、苗木培育及其他育林措施方面的成本不同，木材价值不同，其所产生的效益不同。

2）生态学原则

首先，树种的生态学特性应与造林地的立地条件相适应，即适地适树原则；其次，树种选择应具有多样性，根据经营目标，因地制宜地确定针叶树种和阔叶树种、乔木和灌木的合理比例，选择多树种造林，防止树种单一化。

3）林学原则

指繁殖材料来源的广泛性、繁殖的难易程度、经营技术的成熟性等。

4）稳定原则

优先选择优良乡土树种；慎用外来树种，需要引进外来树种时，应选择经引种试验并符合《林木引种》（GB/T 14175—1993）规定的树种。对容易引起地力衰退的速生树种，在种植一、二代后应将其更换成其他适宜的造林树种，保证造林树种形成的林分长期稳定。

2.2.4 选择的方法

1）按照林种选择造林树种

（1）用材林树种的选择　用材林树种要求具备速生、丰产、优质、稳定的特性。

①速生性。树种生长速度快、成材早，是选择用材林树种的重要条件。我国的速生树种资源丰富，如桉树、杨树、相思类、杉木、马尾松、落叶松、刺槐、泡桐、檫树、竹子等都是很有前途的速生用材林树种。

②丰产性。指树种单位面积的蓄积量高，这是选择造林树种的重要指标之一。一般树体高大，相对长寿，材积生长的速生期维持较长，又适于密植，是单位面积木材丰产的重要条件。丰产性与速生性既有联系又有区别。有些树种既能速生，又能丰产，如杉木、桉树、杨树、马尾松、相思树；有些树种只能速生，难以丰产，如苦楝、泡桐、檫树、刺槐；有些树种如红松、云杉等有丰产特性，但不够速生，如果以培育大径材为目标，在采取适当的培育措施之后，这些树种也可取得相当高的生产率，有时还可以超过某些速生树种的生产率。

③优质性。指用材树种的形（态）质（量）指标。"形"主要指树干通直、圆满，分枝细小，整枝性能良好等特性。这样的树种出材率较高，采运方便，用途较广。大部分针叶树种具有较好的性状；阔叶树种中也有树干比较通直、圆满的，如桉树、毛白杨、檫树、

楸树等,但大部分阔叶树种的树干不够通直或分枝过低、主干低矮、不够圆满、树干扭曲等。

"质"是指材质优良,经济价值较高。一般用材要求材质坚韧、纹理通直均匀、不翘不裂、不易变形、干缩小、便于加工、耐磨、抗腐蚀等;家具用材要求材质致密、纹理美观、具有光泽和香气;造纸用材要求木材的纤维含量高、纤维长度大等。

④稳定性。树种对不良环境的抵抗力要强。

总之,营造用材林应尽量选择同时具有速生、丰产、优质、稳定特性的树种,同时根据立地条件选择一些木材质量优良,不具有速生特性的珍贵树种,要重视优良种源的选择。

(2)经济林树种的选择 营造经济林应选择生长快、收益早,产量高、质量好,用途广、价值大、抗性强、收获期长的优良树种。经济林对造林树种的要求也可以概括为"速生性、丰产性和优质性",但其内涵不同。如对于果用木本油料林,速生性的内涵是进入结果期早,即具有"早实性";丰产性的内涵是单位面积果实产量高;优质性的内涵是出仁率、含油率高,油质好。

在发展经济林时,必须以市场需求为前提,根据当地气候特点、经营传统、土地资源、劳动力、交通条件等情况综合考虑,同时应重视优良品种或类型的选择。

(3)能源林树种的选择 应选择适应性强的树种;木质燃料能源林树种要求生长快,生物量高,萌芽力强,热值高,易燃、火旺、烟少、不冒火花、无有毒气体放出,能兼顾取得饲料、小径材、编制材料的效益和发挥防护效益。油料能源林树种应具有结实早、产量高、出油率高等特性。

(4)防护林树种的选择 根据防护对象选择适宜的树种,树种应具有生长快、郁闭早、寿命长、防护性能好、抗性强、生长稳定等优良特性。营造农田防护林及经济林园、苗圃和草(牧)场防护林的主要树种应具有树体高大、树冠适宜、深根性等特点。风沙地、盐碱地和水湿地区的树种应具有根系发达,抗风蚀沙埋,耐旱,耐瘠薄,耐盐碱,耐水湿,繁殖容易,落叶丰富能改良土壤等特性。

(5)特种用途林树种的选择 特种用途林树种应根据不同造林目的进行选择。实验林和母树林可根据实验和采种(条)的需要选择适宜的造林树种。名胜古迹和革命纪念地也应根据不同的特点选择造林树种。疗养区周围造林最好选用能挥发杀菌物质和美化环境的树种;大部分松属及桉属的树种都具有这种性能。厂矿周围,特别是在产生有毒气体(二氧化硫、氟化氢、氯气等)的厂矿周围,注意选择抗污染性强并能吸收污染气体的树种。在城市附近,为了给人们提供游乐休憩的场所,除了树种的保健性能以外,还要考虑美化、香化、彩化环境的要求及人们游乐休憩的需要。营造环境保护林、风景林的树种除了具有上述特性外,还应具有较大的经济价值,使园林绿化与经济效益紧密结合起来。

2）按照适地适树的原则选择树种

（1）适地适树的意义　适地适树就是将树种栽植在最适宜其生长的地方，使造林树种的生态学特性与造林地的立地条件相适应，以充分发挥造林地的生产潜力，达到该立地在当前的技术、经济和管理条件下可能达到的高产水平或高效益。

"适地适树"是造林工作的一项基本原则。造林实践中，要在适地适树的基础上，选择最适宜当地的优良品种、类型及无性系。

（2）适地适树的标准

①质量标准。适地适树的质量标准根据造林目的确定。对于用材林，应达到成活、成林、成材，还要有一定的稳定性，即对间歇性自然灾害有一定的抗御能力。

②数量标准。适地适树的数量标准主要有 2 种：一种是平均材积生长量，另一种是某树种在各种立地条件下的立地指数。

a. 平均材积生长量：以一个树种在一定的立地条件和密度范围内，采用一定的经营技术达到成熟收获时的平均材积生长量作为衡量标准，达到一定的标准即为适地适树，否则就没有达到适地适树。如表 1-2-5 所示，针对闽北杉木中心产区，若以每亩年生长量为 0.7 m^3 作为衡量标准，则Ⅲ类地已不适宜栽培杉木。

表1-2-5　闽北杉木中心产区杉木生长过程

立地条件类型	15 年生		20 年生				25 年生			
	树高 /m	胸径 /cm	树高 /m	胸径 /cm	蓄积量 /(m³·亩⁻¹)	生长量 /[m³·(亩·年)⁻¹]	树高 /m	胸径 /cm	蓄积量 /(m³·亩⁻¹)	生长量 /[m³·(亩·年)⁻¹]
Ⅰ	14.0	16.9	16.8	19.9	26.7	1.33	18.7	21.8	34.05	1.36
Ⅱ	11.8	13.5	14.1	16.0	17.8	0.89	15.5	17.5	23.00	0.92
Ⅲ	8.50	11.0	10.4	13.1	11.4	0.57	11.5	14.2	15.04	0.60

b. 立地指数：指该树种在一定基准年龄时的优势木平均高（基准年龄指林分优势木高生长达到最高峰或趋于稳定时期的年龄）。

立地指数能够较好地反映立地性能与树种生长之间的关系。通过调查了解该树种在各种立地条件下的立地指数，尤其是把不同树种在同一立地条件下的立地指数进行比较，就可以较客观地评价树种选择是否做到适地适树。

（3）适地适树的途径　适地适树的途径包括选择和改造 2 种。

①选择：选地适树和选树适地。

选地适树是根据当地的气候、土壤条件确定主栽树种或拟发展的造林树种后，选择适合的造林地。如油松是喜光、耐旱树种，一般可在阳坡造林；但在西北干旱的低山地区，水分缺乏是油松成活及幼年生长的限制因子，为了解决这个矛盾，在低山地区可将油松栽植在阴坡、土层厚的地方。

选树适地是在确定造林地以后，根据其立地条件选择适合的造林树种。如在黄土高原低山阳坡造林，可选择喜暖、喜光、耐旱的树种，如刺槐、侧柏、山杏等。

②改造：改地适树和改树适地。

改地适树是通过整地、施肥、灌溉、树种混交、间作等措施改变造林地的生长环境，使之适合原来不太适应的树种的生长。如通过排灌洗盐，使一些不太抗盐的速生杨树品种在盐碱地上顺利生长；通过种植刺槐等固氮改土树种增加土壤肥力，使不耐瘠薄的速生杨树品种在贫瘠沙地上正常生长。

改树适地是在地和树的某些方面不太相适的情况下，通过选种、引种驯化、育种等手段改变树种的某些特性，使之能够与造林地相适应。如通过育种措施增强树种的耐寒性、耐旱性或抗盐性，以适应在寒冷、干旱或盐渍化的造林地上生长。

选择和改造这两种途径是相互补充、相辅相成的。在目前的技术、经济条件下，选地适树和选树适地是实现适地适树的基本途径。改造途径会随着经济的发展和技术的进步逐步扩大。

树种选择是建立在深刻认识"树"和"地"的特性的基础上，而认识的来源是调查研究。调查研究不同立地条件下人工林的生长情况，是探索适地适树方案的主要方法。

（4）适地适树方案的确定　在全面调查研究和充分分析的基础上，把造林目的和适地适树的要求结合起来统筹安排。通过地、树分析可知，在一个经营单位内，同一种立地条件下可能有几个适生树种，同一个树种也可能适应几种立地条件，不同树种的适应性大小和经济价值、生态价值也有较大差异，应将造林目的与适地适树的要求结合起来综合考虑，确定适地适树方案，即确定哪些是主要造林树种，哪些是次要造林树种，并确定发展的树种比例。

主要造林树种应该是最适生、最高产、经济价值最大的树种；次要造林树种则是经济价值很高但要求条件过于苛刻的树种，或适应性很强但经济价值稍低的树种，或其他能适应特殊立地条件的树种。

每个经营单位根据经营目的、林种比例及立地条件特点，选定少数几个最适合的树种为主要造林树种。必须注意的是，在一个经营单位内，树种不能太单调，要把速生树种与珍贵树种、针叶树种与阔叶树种、对立地条件要求严格的树种与广域性树种适当地搭配起来，确定各树种适宜的发展比例，使树种选择方案既能发挥多种立地条件的综合生产潜力，又能满足国民经济建设和社会发展的多方面的要求，发挥良好的生态效益。

如表 1-2-6 是甘肃地区主要造林树种和立地条件。

表1-2-6　甘肃主要造林树种和立地条件

主要树种	生物学特性	适宜立地条件	不适宜立地条件
华北落叶松	落叶乔木，较耐寒，喜光，喜湿润凉爽气候及酸性土壤，稍耐瘠薄，生长迅速	在土层较厚、湿润、排水良好的山腹，中下部缓坡地生长良好	岩石裸露、干旱的地带
云杉	常绿乔木，浅根性，耐荫，喜凉爽湿润气候，耐寒性强，喜深厚、肥沃、湿润、排水良好的酸性土	适生于肥沃、湿润的山腹坡地和谷地	岩石裸露、干旱的地带
樟子松	常绿乔木，喜光，耐寒、耐旱、耐瘠薄，根系发达，可塑性大	适生于排水良好的中性、微酸性土壤，在干旱、贫瘠的山地、沙地均可正常生长	积水地带，盐渍化土壤
油松	常绿乔木，喜光，适应性强，深根，根系发达，较抗寒，耐瘠薄、耐旱，抗风力强，对土壤养分的要求不高	适生于土质疏松、排水良好的缓坡地	排水不良的地带，盐渍化土壤，土壤黏紧的地带
小叶杨	落叶乔木，适应性强，喜光，较耐旱、耐寒，对土壤要求不严，耐轻度盐渍化，根系发达，萌蘖力强	在湿润肥沃的河谷及湿润沙地生长迅速	长期积水的低洼地，干旱瘠薄和黏土地带
青杨	落叶乔木，耐寒、耐旱，抗风力强	喜生于湿润、深厚、肥沃的河谷滩地	长期积水的低洼地，干旱贫瘠和黏土地带
箭杆杨	落叶乔木，树冠窄，根幅小，对土壤水分条件的要求较高，稍耐盐碱	适生于湿润、土层深厚的地方	长期积水的地带，干旱瘠薄的山地
新疆杨	落叶乔木，较耐寒，深根，喜光，抗风力强，有一定抗病、抗烟尘的能力，较耐盐碱	在土层深厚，土质肥沃、湿润的地方生长快	重盐碱地
胡杨	落叶乔木，喜光，耐盐碱，耐大气干旱、耐热、抗寒，具泌盐碱能力，根蘖力极强	适于在浅水位及轻盐碱地生长	重盐碱地
旱柳	落叶乔木，较耐寒，喜光，喜湿润，生长较快，深根，较耐盐碱，萌蘖力强	在土壤通气良好，肥沃、湿润的河滩渠旁、沟谷下湿地生长良好	干旱的山地、沙丘、黏土、积水地带
白榆	落叶乔木，喜光，耐干冷气候，深根，根系发达，抗风力强，较耐盐碱，对烟和氟化氢等有毒气体的抗性较强	喜土层深厚、肥沃、湿润、排水良好的土地	地下水过高的低湿地、薄土层的山地
沙枣	落叶小乔木，喜光，浅根，水平根发达，根冠比冠幅大，耐风沙、耐旱、耐瘠薄、耐盐碱	适生于四旁地，地下水位较浅的低湿滩地与沙区的丘间低地，弱度、中度盐渍化地	地下水深且不能灌溉的地带，强度盐渍化地，排水通气不良的重黏质土

续表

主要树种	生物学特性	适宜立地条件	不适宜立地条件
山杏	落叶小乔木或灌木，适应性强，喜光、耐旱、耐瘠薄、耐寒、深根，萌蘗力强	在土层深厚、排水良好的阳坡半阳坡生长良好，在干燥的沙砾土、碎裂的岩石山地也可生长	黏重土壤、阴坡
沙棘	落叶灌木或小乔木，喜光，浅根性，水平根发达，抗寒、耐风沙、耐旱、耐水湿、耐盐碱，根蘗力强	适生于山地、丘陵、沙地、河滩沟谷及弱盐渍化地带	中度、强度盐渍化土壤，过于黏紧的土壤
杨柴	落叶灌木，耐风蚀、耐沙压、根系发达，萌蘗力强	适于在流动半流动沙丘和黄土坡地生长	排水不良的地方
花棒	落叶灌木，喜光，适应干冷气候，耐旱、抗风力强，耐沙压、耐高温，萌蘗力强，根系发达	沙壤质和黏壤质的丘间低地或滩地	沙砾质及排水不良的积水地带
梭梭	落叶灌木或小乔木，抗旱力、抗盐力都很强，根系发达，生长较快，寿命较长	在荒漠区适生于土壤含水量3%以上的半固定沙地	黏紧壤土，排水不畅的积水地带
沙柳	落叶灌木，喜光，耐旱、耐高温、耐寒、耐沙埋，萌蘗力强，生长快	在地下水位高的流动沙丘背风坡和丘间低地生长良好	长期积死水、排水不良、土质黏紧的重盐碱地
柽柳	落叶灌木或亚乔木，喜光，对气候条件适应性广，抗风，对土壤要求不严，耐旱、耐水湿，极耐盐碱，根系发达，萌蘗力强	适于在一般盐碱地生长	重盐碱地
沙拐枣	落叶灌木，抗旱、抗热、抗寒，耐风蚀，不怕沙压，根系发达，根蘗力强	喜生于松软、沙层深厚、略带碱性的地方	排水不良、低湿的黏土及重盐碱地

（5）造林时树种的安排顺序　对一个经营单位来说，选定造林树种后，要进一步把这些树种落实到一定立地条件的造林地上。安排造林树种时应遵循以下原则：

①立地条件较好的造林地优先留给经济价值较高、对立地条件要求严格的树种。

②立地条件比较差的造林地安排适应性较广的树种。

③同一树种的经营目的不同时，应将树种分配给不同的造林地。例如，山区发展刺槐，培育速生矿柱林应将刺槐安排在比较好的立地，经营水土保持或能源林可将刺槐安排在一般的造林地上。培育大径材或营造速生丰产用材林应安排比较好的造林地，培育中、小径材可选择较差的造林地。

总之，进行造林树种安排时，立地条件好的地块，优先安排经济价值高、生态适应幅度小的树种；立地条件差的地块，安排生态适应幅度大的树种；特殊立地条件的地块，如盐碱地、水湿地、高寒地等，安排适应特殊立地条件的树种。

◎巩固拓展

一、思考与练习题

（一）名词解释

林种　树种的生态学特性　适地适树　选地适树　选树适地

（二）填空题

1.选择造林树种应遵循（　　　　）、（　　　　）、（　　　　）、（　　　　）、（　　　　）的原则。

2.用材树种应尽可能选择同时具有（　　　　）、（　　　　）、（　　　　）和（　　　　）特性的树种，并应重视（　　　　）的选择。

（三）选择题（单选）

1.适地适树的主要途径是（　　　）。

    A.选地适树或选树适地　　　　　　　B.改地适树

    C.改树适地　　　　　　　　　　　　D. A+B+C

2.造林树种的安排顺序是（　　　）。

    A.适小树种→适广树种→适应特殊立地树种

    B.适广树种→适小树种→适应特殊立地树种

    C.适应特殊立地树种→适小树种→适广树种

    D. A+B+C

3.根据经营目的安排造林地时，好地先安排给（　　　）。

    A.用材林　　　B.速生丰产用材林　　　C.防护林　　　D.经济林

（四）问答题

1.以用材林为例，分析适地适树的标准。

2.简述适地适树的途径。

二、阅读文献题录

1.朵拉.科学技术是第一生产力［J］.职业教育（上旬刊），2020（2）.

2.刘海燕.习近平关于科技创新重要论述的形成及科学内涵［J］.山东干部函授大学学报，2019（5）.

3.共青团黑龙江省委员会.奋发有为　不负韶华［J］.奋斗，2020（24）.

4.翟明普，沈国舫.森林培育学［M］.3版.北京：中国林业出版社，2016.

5. 2021 年度林木良种名录（中英文）. 国家林业和草原局，2022.1.

6. 丁鸽. 速生丰产用材林的树种选择［J］. 现代农村科技，2020（5）.

7. 袁光良. 乡城县植树造林如何做到适地适树［J］. 农村实用技术，2019（9）.

8. 李秋丽. 林业生态工程造林树种的选择及提高造林质量的方法［J］. 科技创新导报，2020（8）.

三、标准与法规

1. GB/T 15776—2016　造林技术规程

2. GB/T 18337.1—2001　生态公益林建设导则

3. GB/T 18337.2—2001　生态公益林建设规划设计通则

4. GB/T 18337.3—2001　生态公益林建设技术规程

任务3　人工林树种组成设计

◎任务目标

◆ 知识目标

①熟悉纯林和混交林的特点及适用条件。

②掌握混交树种应具备的条件。

③熟悉混交类型，掌握混交方法。

◆ 能力目标

能够根据造林目的、立地条件、经济因素等合理设计树种组成、混交方法和混交比例。

◆ 育人目标

①培养学生团队协作的集体主义精神，引导学生互帮互助、互谅互让，相互鼓励，共同成长。

②培养学生尊重他人、尊重自己、乐于奉献、勇挑重担的素质，增强责任担当意识。

◎实践训练

实训项目 3.1　人工林树种组成设计

一、实训目标

通过对现有人工林或天然林树种组成的调查，根据拟造林地的立地条件和造林目的，合理设计树种组成、混交比例、混交类型、混交方法及培育措施。

二、实训场所

拟造林地、森林营造实训室。

三、实训形式

学生 5~6 人一组，在老师或企业技术人员的指导下进行树种组成设计。

四、实训工具

GPS 定位仪、测高器（或测杆）、皮尺、围尺（或钢卷尺）、工具包、钢铲、锄头、土壤袋、指示剂、比色板、调查记录表、记录本、铅笔、橡皮等。

五、实训内容与方法

（一）现有人工林或天然林树种组成调查

设置有代表性的标准地，面积为 400 m²，标准地的数量视林地面积而定，调查项目如表 1-3-1 所示。

表1-3-1　树种组成调查表

调查地点：_____　　造林时间：_____　　立地条件类型：_____

标准地编号	树种		混交比例	混交方法	混交图式	目的树种胸径/cm	目的树种树高/m	目的树种新梢长度/m	种间关系描述
	目的树种	混交树种							

调查人：_____　　　记录人：_____　　　调查时间：_____

根据调查结果，分析现有混交林林分生长状况、混交林设计措施是否适宜、种间关系是否合理，并提出合理化建议。

（二）树种组成设计

根据拟造林地的立地条件类型，设计树种组成，如表 1-3-2 所示。

表1-3-2　树种组成设计表

设计者：_____　　　设计时间：_____

立地条件类型	混交类型	树种		混交比例	混交方法	株行距/m	混交图式	种间关系描述
		目的树种	混交树种					

1. 选择主要树种

根据当地树种资源和拟造林地的立地条件类型，遵循满足市场需要、满足造林目的和适地适树的原则，选择主要树种。

2. 选择混交树种

混交树种的生物学特性和生态要求与主要树种要协调，借鉴当地现有的混交林成功培育经验或成功的天然林树种搭配方案，选择适宜的混交树种。

3. 设计混交类型

方法略。

4. 设计混交比例和混交方法

以有利于主要树种生长和主要树种占多数为前提，兼顾森林的三大效益，综合考虑树种的林学特性、立地条件的差异和混交树种的经济价值。

5. 设计种间调节措施

方法略。

六、注意事项

遵守规则，正确使用工具，注意人身安全。

七、实训报告要求

①根据调查结果，分析现有混交林林分生长状况、混交林设计措施是否适宜、种间关系是否合理，并提出合理化建议。

②以调查的当地现有人工林和天然林树种组成为基础，将拟造林地的立地条件和所调查林分的立地条件进行对比分析，结合造林目的，为拟造林地设计合理的树种组成。

◎背景知识

3.1 人工林结构

人工林结构指组成林分的林木群体各组成成分的空间和时间分布格局，即组成林分的树种、比例、密度、配置、林层、根系等在时间和空间上的一定的水平分布和垂直分布状况。其包括水平结构和垂直结构。

水平结构：由林分密度和种植点配置决定。

垂直结构：由树种组成和年龄决定。树种组成是指组成林分的树种成分及其所占比例。根据树种组成的不同，可将人工林分为纯林和混交林。

合理的林分结构应是林木分布均匀、密度适中、复层林冠、种间协调的群体结构。这样既能保证林分中的每个个体充分生长发育，又能最高限度地利用造林地的营养空间获取更多的物质和能量，发挥林分最大的生产潜力，达到速生、丰产、优质的目的。

3.2 纯林

纯林是由一种树种组成的森林，或虽由多种树种组成，但主要树种的株数或断面积或蓄积量占总株数或总断面积或总蓄积量的65%（不含）以上的森林。

纯林的特点、适用条件及配置要求如下。

1）特点

造林技术较简单，容易施工，目的树种产量高，采伐利用方便，经营技术简单；但纯林不利于充分利用空间，林分病虫害较多。

2）适用条件

①培育短周期工业原料林、速生丰产用材林、经济林。

②树种直干性强，生长稳定，天然整枝良好，单产高，这些优良特性在稀植的条件下也能表现得很突出。这类树种可营造纯林，也可营造混交林。

③以景观营建、科学研究等为目的，需要栽培单一树种的。

④特殊的造林地，如沙荒地、盐碱地、水湿地、高寒山区或极端贫瘠的地方。这些地方只有少数树种能够适应，一般不适合营造混交林。

3）配置要求

①同一树种或同一造林模式的集中连片面积不宜超过100 hm²。

②同一树种或同一造林模式在同一造林年度的集中连片面积不宜超过20 hm²。

③两片同一树种或品系造林地块间应有其他树种、天然植被或非林地形成缓冲，林地形成的缓冲区宽度不少于50 m。

3.3 混交林

混交林是由两种或两种以上树种组成，其中主要树种的株数或断面积或蓄积量占总株数或总断面积或总蓄积量的65%（含）以下的森林。

3.3.1 特点、适用条件及配置要求

1）特点

（1）能充分利用营养空间 不同生物学特性的树种适当混交，可以使营养空间得到最高限度的利用。如喜光与耐荫、深根型与浅根型、速生与慢生、针叶与阔叶、常绿与落叶、宽冠幅与窄冠幅、喜肥与耐瘠薄等树种混交在一起，可以占有较大的地上、地下空间，有利于各树种分别在不同时期和不同层次范围内利用光能、水分及养分，能充分利用光照和土壤肥力，从而提高林地生产力。

（2）有效改善立地条件 混交林所形成的复杂林分结构有利于改善林地小气候（光、热、水、气等），使树木生长的环境条件得到较大改善；混交林还能缓解纯林中林木对土壤中某些营养元素的专一吸收，防止土壤的理化性质恶化、地力衰退。如针叶树与阔叶

树混交，能加快养分的积累和循环，提高土壤养分的有效化，改善土壤结构，使土壤疏松、肥沃。据调查，混交林下土壤腐殖质含量比纯林多 10%~15%，有效磷含量比纯林多 15%~20%。

（3）促进林木生长，增加生物量和林产品种类　不同生物学特性的树种混交，能充分利用营养空间，有效提高单位面积产量。由于混交林树种之间的相互辅助和防护作用，一些营造纯林时生长差的树种通过混交能造林成功。如加杨树与刺槐混交，不仅促进了刺槐生长，也使加杨树生长良好，解决了加杨树纯林病虫害多等导致生长不良的问题。据山东林业科学研究所调查，成熟的加杨树、刺槐混交林中，加杨的生物量为 71.84 t，刺槐的生物量为 90.69 t，合计 162.53 t，为加杨树纯林的生物量（88.80 t）的 1.83 倍。

（4）生态效益和社会效益好　混交林常呈复层结构，冠层厚、枝叶茂密，能更好地截留大气降水。林下枯枝落叶层和腐殖质较厚，林地土壤质地疏松，持水能力与透水性较强，减少了地表径流，防止水土流失。

混交林由多个树种组成，结构层次分明，增强了森林的美学价值、游憩价值。混交林的净化空气、吸毒滞尘、杀菌隔音等保健功能优于纯林。

（5）抗自然灾害（如火灾、病虫害及风害）的能力强　混交林由多树种组成，营养结构多样，有利于各种动物栖息和寄生性菌类繁殖。众多的生物种类相互影响、相互制约，改变了林内环境条件，使病原菌、害虫丧失了生存的适宜条件，同时招引害虫的各种天敌和益鸟，从而减轻和控制病虫害。

针阔混交林的林冠层次多，枝叶互相交错，根系较纯林发达，深浅搭配，且在干热季节林内温度较低、湿度较大，所以抗风、抗雪和抗火灾能力较强。

（6）造林技术复杂　混交林的造林技术比纯林复杂，培育难度较大。选择混交林造林树种时不仅要做到适地适树，还要做到树种间关系协调；在造林施工时要根据混交方法分配好苗木；出现种间矛盾后，既要调节好种间矛盾，又要保持良好的混交状态。凡此种种，使混交林培育难度增大。

（7）立地条件要求较高　在立地条件较差的造林地上能良好生长的乔木树种少，在有限的树种中，树种间关系协调的树种就更少，因此很难做到合理搭配树种。

2）适用条件

①以防护为目的。

②以培育大径材为目的，需长周期培育。

③根据生物学特性，宜混交、伴生。

④单一树种栽培易引起病虫害、火灾。

⑤造林地上有较多具培育前途的天然幼苗、幼树。

3）配置要求

①应根据树种的生物学特性和立地条件，选择适应性、抗性和种间关系协调的树种混交，宜选择针叶树种与阔叶树种、落叶树种与常绿树种、喜光树种与耐荫树种、固氮树种与非固氮树种、深根性树种与浅根性树种、乔木树种与灌木树种等混交。

②应根据立地条件、培育目的和种间关系等因素选择星状、行状、带状、块状等适宜的混交方式，也可与造林地上已有的幼苗、幼树随机配置形成混交林。

③应采用多树种混交。热带、亚热带区造林小班的组成树种宜 5 种以上。寒温带、中温带、暖温带区面积为 1 hm² 以上的造林小班，组成树种宜 3 种以上；面积为 1 hm² 以下的造林小班，组成树种宜 2 种以上。半干旱区、干旱区、高寒区，组成树种宜 2 种以上。

3.3.2　混交林的营造技术

1）混交林中树种的分类

混交林中的树种，依其所起的作用可分为主要树种、伴生树种和灌木树种 3 类。

（1）主要树种

主要树种是人工林培育的目的树种，或防护效能好或经济价值高或风景价值高；一般数量最多，种类有时为 1 种或 2~3 种，是林分中的优势树种。

（2）伴生树种

伴生树种是在一定时期与主要树种生长在一起,并为其生长创造有利条件的乔木树种。其是次要树种,经济价值较低,数量上在林内一般不占优势,多为中小乔木,林分生长中后期占据第二林冠层。伴生树种主要有辅佐、护土和改土作用。辅佐作用是伴生树种给主要树种提供侧方庇荫，使其树干长得通直，自然整枝良好。护土作用是伴生树种以自身的树冠和根系遮蔽地表、固持土壤，从而减少水分蒸发、防止杂草丛生等。改土作用是伴生树种将森林枯落物回归土壤；或某些树种发挥生物固氮能力,提高土壤肥力,改善土壤的理化性质。

（3）灌木树种

灌木树种是在一定时期与主要树种生长在一起，并为其生长创造有利条件的树种。这属于次要树种，经济价值大都不太高，在林内的数量依立地条件的不同不占优势或稍占优势，林分生长中后期其往往自行消失。灌木树种的主要作用是护土和改土，这是由于它们分枝多、树冠大、叶量丰富、根系密集、耐旱、耐瘠薄，有些有较强的萌芽能力和固氮能力，覆盖地表能抑制杂草生长、增加土壤有机质含量，并能够分散地表径流，防止土壤侵蚀。

2）混交林的类型

混交林的类型是指主要树种、伴生树种和灌木树种人为搭配而成的不同组合。根据经营目的和树种的生物学特性，混交林的类型分为四大类，即主要树种与主要树种混交，主要树种与伴生树种混交，主要树种与灌木树种混交，主要树种、伴生树种与灌木树种混交。

（1）主要树种与主要树种混交　指两种或两种以上的主要树种混交，可以充分利用地力，同时获得多种木材，并发挥其他有益效能。根据树种的耐荫性和喜光性又可分为以下 5 种类型。

①耐荫树种与喜光树种混交。两个主要树种分别为耐荫树种与喜光树种时，多形成复层林，种间的有利关系持续时间长，林分比较稳定，种间矛盾易调节。常见的如华北落叶松 × 云杉混交、白桦 × 云杉混交。

②喜光树种与喜光树种混交。主要树种都是喜光树种时，多构成单层林，种间矛盾出现得早且尖锐，调节难度较大；北方大部分树种为喜光树种，常见的如油松 × 栎类混交、杨树 × 刺槐混交、油松 × 侧柏混交等。

③耐荫树种与耐荫树种混交。主要树种都是耐荫树种时，种间矛盾出现晚且缓和，树种间的有利关系持续时间长，种间关系较易调节。如云杉 × 冷杉混交等。

④针阔混交。如落叶松 × 水曲柳混交、油松 × 元宝枫混交、油松 × 刺槐混交、油松 × 栓皮栎混交。

⑤针针混交。油松 × 侧柏混交、油松 × 白皮松混交等。

（2）主要树种与伴生树种混交　主要树种居林分上层，伴生树种为较耐荫的中小乔木如椴树、槭树等，居于下层，形成复层林。种间矛盾比较缓和，容易调节；林分的生产率较高，防护效能较好，稳定性较强；林相多为复层林。如落叶松 × 椴树混交、油松 × 槭树混交、杨树 × 糖槭混交。

（3）主要树种与灌木树种混交　种间关系缓和，矛盾易调节，林分稳定，灌木的辅佐作用明显。如油松 × 沙棘混交、侧柏 × 紫穗槐混交、杨树 × 柠条混交等。乔灌混交类型多用于立地条件较差的地方，立地条件越差，灌木的比重越大。

（4）主要树种、伴生树种与灌木树种混交　这种类型称为综合混交类型，兼有上述 3 种混交类型的特点，防护效益好，一般可用于立地条件较好的地方。如河谷阶地的沙兰杨 × 旱柳 × 紫穗槐混交，丘陵山地的油松 × 元宝枫 × 紫穗槐混交等。

总结各混交类型的特点、种间关系、适用立地条件，如表 1-3-3 所示。

表1-3-3　各混交类型的特点、种间关系、适用立地条件

类型	特点	种间关系	适用立地	案例
主要树种 × 主要树种	能充分利用地力，同时获得多种木材，发挥其他有益作用	例如： 喜光 × 喜光：早而尖锐，不易调节 耐荫 × 耐荫：晚而缓和，易调节	好	油松 × 栎类 云杉 × 冷杉

续表

类型	特点	种间关系	适用立地	案例
主要树种 × 伴生树种	生产率较高，防护效能较好，稳定性较强，多为复层林	较缓和，易调节	较好	油松 × 槭树 油松 × 山杏
主要树种 × 灌木树种	生产率较低，林分稳定	缓和、易调节	较差	油松 × 沙棘 杨树 × 柠条
主要树种 × 伴生树种 × 灌木树种	生产率较高，防护效能好，林分稳定	缓和、易调节	较好	油松 × 元宝枫 × 紫穗槐

对各混交类型的应用作分析比较，如表1-3-4所示。

表1-3-4　各混交类型的应用性分析比较

项目		4种混交类型的排列顺序（降序排列）
经济价值		乔木混交类型 > 主伴混交类型 > 综合混交类型 > 乔灌混交类型
生态价值		综合混交类型 > 乔木混交类型、主伴混交类型 > 乔灌混交类型
难易程度		乔木混交类型 > 综合混交类型 > 主伴混交类型 > 乔灌混交类型
立地要求		乔木混交类型 > 综合混交类型 > 主伴混交类型 > 乔灌混交类型
应用	用材林	乔木混交类型、主伴混交类型
	防护林	综合混交类型、乔灌混交类型
	经济林	主伴混交类型、乔灌混交类型
	能源林	综合混交类型、乔木混交类型、主伴混交类型、乔灌混交类型

3）混交树种选择

混交树种是指伴随主要树种生长的所有树种，包括与主要树种混交的另一主要树种、伴生树种和灌木树种。

选择适宜的混交树种是发挥混交作用及调节种间关系的主要手段，对保证顺利成林、增强稳定性、实现培育目的具有重要意义。

（1）混交树种具备的条件

①与主要树种在生物学、生态学特性上要有一定的差异，能够互补，尤其应具有一定的耐荫性。

②具有良好的辅佐、护土和改土作用或其他效能，能给主要树种创造良好的生长环境，提高林分的稳定性。

③具有较强的抵御自然灾害的能力，特别是耐火性和抗虫性，不应与主要树种有共同的病虫害或转主寄生关系。

④具有一定的经济和美学价值。在可能的情况下，应尽量选用经济价值高的树种。

⑤具有较强的萌蘖能力或繁殖能力。

⑥如果是培育用材林，伴生树种、灌木树种最好大体上与主要树种在预定的轮伐期内成熟，以便组织主伐，降低成本。

（2）混交效果较好的树种

①北方地区常见混交效果较好的树种。

油松与侧柏、栎类、刺槐、元宝枫、椴树、桦树、胡枝子、黄栌、沙棘、紫穗槐、荆条等混交。

侧柏与元宝枫、黄连木、臭椿、刺槐、黄栌、沙棘、紫穗槐、荆条等混交。

杨树与刺槐、紫穗槐、沙棘、柠条、胡枝子等混交。

红松与水曲柳、核桃楸、赤杨、紫椴、黄菠萝、色木槭、蒙古栎等混交。

落叶松与云杉、冷杉、红松、樟子松、桦树、山杨、水曲柳、赤杨、胡枝子等混交。

②南方地区混交效果较好的树种。

杉木与马尾松、香樟、柳杉、木荷、檫树、火力楠、红椎、柠檬桉等混交。

桉树与大叶相思、台湾相思、木麻黄、银合欢等混交。

毛竹与杉木、马尾松、枫香、木荷、红椎、南酸枣等混交。

4）混交方法

混交方法是指各混交树种在造林地上配置和排列的形式。混交方法不同，各树种的位置不同，种间关系也会发生变化。常用的混交方法有以下几种。

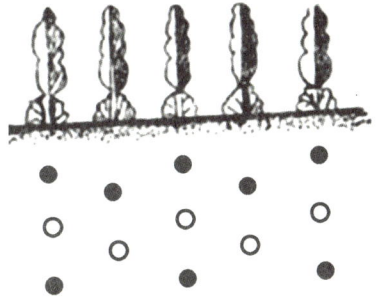

图1-3-1 株间混交

（1）株间混交 在同一种植行内隔株种植两种或两种以上树种的混交方法。（图1-3-1）

在这种种植方式下，不同树种间开始相互影响的时间较早，若树种搭配适当，能较快地产生辅佐等作用，种间关系以有利作用为主；若树种搭配不当，则种间矛盾尖锐，调节困难，施工较麻烦。株间混交适用于种间矛盾缓和的树种，一般多用于乔灌混交。如油松×紫穗槐混交。

（2）行间混交 一种树种的单行与另一种树种的单行依次栽植的混交方法。（图1-3-2）在这种种植方式下，种间关系多在人工林郁闭后出现，种间矛盾比株间混交容易调节，施工也比较方便。行间混交适用于乔灌混交或主伴混交。如马尾松×栎类混交、落叶松×水曲柳混交、杨树×刺槐混交等。

（3）带状混交 一种树种连续种植3行以上构成的带，与另一种树种构成的带依次种植的混交方法。（图 1-3-3）在这种种植方式下，种间关系最先出现在相邻两带的边行，种间矛盾缓和、易调节，施工简便。带状混交常用于种间矛盾比较尖锐和初期生长速度悬殊的乔木树种之间混交。

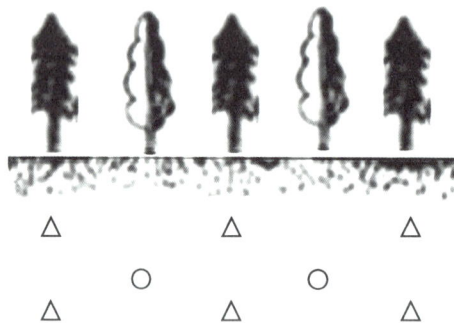

图1-3-2　行间混交　　　　　　　图1-3-3　带状混交

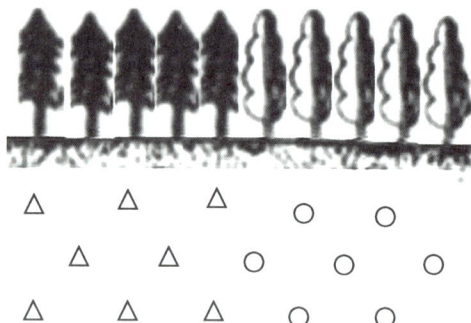

（4）块状混交　将栽成一小片的一种树种与另一种栽成一小片的其他树种依次配置的混交方法。块状混交分为规则的块状混交（图 1-3-4）和不规则的块状混交（图 1-3-5）。

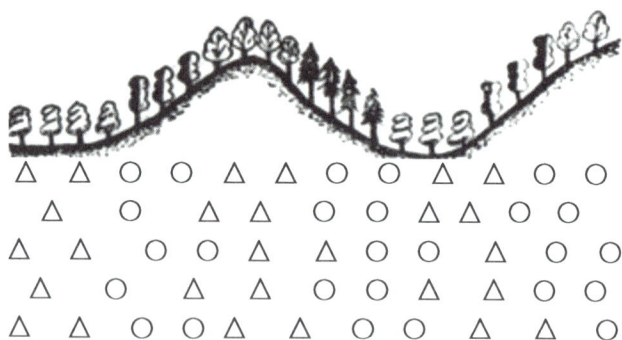

图1-3-4　规则的块状混交　　　　图1-3-5　不规则的块状混交

①规则的块状混交是将平坦或坡面整齐的造林地区划为正方形或长方形的块状地，在相邻的地块上按一定的株行距栽种不同的树种。通常相邻地块呈品字形交错排列，原则上块状地的面积不小于成熟林中每株林木占有的平均营养面积，一般块状地的边长为5~10 m。块状地的面积如果过大，就成了纯林，失去混交意义。

②不规则的块状混交是按造林地小地形的起伏状况分别成块状地栽种同一树种，相邻地块栽种另一树种的混交方法。这种混交方法既能充分利用小地形，又可以按树种的生物学特性、立地条件的变化因地制宜地进行混交，比较灵活，达到了适地适树的目的。

块状混交造林施工比较方便，适用于矛盾比较大的主要树种与主要树种混交，也可用于幼林纯林改造成混交林或低价值林分改造。

（5）行带混交 一种树种连续种植3行以上构成的带，与其他树种的种植行依次种植的混交方法。这种混交是介于带状混交和行间混交之间的过渡类型。优点是保证主要树种的优势，削弱伴生树种（或主要树种）过强的竞争力。（图1-3-6）

（6）植生组混交 种植点群状配置时，在一小块地上密集种植同一种树种，与相距较远地密集种植另一种树种的小块状地依次配置的混交方法。采用这种混交方法时，块状地内同一树种具有群状配置的优点，块状地间距较大，种间相互作用出现很迟且种间关系容易调节，但造林施工比较麻烦。其主要适用于次生林改造和风沙区的治沙造林。（图1-3-7）

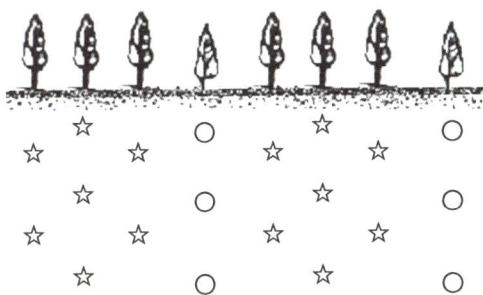

图1-3-6 行带混交

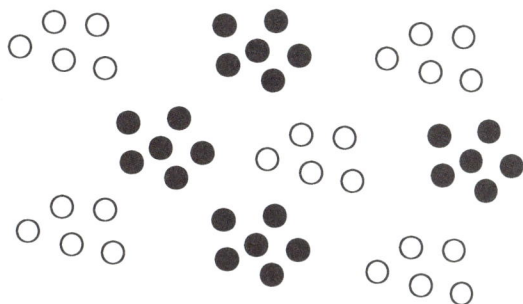

图1-3-7 植生组混交

（7）星状混交 将一种树种的少量植株点状分散地与其他树种的大量植株栽种在一起的混交方法，或栽植成行内隔株（或多株）的一种树种与栽植成行状、带状的其他树种混交的方法。（图1-3-8）

这种混交方法既能满足喜光树种扩展树冠的要求，又能为其他树种创造适度庇荫的生长条件和改良土壤，种间关系比较融洽，经常可以获得较好的混交

○A树种 ☆B树种

图1-3-8 星状混交

效果。目前星状混交的应用有：杉木或锥栗造林，零星均匀地栽植少量檫树；刺槐造林，适当混交一些杨树；侧柏造林，稀疏地点缀在荆条等天然灌木林中等。

如表1-3-5所示是几种混交方法的应用情况。

表1-3-5 混交方法应用情况

混交方法	应用情况
株间混交	乔木混交类型、乔灌混交类型、园林绿化
行间混交	乔木混交类型、乔灌混交类型、园林绿化
带状混交	乔木混交类型、主伴混交类型、综合混交类型、乔灌混交类型

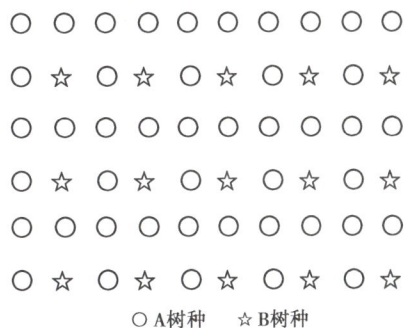

续表

混交方法	应用情况
块状混交	乔木混交类型、主伴混交类型、综合混交类型、乔灌混交类型
行带混交	主伴混交类型、乔灌混交类型
植生组混交	园林绿化、次生林改造、治沙造林、草地防护林、护坡林
星状混交	主伴混交类型、乔灌混交类型、四旁植树、园林绿化

5）树种混交比例

指造林时各树种的株数占混交造林总株数的百分比。

混交树种所占比例应以有利于主要树种生长为原则，保证主要树种始终占优势，但主要树种所占比例控制在65%（含）以下。立地条件优越的地方，混交树种所占比例不宜过大；竞争力强的树种，混交比例不宜过大，以免抑制主要树种生长；立地条件恶劣的地方，可以不用或少用伴生树种，适当增加灌木树种的比例。

6）混交林种间关系的调节

混交林种间关系总是在不断变化，在整个育林过程中要采取一定措施，使种间关系向符合经营要求的方向发展。

（1）造林前　根据立地条件和造林目的，慎重选择主要造林树种，合理搭配混交树种，确定合适的混交方法、混交比例及配置方式，调节好种间关系，确保混交林在一定时期以有利互助的种间关系为主，减少种间不利作用的发生。

（2）造林时　通过控制造林时间、造林方法、苗木年龄和株行距等措施，调节种间关系，缓和种间矛盾。如果采用生长速度上差别较大的树种混交造林，可以错开混交造林年限，把速生树种晚栽3~5年，或采用不同年龄的苗木，或选用播种、植苗等不同的种植方法，以缩小不同树种在生长速度上的差异。如果两树种的种间矛盾过于尖锐而又需要混交，可引入第三个树种——缓冲树种，缓解两树种之间的矛盾，推迟种间有害作用出现的时间，缓冲树种一般多为灌木树种。

（3）林分生长发育过程中　在林分生长发育过程中，通过抚育调控种间关系。一方面，随着林龄的增长，种间及个体之间的竞争将加剧，当耐荫树种或混交树种的生长即将超过喜光树种或主要树种，因树高、冠幅过大造成光照不足而抑制喜光树种或主要树种生长时，可以采取平茬、修枝、抚育、间伐等措施进行调节，也可以采用环剥、去顶等方法加以处理。另一方面，当次要树种与主要树种对土壤养分、水分的竞争激烈时，可以采取施肥、灌溉、松土以及间作等措施，不同程度地满足树种的生态要求，推迟种间尖锐矛盾的发生时间，缓和矛盾的激烈程度，使种间关系继续维持相互有利的状态，保证混交成功。

◎ 巩固拓展

一、思考与练习题

（一）名词解释

树种组成　纯林　混交林　混交方法　混交比例　主要树种　混交树种

（二）填空题

1.混交林的类型有（　　　　）、（　　　　）、（　　　　）和（　　　　）4种。

2.混交的方法有星状混交、（　　　　）、（　　　　）、（　　　　）、（　　　　）、（　　　　）和植生组混交。

（三）选择题（单选）

1.营造混交林应使喜光树种处于（　　　　）。

    A.上层　　　　　　　B.下层　　　　　　　C.上、下层均可　　　D.中层

2.混交林中主要树种所占比例应（　　　　）。

    A.大于等于65%　　　　　　　　　B.小于等于65%

    C.等于65%　　　　　　　　　　　D.随便

3.在保证主要树种占多数的前提下，如主要树种竞争力强，混交树种的比例可适当（　　　　）。

    A.增大　　　　　B.减小　　　　　C.增大、减小均可　　D.减小20%

4.喜光树种之间混交应选择（　　　　）。

    A.株间混交　　　B.行间混交　　　C.带状混交　　　　D.株间混交＋行间混交

（四）问答题

1.简述混交树种应具备的条件。

2.简述混交林营造技术。

3.阐述纯林与混交林的适用条件。

二、阅读文献题录

1.张洁.感受神话色彩　认知英雄形象——《盘古开天地》简析［N］.语言文字报，2020-12-02（5）.

2.王晶.做一个乐于奉献的人——读《雷锋的故事》有感［J］.工会博览，2020（30）.

3.文滔.感悟白衣战士的职业精神与使命担当［N］.人民武警报，2020-08-14（4）.

4.翟明普，沈国舫.森林培育学［M］.3版.北京：中国林业出版社，2016.

5.苏巧灵，李安民，袁士云，等.甘肃小陇山暖温带针阔混交林物种组成和群落结构［J］.应用生态学报，2020，31（10）.

6.乌日嘎其其格.白桦-兴安落叶松混交林经营设计研究［D］.呼和浩特：内蒙古农业大学，2019.

7.管章楠.中国乡村社区常用绿化树种组成和多样性初步研究［D］.济南：山东大学，2017.

8.闫蓬勃.中国城市树种多样性评价及树种规划研究［D］.北京：北京林业大学，2019.

三、标准与法规

GB/T 15776—2016　　造林技术规程

任务4　造林密度和种植点配置设计

◎任务目标

◆ 知识目标

①掌握造林密度确定的原则和方法。

②掌握种植点配置的方法。

◆ 能力目标

①能够在实际工作中，根据造林目的、立地条件、树种特性合理确定造林密度。

②能够根据造林目的、立地条件、树种特性合理配置种植点。

◆ 育人目标

培养学生的爱国主义、集体主义、社会主义精神。当个人利益与集体利益发生冲突时，要自觉服从集体利益，必要时牺牲个人利益。

◎实践训练

实训项目4.1　造林密度和种植点配置设计

一、实训目标

通过对现有人工林或天然林林分密度、种植点配置及立地条件进行调查，为拟造林地设计合理的造林密度和种植点配置方式。

二、实训场所

拟造林地，森林营造实训室。

三、实训形式

学生 5~6 人一组，在老师或企业技术人员的指导下进行设计。

四、实训工具

GPS 定位仪、测高器（或测杆）、皮尺、围尺（或钢卷尺）、调查记录表、记录本、铅笔。

五、实训内容与方法

（一）现有林分造林密度和种植点配置调查

1.造林密度调查

调查拟造林树种在当地现有人工林中不同造林密度和种植点配置下的林分生长发育状况，用统计分析的方法得出造林密度。

2.设置标准地

在不同密度的林分中设置标准地。标准地应有代表性，面积为 400 m^2。

3.造林密度和种植点配置调查

调查项目见表 1-4-1、表 1-4-2。

表1-4-1　造林密度和种植点配置调查

调查方法：标准地法　　　调查日期：　　　　调查者：

标准地编号	立地条件类型	树种组成	树种	株数/株	株距/m	行距/m	种植点配置方式	小班密度/（株·亩$^{-1}$）

表1-4-2　林分生长情况调查

密度：＿＿＿＿株/亩　　　造林时期：　　　　调查日期：

标准地编号	立地条件类型	树种	树号	树高/m	胸径/cm	冠幅/m			冠长/m	死枝数量
						东西	南北	平均		

（二）造林密度和种植点配置设计

根据调查结果，分析现有林分造林密度及种植点配置是否适宜，并提出合理化建议。

以调查的现有人工林同一树种、不同林分的造林密度和种植点配置为基础，根据拟造林地的立地条件类型、造林目的、树种组成以及当地经济条件，为拟造林地设计合理的造林密度和种植点配置方案（表1-4-3）。

表1-4-3　拟造林地造林密度和种植点配置设计

小班号	立地条件类型	林种	树种组成	树种	株距/m	行距/m	造林密度/（株·亩$^{-1}$）	种植点配置

六、实训报告要求

①根据调查结果，分析现有林分造林密度及种植点配置是否适宜，并提出合理化建议。

②为拟造林地设计一套造林密度和种植点配置方案，方案应科学合理。

◎ 背景知识

4.1　造林密度

造林密度：指单位面积造林地上的栽植（播种）点（穴）数或造林设计的株行距，一般用株（穴）/hm^{2}表示。

在造林作业设计及施工时确定的造林密度，称为初植密度。如在暖温带地区，刺槐用材林的最低初植密度为1 111株（穴）/hm^2，毛白杨速生丰产用材林的最低初植密度为1 111株（穴）/hm^2，核桃食用原料林的最低初植密度为333株（穴）/hm^2。

经营密度：造林以后各时期的造林密度称为经营密度。

造林密度的大小影响林分结构、林木生长、产量、质量、造林用工量、种苗数量及造林成本，因此确定合理的造林密度是造林设计的一项重要内容。

合理的造林密度：指某树种在一定的立地条件和栽培条件下，根据经营目的能取得最大经济效益、生态效益和社会效益的造林密度。

4.1.1　确定造林密度的原则

确定造林密度时应综合考虑经营目的、树种特性、立地条件、造林技术和经营水平。

1）经营目的

经营目的体现在林种和材种上。林种、材种不同，在培育过程中所需的群体结构不同，林分的密度也不同。

①防护林可适当稀植，护路林可以林木完全舒展的最大树冠为间距来栽植，农田防护林应根据林带疏透度的要求确定适当的密度。

②培育大径材且不进行间伐的用材林可适当稀植，以培育中、小径材为目的的用材林可适当密植。

③乔木经济林可适当稀植，灌木和矮化经济林可适当密植。

④木质燃料能源林可适当密植，油料能源林可适当稀植。

如用材林需要林分形成有利于主干生长的群体结构，则造林密度不宜太稀，也不宜太密，要根据材种确定适宜的造林密度。

⑤特种用途林按特殊要求确定密度，栽植风景林可按林木完全舒展的最大树冠为间距。

2）树种特性

林分密度的大小与树种的喜光性、速生性、干形、分枝特点、树冠大小和根系特征等一系列特性有关。一般慢生（如云杉、冷杉等）、耐荫、树冠窄、根系紧凑（如新疆杨、箭杆杨等）、干形易弯曲、自然整枝不良（如栎类）、耐旱、耐瘠薄的树种可适当密植。速生、喜光（如杨树、落叶松等）、树冠开阔、根系庞大、水分消耗量大（如毛白杨）、干形通直、自然整枝良好的树种（如水杉、楸树等）可适当稀植。

3）立地条件

①立地条件好的造林地，林木生长快，适宜培育大径材，可适当稀植。

②立地条件差，灌溉条件好的造林地，可适当密植。

③立地条件差，没有灌溉条件的造林地，可适当稀植。

④易生长杂草的造林地，可适当密植。

4）造林技术

细致整地，苗木质量好，抚育管理及时到位，若林木生长快，可适当稀植；反之，若林木生长慢，可适当密植。采用短轮伐期培育小径材的纤维用材林和能源林，可适当密植。

5）经营水平

①交通方便、劳动力资源丰富、小径材有销路、经营水平较高的地区，可适当密植。

②采伐年龄长与采伐年龄短的树种混交的，可适当密植。

③未成林郁闭前需进行林农间作的，可适当稀植。

4.1.2 确定造林密度的方法

造林密度应以小班为单位，综合考虑立地条件、树种特性、经营目的、经营水平等因素来确定。测算单位面积造林地上的栽植（播种）点（穴）数，要同时考虑下列因素。

①主要树种的初植密度不宜低于《造林技术规程》（GB/T 15776—2016）附录C的规定。

②石质山地、岩石裸露的造林地，应按实际情况和扣除不能造林的面积后确定造林密度。

③对造林地上已有的苗木、幼树，可视其数量、分布以及混交特点，将其部分或全部纳入造林密度计算。

④营造商品林时，对造林地上已有的苗木、幼树，可根据培育目标确定是否纳入造林密度计算。

⑤造林地上已有的苗木、幼树纳入造林密度计算的，应参加造林成活率和保存率计算。

⑥可采用经验法、调查法、试验法、密度管理图（表）法确定。

a.经验法。根据当地或相邻地区以往人工林的造林密度，分析判断其合理性及需要调整的方向和范围，从而确定在新的条件下采用的初植密度和经营密度。采用这种方法，决策者应当有足够的理论知识及生产经验，应尽量避免主观随意性。

b.调查法。调查不同密度下林分的生长发育状况，取得大量数据后进行统计分析，计算各种参数确定造林密度。这种方法使用得较为广泛，已得到不少有益的成果。调查的重点项目有：树冠扩展速度与郁闭期限的关系，初植密度与第一次疏伐开始期及当时的林木生长大小的关系，密度与树冠大小、直径生长、个体体积生长的关系，密度与现存蓄积量、材积生长量和总产量的相关关系等。掌握这些规律之后，就不难确定造林密度。

c.试验法。通过不同密度的造林试验结果来确定合适的造林密度及经营密度。用这种方法确定造林密度是最可靠的，但受时间和树种多样性的影响，该方法不易普及，一般只能针对几个主要造林树种在其典型的生长条件下进行密度试验，从这些试验中得出密度效应规律及主要参数，以便指导生产。如史观海、李维瑾等根据在甘肃省合水县徐阳沟进行的北京杨 6 种造林密度试验，分析得出结果：在当地，单株材积（10 年生）以 7 m × 7 m 株行距的为最高，达到 0.615 1 m³；单位面积木材蓄积（10 年生）以 4 m × 4 m 株行距的为最高，达 17.081 5 m³/ 亩。试验结果对同类地区的杨树栽培起到了指导和借鉴作用。

d.密度管理图（表）法。一些地区编制了主要造林树种密度管理图（表），可通过查阅相应的图表确定造林密度。

4.2 种植点配置

种植点配置：指栽植点或播种点在造林地上的间距及其排列方式。

同种造林密度可以由不同的配置方式来体现，从而形成不同的林分结构。合理的种植点配置方式能够较好地调节林木间的相互关系，充分利用光能，使树冠和根系均衡地生长发育，达到速生丰产的目的。

4.2.1 种植行的走向

①在平地造林时，种植行宜为南北走向，有利于充分利用光能。

②在坡地造林时，种植行宜选择沿等高线走向。

③在风沙严重地区造林，种植行宜与主风方向垂直。

4.2.2 配置方式

1）行状配置

行状配置：单株分散有序地排列成行状的配置方式。

这种配置方式可使林木较均匀地分布，能充分利用营养空间，树干发育较好，也便于抚育管理，目前应用最为普遍。行状配置可分为以下4种方式。

（1）正方形配置　株距和行距相等，种植点位于正方形的四个顶点。幼树能在地上和地下充分利用营养空间，树冠生长均匀，根系分布均匀，便于栽植和管理，适用于平地或缓坡造林地营造用材林、经济林。如图1-4-1（a）所示。

（2）长方形配置　行距大于株距，种植点位于长方形的四个顶点。这种配置有利于间种和机械作业，但林木发育不够均匀，株间郁闭早，行间郁闭晚，在株行距相差悬殊的情况下，往往出现偏冠，影响树干的圆满度。这种配置方式适用于平原地区造林及机械化造林。如图1-4-1（b）所示。

（3）品字形配置　相邻两行的各株相对位置错开排列成品字形或等腰三角形，种植点位于等腰三角形的顶点。这种配置方式适用于营造生态公益林。

（4）正三角形配置　种植点位于正三角形的顶点，相邻植株的距离都相等，行距小于株距，是品字形配置的特殊情形。这种配置株与株之间的距离最均匀，对光照的利用最充分，在株距相同的条件下，株数可比正方形配置多15%。这种配置方式适用于营造经济林。以这种配置方式在山地营造用材林，施工比较困难，在间伐后这种配置方式难以保持，故应用较少。如图1-4-1（c）所示。

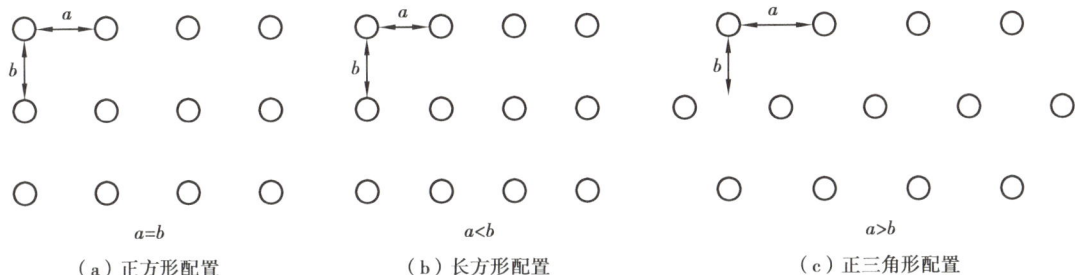

（a）正方形配置　　　　　（b）长方形配置　　　　　（c）正三角形配置

图1-4-1　行状配置

2）群状配置

植株在造林地上多以 3~20 株形成相对独立的群丛状分布，群之间的距离显著大于群内植株间的距离，如图 1-4-2 所示。

群的排列可以是规整的，也可以是不规则的。这种配置方式可使群内迅速郁闭，有利于抗御外界不良环境因子的危害，但在对光能的利用及林木生长发育等方面均不如行状配置。这种配置方式适宜次生林改造或在立地条件较差的造林地营造生态公益林。

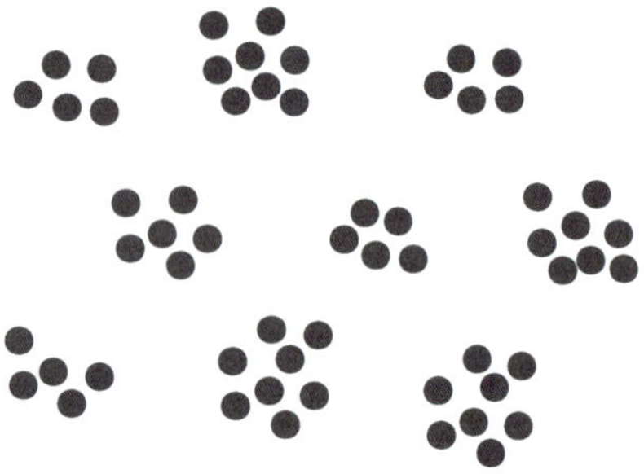

图1-4-2　群状配置

3）自然配置

适用条件如下：

①在造林地上随机配置种植点，适用于生态公益林。

②依据造林地土壤分布条件配置种植点，适用于石质山地。

③依据林间空地情况配置种植点，适用于林冠下造林、沙地造林。

4.2.3　种植点数的计算

种植点的配置方式及株行距确定以后，可按下列公式计算单位面积上的栽植点（穴）数。例如：

$$正方形植苗株数 = \frac{造林地面积}{株距 \times 株距}$$

$$长方形植苗株数 = \frac{造林地面积}{株距 \times 行距}$$

$$正三角形植苗株数 = \frac{造林地面积}{株距 \times 株距} \times 1.15$$

如果采取群丛植树法，则分别用上述公式再乘以每一群的株数。

必须指出，造林地面积是指水平面积，株行距也是指水平距离，在山地造林定点时，行距应根据地面坡度加以调整。

◎**巩固拓展**

一、思考与练习题

（一）名词解释

造林密度　　　种植点配置　　　正方形配置　　　长方形配置

品字形配置　　　正三角形配置　　　群状配置

（二）填空题

1.确定造林密度时应综合考虑（　　　　　）、（　　　　　）、（　　　　　）、（　　　　　）和经营水平等。

2.种植点行状配置方式有（　　　　　）、（　　　　　）、（　　　　　）和正三角形配置。

（三）选择题（单选）

1.确定造林密度时（　　　）。

　　A.耐荫树种宜稀　　B.喜光树种宜稀　　　C.慢生树种宜稀　　　D.灌木树种宜稀

2.行状配置能较合理地利用营养空间，以下配置方式对空间利用最合理的是（　　　）。

　　A.正方形配置　　　　　　　　　　B.长方形配置

　　C.正三角形配置　　　　　　　　　D.品字形配置

（四）问答题

1.阐述在造林生产实践中确定初植密度的方法。

2.简述确定造林密度的原则。

二、阅读文献题录

1.和洪星.树立"人人为我、我为人人"的社会新风尚［J］.青年与社会，2020（29）.

2.张寿强.滋养人类命运共同体的价值逻辑［N］.中国社会科学报，2020-05-20（11）.

3.鄢一龙.关键时刻体现民族精神［N］.中国纪检监察报，2020-04-02（5）.

4.翟明普，沈国舫.森林培育学［M］.3版.北京：中国林业出版社，2016.

5.董爱国.造林规划设计中造林树种与密度选择研究［J］.林业勘查设计，2018（2）.

6.王能娥.浅谈造林密度的确定方法［J］.种子科技，2017（5）.

7.杨姗姗.浅谈经济林树种选择及造林密度［J］.现代农村科技，2016（7）.

8.闫蓬勃.中国城市树种多样性评价及树种规划研究［D］.北京：北京林业大学，2019.

三、标准与法规

GB/T 15776—2016　造林技术规程

任务5 造林作业设计文件编制

◎任务目标

◆ **知识目标**

①掌握造林作业设计图和施工图的绘制方法。

②掌握造林作业设计说明书的编写方法。

◆ **能力目标**

①会绘制造林作业设计平面图和施工图。

②会填写各类造林作业设计表。

③会编写造林作业设计说明书。

④具备进行造林作业设计的组织能力。

◆ **育人目标**

①培养学生计划组织协调能力、沟通能力以及与他人愉快合作完成任务的能力。

②培养学生尊重他人知识产权、技术成果，遵守行业技术标准规范的意识。

③培养学生守正创新、精益求精的工匠精神。

◎实践训练

实训项目5.1 造林作业设计文件编制

一、实训目标

学会编写造林作业设计说明书，填写各类造林作业设计表，绘制造林作业设计平面图和造林施工图。

二、实训场所

森林营造实训室、阅览室等。

三、实训形式

学生5~6人一组，在老师或企业技术人员的指导下进行实操训练。

四、实训工具

电脑、绘图工具、计算器，《造林技术规程》（GB/T 15776—2016），1∶10 000 地形图，造林作业区现状调查资料，林业生产作业定额参考表，各项工资标准，造林作业区的劳力、土地、居民点分布、交通运输情况、农林业生产情况等资料，造林图式，各类造林作业设计表等。

五、实训内容与方法

（一）绘制造林作业设计图

1.造林作业区设计平面图

图素包括明显的地物标（道路、河道、溪流、沟渠、桥梁、涵洞、独立屋、孤立木等）、边界、辅助工程的布设位置及苗木栽植位置。作业区设计平面图案例如图 1-5-1 所示。

树种（草种）简单、株行距固定的造林作业区，平面图上可以不标示苗木栽植的具体位置，但要标示行、带的走向。作业区设计平面图绘制在 A4 或 A3 打印纸上。作业区设计平面图成图比例尺见表 1-5-1，比例尺最小为 1：10 000。

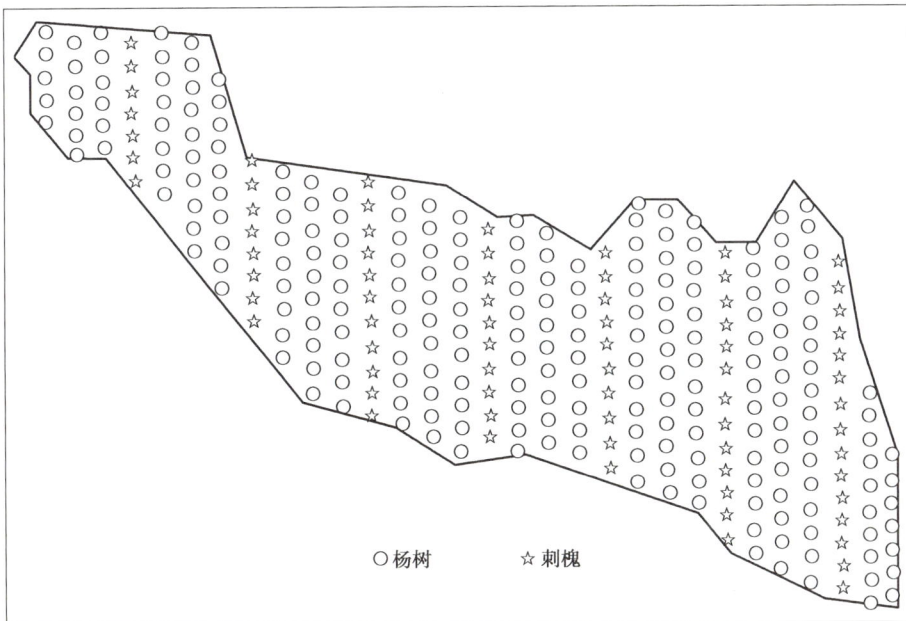

○杨树　　　☆刺槐

图1-5-1　作业区设计平面图

表1-5-1　作业区设计平面图成图比例尺

作业区面积		比例尺
按公顷计	按亩计	
＜0.5	＜7.5	＜1：500
0.5~2	7.5~30	1：（500~1 000）
2~10	30~150	1：（1 000~1 500）
10~30	150~450	1：（1 500~2 000）
30~60	450~900	1：（2 000~2 500）

续表

作业区面积		比例尺
按公顷计	按亩计	
60~100	900~1 500	1：（2 500~3 000）
100~150	1 500~2 250	1：（3 000~4 000）
150~250	2 250~3 750	1：（4 000~5 000）
250~400	3 750~6 000	1：（5 000~6 000）
>400	>6 000	1：（6 000~10 000）

2. 造林图式

造林图式包括栽植配置图式［立面图、平面图、透视图、鸟瞰图（效果图）］和整地图式（立面图、平面图）。

（1）栽植配置图式　栽植配置立面图表示成林后与行、带走向垂直的剖面结构。如果山地行、带走向与等高线垂直，则断面图不能同时表示行、带的垂直结构与地形关系，可用透视图表示。栽植配置平面图表示水平方向的乔灌木、草本与藤本植物在地面的配置关系，栽植材料的水平投影以成林后的树冠、植丛状态为准。以上 3 种栽植配置图式均要标注反映栽植材料空间关系的尺寸，尺寸以米（m）计，精确到 0.1 m。鸟瞰图（效果图）与透视图相似，反映成林后的效果，通常为彩色图，可以不标注尺寸。其中栽植配置立面图与平面图为必备图式，其他为可选图式。栽植配置图式示例如图 1-5-2、图 1-5-3 所示。

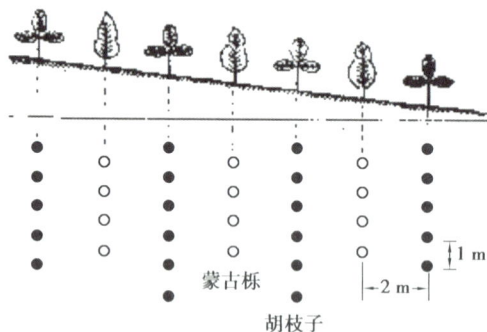

图1-5-2　水土保持林栽植配置立面图、平面图

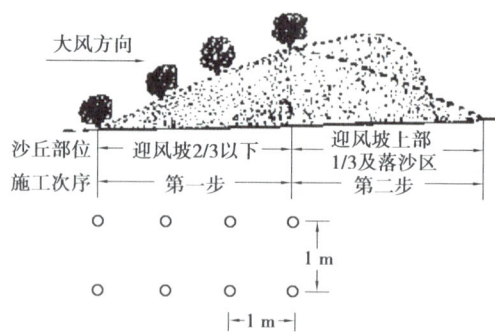

图1-5-3　沙丘造林栽植配置立面图、平面图

（2）整地图式　表示整地的断面形状、规格，包括整地立面图和整地平面图。造林图式应绘制 2 种以上，以保证设计人员不在场的情况下，其他人员按图式作业不会产生歧义。整地图式绘制示例如图 1-5-4、图 1-5-5 所示。

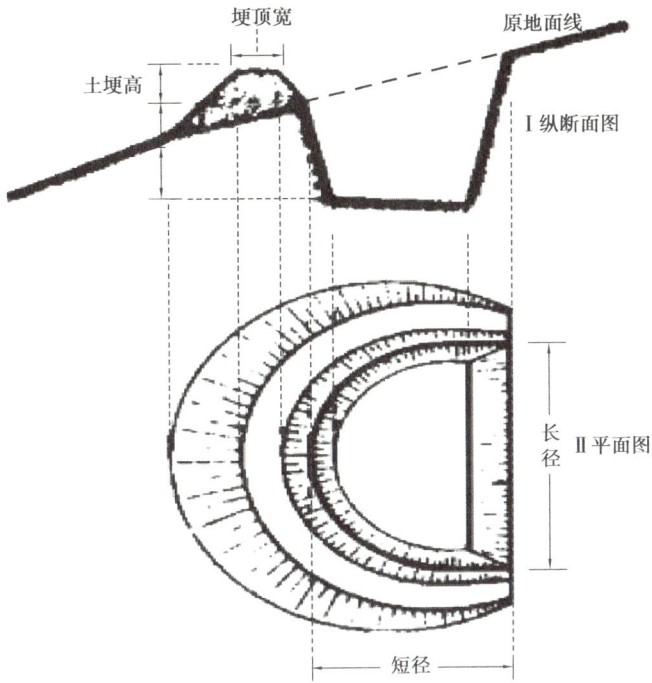

图1-5-4 鱼鳞坑整地纵断面、平面图

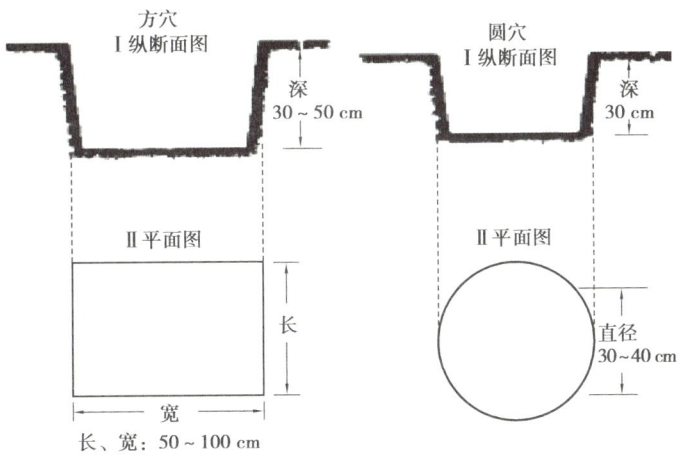

图1-5-5 穴状整地纵断面、平面图

（二）编制造林作业设计表

造林作业设计表示例如下。

表1-5-2　社会经济情况调查表

村屯名称	总土地面积	农民人均收入	人口			社队每年能抽出的造林人数	社队每年从事造林工作日	农用地		林业用地				牲畜情况			运输工具
			总人口	农业人口	农业劳动力			面积	平均粮食亩产量	用材林面积	经济林面积	水土保持林面积	宜林荒山面积	牛数量	马数量	羊数量	

表1-5-3　造林作业设计一览表

_____ 县（区、林场）

实施单位	林班或村民组	小班号	小班面积	权属	造林地类别	立地条件类型	立地条件				造林技术设计								抚育设计				种苗			用工量	投资量	其他
							海拔	坡向	坡度	土层厚度	林种	树（草）种	营造林方式	造林时间	初植密度	混交比例	整地方式	整地时间	整地规格	抚育次数	抚育时间	施肥种类	施肥数量	需种量	需苗量	苗木规格			

表1-5-4　种子、苗木、物料需要量一览表

作业区（小班号）	村屯名称	造林面积		苗木/株		种子/kg		化肥、农药/kg		其他	用工量/工日	备注
		按公顷计	按亩计	树种1	树种2	树种1	树种2	名称1	名称2			

表1-5-5 辅助工程设计汇总表

_____县（区、林场）

实施单位	营林、护林设施					林地水利设施				固土护坡设施			总用工量	备注
	围栏	林道	护林房	检疫站	防火带	截水沟	水池	灌溉系统	溢洪道	截水沟	谷坊	淤地坝		

表1-5-6 年度用工概算表

_____县（区、林场）

实施单位	年度	总用工量	育苗			整地			造林			幼林抚育			其他
			面积	亩用工量	总用工量	面积	亩用工量	总用工量	面积	亩用工量	总用工量	面积	亩用工量	总用工量	

表1-5-7 投资预算汇总表

实施单位	小班面积	造林面积	总投资	造林投资						基础设施投资			国家补助				其他费用
				合计	种苗费用	物料费	造林施工费用	抚育管护费	其中国家补助种苗费	合计	材料费用	施工费用	合计	现金补助	粮食补助	其他补助	

表1-5-8 单项投资概算表

小班号	面积	投资总计	苗木			种子			整地			造林			幼林抚育			备注
			株数	单价	投资合计	数量	单价	投资合计	面积	亩投资	投资合计	面积	亩投资	投资合计	面积	亩投资	投资合计	

表1-5-9　造林作业区现状调查表（正面）

作业区编号：	日期：　　年　　月　　日	调查者：

位置：　县（市、区）　乡镇（苏木、林场）　分场　村屯（工区）　林班　小班　细班

地形图图幅号：	比例尺：	公里网范围：　东　西　南　北

作业区实测面积：　　　hm²（精确到0.01），相当于　　　亩（精确到0.1）

造林作业区立地特征：

地貌类型：①山地阳坡　②山地阴坡　③山脊　④山谷　⑤丘陵　⑥岗地　⑦阶地
　　　　　⑧河漫滩　⑨平原　⑩其他（具体说明）

海拔/m：	坡度：	坡向：	坡位：

地类：①宜林地　②湿润区沙地　③采伐迹地　④火烧迹地　⑤疏林地　⑥低价低效林林地
　　　⑦退耕还林地　⑧干旱区有灌溉条件的沙荒地　⑨道路河流沟渠两侧
　　　⑩其他（沼泽地、滩涂、盐碱地等）

母岩类型：①第四纪红色或黄色黏土类　②花岗岩类　③页岩、砂页岩类　④砂岩类
　　　　　⑤紫色砂页岩类　⑥板岩、千枚岩等页岩变质岩类　⑦石灰岩类　⑧玄武岩类

土壤种类：	土层厚度/cm：A层　　，AB层　　，B层　　，C层

石砾含量/%：	土壤pH值：	土壤质地：①沙土　②沙壤土　③轻壤土　④中壤土　⑤重壤土　⑥黏土

植被类型：	覆盖度/%：总覆盖度　　；乔木层　　，灌木层　　，草本层

主要植物种类中文名（及拉丁名）	生活型	多度	覆盖度/%	分布状况	高度/cm

小气候特征（光照、湿度、风害、寒害等）：

需要保护的对象：

树木生长状况及树种选择建议：

社会、经济情况：

总评价（立地条件好坏、利用现状、造林难易程度、有无水土流失风险、有无需要保护的对象、权属是否清楚、交通是否方便、退耕地的耕作制度与收成、适宜的树种、整地方式、栽植配置等）：

（三）编写造林作业设计说明书

以作业区为单元，按下列提纲编写造林作业设计说明书。

1. 基本情况

（1）自然环境条件 地理位置、地形地势、土壤、植被等。

（2）社会经济情况 行政村、总人口、其中的农业人口、劳动力、总土地面积、农耕地面积、粮食平均亩产量、农业总产值、林业用地面积、宜林荒山荒地面积、25°以上坡地面积、已退耕还林面积、经济林面积、用材林面积、水土保持林面积、能源林面积、农民人均纯收入等。

2. 设计原则与依据

（1）设计原则

①坚持生态优先。坚持生态效益优先，社会与经济效益兼顾的原则。充分保护造林地上已有的幼苗、幼树，珍稀植物，古树，野生动植物栖息地。

②明确造林目标。造林生产应确定森林的主导功能、生长、产出和生态经济效果。

③坚持因地制宜，分区施策。坚持适地适树，宜乔则乔、宜灌则灌，乔灌草相结合的原则。根据造林地的地形、土壤、植被等因子，划分立地条件类型，进行立地质量评价，以此作为适地适树的基础。

④遵循森林植被生长的自然规律。根据造林目标和树种的生物学特性，选择造林方式、栽植方法，设计造林模式。

⑤坚持集中连片，规模治理，突出重点。

⑥营造健康森林，发挥森林的多种功能，促进森林健康稳定生长。优先选择乡土树种，实行多树种、乔灌搭配造林，避免大面积集中连片营造纯林。

⑦积极采用良种壮苗。采用优质种子或优质种子培育的苗木，实现人工林的遗传控制，保证人工林的生产力，提高人工林的抗性。

⑧积极采用先进技术。引进和推广成熟的新技术、新成果、新材料，使用节水节地的造林技术，合理利用水资源。

（2）设计依据 造林任务量已落实到小班的总体设计文件或其他规划设计文件；造林年度计划；《造林技术规程》（GB/T 15776—2016）等。

3. 立地条件类型划分

山地依据地形、土壤、植被划分立地条件类型；平原依据土壤养分、土壤水分、植被划分立地条件类型。

4. 规模、范围

造林规模、范围包括造林面积与涉及的乡镇（工区）、村等。

5. 造林技术设计

（1）林种、树种选择　满足国民经济建设对林业的要求，根据森林主导功能和经营目标，根据项目宗旨和工程区实际情况因地制宜地进行林种设计。树种（草种）设计应遵循生态、经济、林学、稳定、可行性原则科学选择树种。

（2）造林密度和种植点配置　造林密度应依据林种、树种和造林地立地条件合理设计。一般防护林密度应大于用材林密度，速生树种密度小于慢生树种密度，干旱地区密度可较小一些。密度过大固然会造成林木个体养分、水分不足而降低生长速度，但密度过小又会造成土地浪费、单位收获量下降。依据造林密度、林种、树种、立地条件合理设计种植点配置方式。一般正方形配置多适用于平地或缓坡地营造用材林和经济林；正三角形配置适用于经济林；品字形配置适用于水土保持林。

（3）造林地清理和整地　根据造林地上的杂草、灌木、杂木等植被的高矮、疏密程度，采伐剩余物的多少以及地形地势设计造林地清理的方式方法。根据林种、树种、立地条件，因地制宜地设计整地的方式方法。除南方山地和北方少数林农间作造林地应全面整地外，造林地多为局部整地。在水土流失地区，还要结合水土保持工程进行整地。在干旱地区，一般应在造林前一年的雨季初期整地。整地规格应根据苗木规格、造林方法、地形条件、植被和土壤状况等，结合水土流失情况综合决定，以既满足造林需要又不浪费劳力为原则。

（4）造林季节和方法　一般应根据林种、树种、苗木规格和立地条件，选用适宜的造林季节和造林方法（包括植苗造林、播种造林、分殖造林）。植苗造林时，穴植法适用于栽植各种裸根苗和容器苗；缝植法一般适用于在新采伐迹地、沙地栽植松柏类小苗；沟植法主要用于地势平坦，机械或畜力拉犁整地的造林地造林；靠壁栽植法主要适用于干旱山地栽植针叶树小苗。

（5）种苗设计　根据当地的自然条件，依据国家种子质量标准和苗木质量标准，确定种源、种子等级及苗木种类，苗木年龄、苗木的高度、地径、根系等规格要求。

一般营造速生丰产用材林，应选用以优良种源基地的种子培育并达到《主要造林树种苗木质量分级》（GB 6000—1999）规定的Ⅰ级苗木，优先选用优良种源、良种基地的种子培育的苗木以及优良无性系苗木。其他造林应使用《主要造林树种苗木质量分级》（GB 6000—1999）规定的Ⅰ、Ⅱ级苗木。容器苗执行《容器育苗技术》（LY/T 1000—2013）的规定。对未制定国家标准的树种，应选用品种优良、根系发达、生长发育良好、植株健壮的苗木。

（6）幼林抚育设计　根据树种特性、经营目的、造林投资多少，确定松土、除草的方式方法，施肥的方法，肥料的种类、用量、次数、年限，是否需要间苗定株、除蘖等。

①松土、除草。一般连续抚育 3~5 年。第 1、第 2 年为 2~3 次，第 3、第 4 年为 1~2 次，第 5 年为 1 次。另外，应分析树种间关系的发展趋势，设计抚育调控种间关系的措施。

②灌溉。对营造经济林或经济价值高的树种以及在干旱地区造林，需要采取灌溉措施。可根据水源条件进行开渠、打井、引水喷灌，或当年担水浇苗等，进行造林灌溉设计。

③防止鸟兽危害。造林后，幼苗、幼树常因鸟兽危害而死亡，因此，除直播造林应设计管护的方法及时间外，在有鼠、兔及其他动物危害的地区造林，应设计防止鸟兽危害的措施。

④补植。由于种种原因，造林后往往会有幼树死亡缺苗，达不到要求的造林成活率标准，为保证成活率，凡成活率在 41% 以上、不足 85% 的造林地，均应设计补植。对补植树种的苗木规格、栽植季节、补植工作量和苗木需要量都需要做出安排。

6. 辅助工程设计

辅助工程设计指造林作业区中林道、灌溉渠、水井、喷灌、滴灌、塘堰、梯田、护坡、支架、护林房、防护设施、标牌等辅助项目的结构、规格、材料、数量与位置等的设计；沙地造林种草设置沙障的数量、形状、规格、走向、设置方法与采用的材料的设计。辅助工程要做出单项设计，绘制结构图，其位置要标示在设计图上。

7. 物资、用工、费用测算

（1）种苗需求量计算　根据树种配置与结构，株行距及造林作业区面积计算各树种的需苗（种子）量，落实种苗来源。

①计算年度需苗量。根据年植苗造林面积、单位需苗量、初植用苗、补植用苗，计算年度总需苗量和各树种年度需苗量。

②计算年度需种量。需种量包括直播造林、飞播造林和育苗所需种子数量，按规划的年度直播造林、飞播造林面积及单位面积需种量，计算年度造林所需种子数量。按年度育苗面积及单位面积用种量计算育苗用种量，同时计算各造林树种年度需种量。

（2）工程量统计　根据工程项目涉及的相关技术经济指标，计算林地清理、整地挖穴的数量，肥料、农药等造林所需物资数量，辅助工程项目的数量与相应物资、材料的需求量，以及车辆、农机具等设备的数量与台班数。

①用工量测算。根据造林地面积、辅助工程数量及其相关的劳动定额，计算用工量；结合施工安排测算所需人员与劳力。

②施工进度安排。施工进度安排的目的在于加强造林工作的计划性，避免盲目性，便

于有计划地准备苗木，安排劳力。

③经费预算。分为种苗、物资、劳力和其他费用4大类来计算。种苗费用按需苗量、苗木市场价、运输费用测算。物资、劳力费用以当地市场平均价计算。

8. 效益评价

（1）生态效益

（2）经济效益

（3）社会效益

（四）造林作业设计文件装册

造林作业设计文件按造林作业设计说明书、造林作业设计表、造林作业设计图（造林作业设计平面图、造林图式、辅助工程单项设计图）、造林作业区现状调查表的顺序排列，加封面后装订成册。封面上可题写标题如"××乡镇（林场）××年度造林作业设计"、设计单位名称、项目编号、项目负责人、技术负责人、主要设计人员、制图人员、审定人员等。

六、实训报告要求

编写拟造林作业区造林作业设计说明书，填写各类造林作业设计表，绘制造林作业区设计平面图、整地图式、栽植配置图式，并将造林作业设计文件装册。

◎ 背景知识

5.1 造林作业设计的意义

造林作业设计是为完成植树造林的地块预先编制出的技术性文件，是指导造林施工的主要依据，是加强造林工程管理、体现适地适树科学原则、发挥立地的最大生产潜力、提高造林绿化质量的重要手段。

5.2 造林作业设计的编制单元

造林作业设计以造林作业区为单元编制。造林作业区在原则上为一个小班，当小班面积过大时，可将其划分为2~3个细班，每个细班为一个造林作业区，细班的编号可在小班编号后加①②③予以区分。当相邻或相近的数个小班的立地条件、经营方向、树种选择一致，而总面积不大时，也可合并为一个造林作业区。

5.3 造林作业设计文件的组成

造林作业设计文件是造林作业设计成果的体现，以造林作业区为单元编制，每个造林作业区编制一套设计文件。文件包括造林作业设计说明书、各类造林作业设计表、造林作业设计图、造林作业区现状调查表等。作业设计文件应采用通用的电脑软件制作。

5.3.1　造林作业设计说明书

造林作业设计说明书是为栽植树木的地块预先编制的工作方案（包括方法、措施、要求）和计划（包括时间、地点、物资）的有关文字说明。内容主要包括造林作业区基本情况（如地理位置、地形地貌、气象水文、土壤情况），设计的依据和原则，范围和布局；造林技术设计、施工组织设计，工程量与用工量概算，经费预算与资金筹措，效益分析等。

5.3.2　各类造林作业设计表

各类造林作业设计表包括造林作业区现状调查表，造林作业设计一览表，种子、苗木、物料需要量一览表，造林工程量、用工量及投资概算一览表等。

5.3.3　造林作业设计图

造林作业设计图要能满足发包、承包、施工、工程监理、结算、竣工验收、造林核查的需要，包括造林作业区设计平面图、造林图式和辅助工程单项设计图共3类。

5.4　造林作业设计文件的编制要求

5.4.1　统一组织，资质认定

（1）组织　造林作业设计一般在县（市、区、旗）林业行政主管部门的统一领导下，由乡镇（苏木）政府、县（市、区、旗）直属林场、乡镇林业站或相当于林场的企业、机构组织编制。

（2）设计资格与责任　造林作业设计由具有丁级以上（含丁级）设计或咨询资质的单位或机构承担。作业设计实行项目负责人制，项目负责人具有对造林作业设计文件的终审权，并承担相应的责任。允许直接聘请具备林业行业高级职称的技术专家编制造林作业设计，技术专家的责任由聘任合同确认。

5.4.2　依据科学，内容完整

依据《造林技术规程》（GB/T 15776—2016）和造林任务量已落实到小班的总体设计为指导进行设计，确保科学性。设计文件组成应按照规定，给每个造林作业区编制一套内容完整的设计文件。

5.4.3　设计合理，可行适用

以习近平生态文明思想为指导，坚持生态效益优先，兼顾经济效益、社会效益，坚持因地制宜，坚持讲求实效的原则，坚持以提高质量为重点的原则，坚持科技兴林的原则，加大营造林的科技含量，合理进行造林作业设计，确保设计方案可行、实用。

5.4.4　上报审批，严格执行

造林作业设计由造林作业区所在县（市、区、旗）以上林业行政主管部门审批，报送省（区、市）林业行政主管部门备案。

造林作业设计的审批应充分发挥技术专家的作用，可以委托技术协会、学会、专业委员会组织专家评审。

没有作业设计或设计尚未被批准，单位不得施工。作业设计一经批准，必须严格执行，如因故需要变更，需由原设计单位或机构变更设计并提交变更原因说明，报原审批部门重新办理审批手续。

◎ 巩固拓展

一、思考与练习题

（一）填空题

1.造林作业设计以（　　　　　）为单元编制，原则上为（　　　　　）。当小班面积过大时，可将其划分为（　　　　　）细班，每个细班为一个造林作业区。

2.造林作业设计实行(　　　　　),(　　　　　)具有对造林作业设计文件的(　　　　　)并承担（　　　　　）。

3.造林作业设计图要能满足发包、(　　　　　)、(　　　　　)、工程监理、(　　　　　)、竣工验收、（　　　　　）的需要。

4.造林作业设计图包括（　　　　　）、（　　　　　）和（　　　　　）共3类。

5.图素包括明显的（　　　　　）（道路、河道、溪流、沟渠、桥梁、涵洞、独立屋、孤立木等）、（　　　　　）、辅助工程的布设位置及（　　　　　）。

6.造林图式主要包括（　　　　　）和（　　　　　）。

（二）选择题（单选）

1.造林作业设计由具有（　　　　）以上设计或咨询资质的单位或机构承担。

　　A.甲级　　　　　B.乙级　　　　　C.丙级　　　　　D.丁级（含）

2.允许直接聘请具备林业行业（　　　　）的技术专家编制造林作业设计，技术专家的责任由聘任合同确认。

　　A.中级职称　　　B.初级职称　　　C.高级职称　　　D.都可以

3.造林作业设计由造林作业区所在县（市、区、旗）以上（　　　　）审批，报送省（区、市）林业行政主管部门备案。

　　A.政府主管部门　　　　　　　　B.农业行政主管部门

　　C.都可以　　　　　　　　　　　D.林业行政主管部门

4.栽植配置图式上反映栽植材料空间关系的尺寸以米（m）计，精确到（　　　　）。

　　A.1 m　　　　　B.0.1 m　　　　　C.10 m　　　　　D.2 m

5. 造林图式应绘制（　　　）以上，以保证设计人员不在场的情况下，其他人员按图式作业不会产生歧义。

　　A. 5 种　　　　　　　B. 3 种　　　　　　　C. 2 种　　　　　　　D. 1 种

（三）判断题（正确的在括号内画"√"，错误的在括号内画"×"）

1. 造林作业设计文件以造林作业区为单元编制，每个造林作业区编制一套设计文件，应采用通用的电脑软件制作。　　　　　　　　　　　　　　　　　　（　　　）

2. 造林作业设计由具有甲级以上（含甲级）设计或咨询资质的单位或机构承担。（　　　）

3. 造林作业设计的审批应充分发挥技术专家的作用，可以委托技术协会、学会、专业委员会组织专家评审。　　　　　　　　　　　　　　　　　　　　　　（　　　）

4. 没有造林作业设计的或设计尚未被批准的单位可以施工。　　　　　（　　　）

5. 造林作业设计被批准后还可以根据需要进行变更设计。　　　　　　（　　　）

6. 栽植配置平面图表示水平方向乔灌木、草本与藤本植物在地面的配置关系。（　　　）

7. 栽植配置立面图表示成林后与行、带走向垂直的剖面结构。　　　　（　　　）

（四）问答题

1. 简述造林作业设计文件组成。

2. 简述造林作业设计文件的编制要求。

二、阅读文献题录

1. 刘文晓 . 让"大国工匠"脱颖而出［J］. 党员干部之友，2021（1）.

2. 胡立君 . 大力弘扬工匠精神［N］. 山西政协报，2021-01-01（3）.

3. 翟明普，沈国舫 . 森林培育学［M］. 3 版 . 北京：中国林业出版社，2016.

4. 王震明，李领寰，任佳伦，等 . 基于无人机低空摄影测量技术的造林作业设计研究［J］. 华东森林经理，2020，34（1）.

5. 周建国 . 环京津冀造林工程作业设计方案［J］. 青海农林科技，2019（4）.

6. 李海龙 . 营造林作业设计存在的问题与对策——以吕梁山林区为例［J］. 山西林业，2019（4）.

7. 裴湛玉 . 山西省新一轮退耕还林还草工程造林作业设计探讨［J］. 山西林业，2020（1）.

8. 葛晨，张忠霞，罗国芳 . 大道笃行系苍生——习近平生态文明思想为可持续发展指明方向［N］. 新华每日电讯，2022-04-23（1）.

9. 汪洋 . 习近平生态文明思想领航美丽中国［J］. 中国人大，2022（8）.

10. 本报评论部 . 人不负青山　青山定不负人——共同建设我们的美丽中国［N］. 人民日报，2020-08-10（5）.

三、标准与法规

1. GB/T 15776—2016　造林技术规程

2. GB 6000—1999　主要造林树种苗木质量分级

3. LY/T 1000—2013　容器育苗技术

4. GB 7908—1999　林木种子质量分级

项目二　造林施工

造林施工是将造林作业设计文件付诸实施的关键性技术环节，造林施工质量直接影响造林成活率和林木的生长。本项目以造林作业设计为依据，造林工程岗位工作过程为导向，按照实际造林施工任务并结合城镇绿化任务，设置了造林地清理、造林地整地、苗木准备、植苗造林、播种造林、分殖造林、大树移植共 7 个学习任务。

任务1　造林地清理

◎任务目标

◆ 知识目标

掌握造林地清理的方式方法、技术要点及适用条件。

◆ 能力目标

①能够根据造林地的环境状况、选择合适的方式方法进行造林地清理工作。

②具备组织、安排、指导造林地清理工作的能力。

◆ 育人目标

培养学生热爱劳动、吃苦耐劳、勇挑重担、团结协作的精神。

◎实践训练

实训项目1.1　割除法带状清理造林地

一、实训目标

能够根据拟造林地的环境状况，合理设计清理带和保留带（不清理带）的宽度、方向。合理选用割除工具，清除造林地上的杂草、灌木。

二、实训场所

拟造林地。

三、实训形式

学生 5~6 人一组，在老师或林场技术人员的指导下进行实操训练。

四、实训工具

割灌机或镰刀、砍刀、皮尺、钢卷尺。

五、实训内容与方法

（一）确定清理带和保留带的宽度

清理带和保留带的宽度视造林地的环境状况和造林树种的特性而定。一般根据"宽割窄留"的原则确定。

1. 窄带

清理带 1 m，保留带 1 m。适用于灌丛矮、密度小的阳坡及营造耐荫树种的造林地。

2. 中带

清理带 3 m，保留带 1 m。适用于缓、斜坡，灌木为中等密度的造林地。

3. 宽带

清理带 4 m，保留带不宽于 3 m。适用于灌丛较高、密度大或营造喜光树种的造林地。

（二）设置清理带方向

清理带的方向依据造林地的地形地势和水土流失情况而定。

1. 平地

一般南北向设置，以增加清理带内的光照，有利于林木生长。

2. 山地

一般根据坡度大小、水土流失强度决定清理带的方向。

（1）顺山带　清理带的方向与山坡平行。便于施工人员通行，适用于坡度较缓的造林地。

（2）横山带　清理带的方向与等高线平行。适用于坡度较大的造林地，但施工人员通行不便，生产上较少使用。

（3）斜山带　清理带的方向与等高线呈45°夹角。既可以防止水土流失，又方便施工人员通行，适用于坡度较大的造林地。

（三）施工

使用割除工具（割灌机或镰刀、砍刀）割除清理带上的灌木、杂木和杂草，并按规定将灌木、杂木、杂草堆放在保留带上。灌木、杂木、杂草的堆放高度为 1 m，宽度按规定执行。

六、注意事项

①注意严格控制清理带和保留带的宽度。

②安全操作，避免因使用工具不当造成人身伤害。

七、实训报告要求

说明以割除法带状清理造林地的方法、步骤及适用条件。

◎ 背景知识

造林地清理就是在翻垦土壤前，清除造林地上的灌木、杂木、杂草、竹类等植被，或清除采伐迹上的采伐剩余物（枝丫、梢头、伐根、枯立木、倒木等）的一道造林地整理工序。这是确保造林整地工作顺利实施的一项重要的技术措施。

它适用于杂草灌木丛生、堆积大量采伐剩余物，不进行林地清理就无法整地或整地困难的造林地。清理林地时应保留林地上的苗木、幼树。

1.1　清理的作用

1.1.1　改善造林地的卫生状况

造林地上的枯枝落叶、倒木、枯立木等采伐剩余物是滋生病虫害的温床，其易燃性高，易导致森林火灾；很多病虫害先发生在杂草灌木上，而后传播到林木上，因此清除这些物质能提高造林地的卫生状况，减少病虫害和森林火灾的发生。

1.1.2　为造林整地施工创造条件

造林地上的灌木等植被、枝丫等采伐剩余物给整地施工造成阻力。清除这些物质，方便整地施工，能提高整地的质量。

1.1.3　为植苗或播种造林施工创造便利条件

植苗造林或播种造林时，如造林地上有大量灌木、枝丫，会增加施工的难度，因此需要清除这些障碍物。

1.2　清理方式

清理方式包括带状清理、块状清理和全面清理 3 种。

1.2.1　带状清理

以种植行为中心呈带状清除种植行上的植被，在保留带将被清除的植被或采伐剩余物堆成条状的清理方式。

清理方法：割除法和化学药剂清理。

特点：清理效果好。保留带的存在可以防止水土流失，保护幼苗幼树，提高造林成活率，有利于幼苗、幼树生长，在生产上应用广泛。

1.2.2　块状清理

以栽植点为中心，对半径 0.5 m 范围内的灌木、杂草或采伐剩余物进行清理。

清理方法：割除法和化学药剂清理。

特点：用工量小、成本低，但效果差。

适用条件：适用于病虫害少、灌木稀疏的陡坡造林地，或营造耐荫树种。

1.2.3　全面清理

全部清除造林地上的灌木、杂草或采伐剩余物的清理方式。

清理方法：割除法、火烧法和化学药剂清理。

特点：清理效果好，但用工量大，易造成水土流失。

适用条件：适用于有比较严重病虫害的造林地、集约经营的商品林造林地，如速生丰产用材林、经济林等。

1.3　清理方法

造林地清理方法指进行造林地清理时采用的手段和措施。有割除清理法、烧除清理法、堆腐清理法和化学药剂清理法，生产上常用割除清理法。下面介绍割除清理法、堆腐清理法、化学药剂清理法。

1.3.1　割除清理法

割除清理法是将造林地上的杂木、灌木、杂草、竹类等植被割除或砍倒并处理掉的造林地清理方法。将割除的灌木、草本植物以及采伐剩余物作烧除处理或堆积处理；交通方便的地区，可将有利用价值的小径木运出利用，灌木也可以运出，用作薪柴或其他加工原料。

特点：劳动强度大，费时费工，但简单易行，应用广泛。

适用条件：主要适用于幼龄的杂木林、灌木、杂草繁茂的荒山荒地及植被已经恢复的老采伐迹地。割除的工具有割灌机、镰刀、砍刀等。

割除的时间：应选择植物生长旺盛，尚未结实或种子尚未成熟，地下积累的物质少，茎干容易干燥的季节进行，这样可以减少杂草、灌木萌生，提高清理效果。清理的具体时间可在春季或夏末秋初。

1.3.2　堆腐清理法

将采伐剩余物和割除的杂草、灌木等植被按照一定方式堆积在造林地上，任其腐烂和分解的清理方法。

特点：堆腐清理不破坏有机质和各种营养元素，有利于改良土壤性能。但是如果清除物堆积的时间过长，这些清除物会为鼠类和害虫提供栖息场所。

适用条件：主要适用于需要人工更新的采伐迹地，在采伐剩余物较多和病、虫、鼠害较严重的造林地上慎用。堆腐清理法分为堆腐法、带腐法和抛腐法。

（1）堆腐法　将采伐剩余物短截后堆成堆，置于迹地上任其腐烂。适用于潮湿、火灾危险性小的迹地。

（2）带腐法　将采伐剩余物短截后沿等高线堆成带状，任其腐烂。适用于陡坡，易引起水土流失的迹地。

（3）抛腐法　将采伐剩余物截成小段或粉碎后均匀抛撒在迹地上。适用于土壤干旱、瘠薄和坡度较大的造林地。

1.3.3　化学药剂清理法

用化学药剂（主要是化学除草剂）杀死杂草、灌木、杂木的清理方法。

优点：清理效果显著，省时、省工、经济，不造成水土流失，使用比较方便。

缺点：化学药剂的运输不方便；药剂运输操作不规范、用量和用法掌握不当会造成环境污染和人畜危害；残留的药剂会对更新的幼苗幼树造成毒害，可能杀死有益的动物。

应根据植物的特性、生长发育状况以及气候条件等决定用药，规范合理地使用药剂。

◎巩固拓展

一、思考与练习题

（一）名词解释

造林地清理　　带状清理　　块状清理　　割除清理法

（二）填空题

1.造林地的清理方式有（　　　　　）、（　　　　　）、（　　　　　）。

2.造林地的清理方法有（　　　　　）、（　　　　　）、（　　　　　）、（　　　　　）。其中（　　　　　）在生产上较为常用。

（三）选择题（单选）

1.带状清理造林地时，（　　　）适用于平地。

　A.南北方向　　　　　B.横山带　　　　　C.顺山带　　　　　D.斜山带

2.带状清理造林地时，（　　　）适用于陡坡造林地，方便施工人员通行。

　A.南北方向　　　　　B.横山带　　　　　C.顺山带　　　　　D.斜山带

二、阅读文献题录

1.刘东华.弘扬劳模精神　争做新时代奋斗者［J］.中国工人，2020（9）.

2.翟明普，沈国舫.森林培育学［M］.北京：中国林业出版社，2016.

3.魏浩亮.天然桦树幼林抚育技术［J］.现代农村科技，2020（7）.

4.李海霞.幼林抚育管理的重要性及主要措施［J］.农业科技与信息，2020（12）.

5. 李丽，汤丽影. 生物除草剂的应用与发展探讨［J］. 产业与科技论坛，2020，19（10）.

6. 张兆志. 化学除草剂在育苗生产中的应用探究［J］. 农村经济与科技，2019，30（24）.

三、标准与法规

1. GB/T 15776—2016　造林技术规程

2. NY/T 1997—2011　除草剂安全使用技术规范通则

任务 2　造林地整地

◎任务目标

◆ 知识目标

掌握造林地整地的方式、方法、技术要点及适用条件。

◆ 能力目标

①能够根据造林目的、立地条件、树种特性、经济因素等选择合适的方式方法进行造林地整地工作。

②具备组织、安排、指导造林地整地施工的能力。

◆ 育人目标

①培养学生热爱劳动、吃苦耐劳、勇挑重担、团队协作的精神和创新精神。

②树立尊重自然、顺应自然、保护自然的生态文明理念。

◎实践训练

实训项目 2.1　造林地整地

一、实训目标

学会鱼鳞坑、穴状（圆形坑穴）、块状（方形坑穴）、水平阶、反坡梯田、水平沟等整地方法和技术要点。

二、实训场所

拟造林地。

三、实训形式

学生 5~6 人一组，在老师或林场技术人员的指导下进行实操训练。

四、实训工具

皮尺、钢卷尺、铁锹、镢头、手工挖坑机等。

五、实训内容与方法

（一）整地方式方法设计

根据造林目的、拟造林地的立地条件、社会经济条件，设计适宜的整地方式方法。

（二）整地规格设计

整地的深度、长度、宽度、破土断面形状的设计。

（三）整地训练

1. 块状整地方法

（1）穴状整地　为圆形坑穴，穴面与原地面基本持平或水平。坑穴大小因林种、苗木规格和立地条件而异，一般穴径为 30~50 cm，深 30 cm 以上，外缘无埂。（图2-2-1）

大苗造林、竹林、经济林、培育大径材的用材林以及速生丰产用材林时，整地规格要大些，穴径和穴深分别在 50 cm 和 40 cm 以上。

该方法适用于各类林种、树种、立地条件。

（2）山地块状整地　为正方形或长方形坑穴，穴面与原地面基本持平或水平，或稍向内侧倾斜。坑穴的边长 40 cm 以上，深 30 cm 以上，外缘筑埂。（图2-2-2）

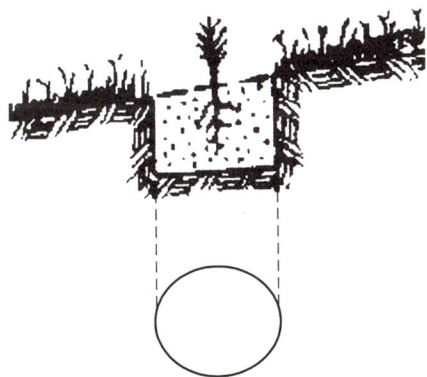

图2-2-1　穴状整地

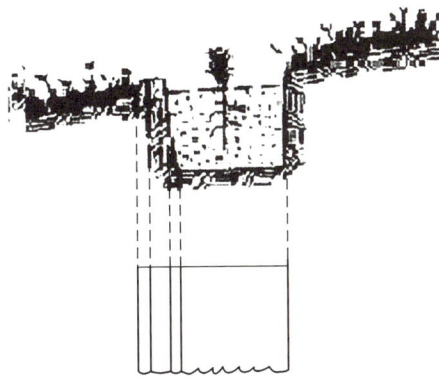

图2-2-2　山地块状整地

（3）鱼鳞坑整地　破土面为近似半月形的坑穴，坑面水平或稍向内侧倾斜，一般长径 0.8~1.5 m，短径 0.6~1.0 m，深 40~50 cm，外侧用底土修筑半圆形的边埂，埂高 25 cm，宽 20 cm 左右。在坑的内侧开出一条小沟，沟的两端与斜向的引水沟相通。（图2-2-3）

该方法适用于干旱、半干旱地区的陡坡地，地形比较破碎、土层较薄的丘陵地区，以及需要蓄水保土的石质山地的造林地整地，包括黄土高原地区。这是水土流失地区造林常用的整地方法。

（4）高台整地 破土面多为正方形、矩形或圆形平台，台面高于地面 25~30 cm，台面边长（或直径）为 30~50 cm（或 1.0~2.0 m），台面外侧开挖排水沟。

该方法适用于土壤水分过多的迹地或低湿地，排水效果较好，但是比较费工，整地成本高。（图 2-2-4）

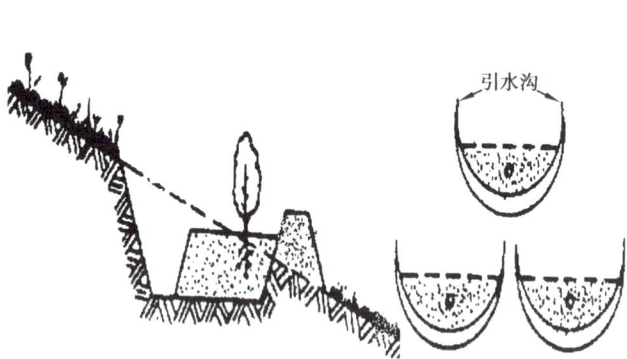

图2-2-3　鱼鳞坑整地

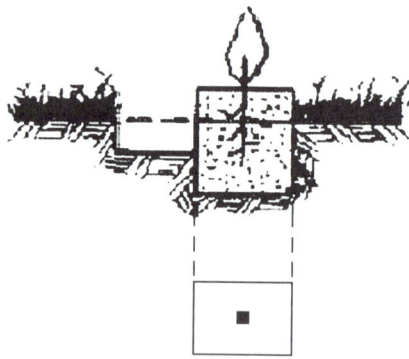

图2-2-4　高台整地

2. 带状整地方法

（1）山地带状整地

①环山水平带状整地。带面与坡面基本持平，带宽一般为 0.4~3.0 m，带长因地形而定，整地深度在 30 cm 以上。（图 2-2-5）

该方法适用于植被茂密，土层较深厚，肥沃、湿润的迹地或荒山，坡度比较平缓的造林地。

②水平阶整地。水平阶又称水平条，阶面水平或稍向内倾，阶面宽度随立地条件而异，石质山地一般为 0.5~0.6 m，土石质山地和黄土地区可达 1.5 m；阶长随地形而定，一般为 2~10 m，深度为 30~35 cm，阶外缘一般培修土埂。（图 2-2-6）

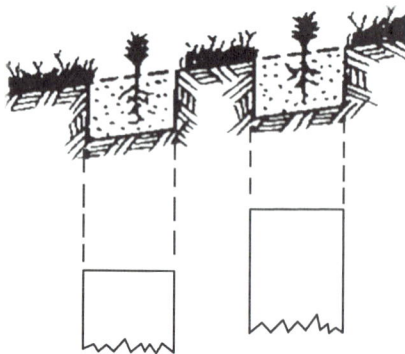

图2-2-5　环山水平带状整地

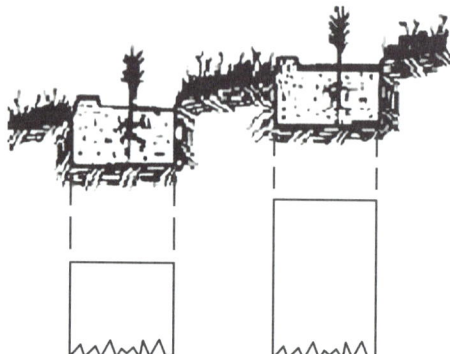

图2-2-6　水平阶整地

适用条件：干旱的石质山地、黄土地区植被稀疏或较茂密、土层薄或较薄的中缓坡。

整地方法：从山坡下部开始，沿等高线内挖外填，形成里低外高的条阶，然后修第二阶，修第二阶时把表土翻到第一阶。以此类推，最后一阶可就近采用表土覆盖阶面。

③水平沟整地。沟底面低于坡面且保持水平，沟的横断面可为矩形或梯形。梯形水平沟的上口宽 0.5~1.0 m，沟底宽 0.3~0.6 m，沟深 0.3~0.5 m，沟长 4~10 m。沟长时，每隔 2 m 左右在沟底留埂，沟外侧培修土埂，埂宽 0.2 m。（图 2-2-7）

适用条件：干旱、半干旱地区的造林整地。

方法：从山坡上部自上而下，沿等高线在种植行内挖栽植沟。挖沟时，把表土堆放在沟的上方，用底土筑埂，沟底每隔 2 m 左右留埂，保持沟底水平，避免冲刷。按要求的规格挖好沟后，把表土回填入沟内，保持沟面外高内低。在沟内按株距挖穴栽植苗木。苗木栽在土埂内侧的中、下部或沟底。

特点：坡土面大，能够拦蓄较多的降水，沟壁可以遮阴防风，降低沟内温度，减少土壤中水分蒸发，但动土量大，比较费时费工。

④反坡梯田整地。田面向内倾斜 3°~15°，呈反坡，田面宽 1~3 m，深度在 40 cm 以上，埂外坡度为 60°，内侧坡度为 60° 左右。（图 2-2-8）

A. 自然坡面 B. 田面宽 C. 外侧坡 D. 内侧坡
1. 心土 2. 表土

图2-2-7 水平沟整地　　　　图2-2-8 反坡梯田整地

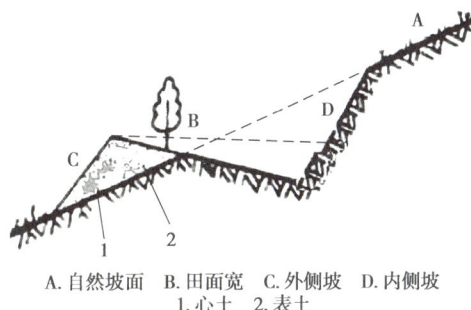

适用条件：适用于坡度不大，土层较深厚的地段。整地投入劳力多、成本高，但抗旱保墒和保肥的效果好。

方法：从山坡下部开始，沿等高线内挖外填，形成里低外高的反坡式条田。

（2）平原带状整地

①水平带状整地。为连续长条状，带面与地面持平，带宽为 0.5~1.0 m 或 3~5 m，带间距离大于或等于带宽，深度为 25~40 cm，带长不限。

该方法适用于无风蚀或风蚀不严重地区的沙地，荒地和撂荒地，平坦采伐迹地等。

②高垄整地。连续长条状，垄面宽 30~70 cm，垄面高于步道 20~30 cm。垄向的确定应有利于垄沟排水。（图 2-2-9）

图2-2-9　高垒整地

优点：抬高栽植面，相对降低地下水位，增强排盐防涝的作用。

该方法适用于水分过多的采伐迹地和水湿地、盐碱地。

③犁沟整地。连续长条状，沟底宽30~70 cm，沟底低于地表20~30 cm。（图2-2-10）

图2-2-10　犁沟整地

该方法适用于干旱、半干旱地区。

六、注意事项

①表土、心土分开放置，先回填表土，后填底土。

②整地时将石块、树根等杂物清除干净。

七、实训报告要求

针对拟造林地的具体环境状况，说明设计的整地方法的可行性、操作过程。

◎背景知识

　　造林地整地就是翻垦造林地土壤，改善造林地立地条件，保证造林成活、成林、成材的一项最重要的技术措施。特别是在干旱、水土流失严重的山区丘陵，正确、细致、适时整地有利于蓄水保土，提高造林成效。

　　造林地的土地类型多，分布地域广、面积大、自然条件复杂，很大一部分处在人烟稀少、交通不便的偏僻山区丘陵区，坡度陡，地形破碎，水土流失严重，选择适宜的整地方法可提高整地质量，节省经费开支，减轻劳动强度，降低造林成本，提高造林成活率。

2.1　造林整地的作用

2.1.1　改善立地条件，提高立地质量

整地能够改善土壤的物理机械性质，提高土壤的总孔隙度，协调土壤中水分、空气的

数量和比例，提高土壤的持水保墒能力和通气能力。整地可以加速土壤风化，加快生物残体分解，促进可溶性盐类的释放和各种营养元素有效化。

2.1.2 增强水土保持效能

在水土流失严重的地区，采用鱼鳞坑、水平沟、反坡梯田、水平阶等整地方法，改变了微地形，能够拦蓄地表径流，使水渗入地下，增加土壤的含水量，减少水土流失。

2.1.3 减少杂草和病虫害

整地清除了种植点周围的植被，减轻了杂草、灌木与幼苗幼树的竞争，减少了土壤水分和养分的消耗；破坏了病虫害赖以滋生的环境，减轻了病虫危害。

2.1.4 便于造林施工，提高造林质量

经过深翻的土壤，清除了灌木、杂草、石块，减少了造林时的障碍，便于进行栽植、播种和种植点配置，人工栽植过程省力、省工，有利于提高造林质量。

2.1.5 提高造林成活率，促进林木生长

整地改善了造林地的立地条件，有利于种子发芽、生根和栽植苗木的根系愈合，提高了造林成活率。整地后，土壤疏松多孔，水、肥、气、热协调，主根扎得深，侧根分布广，吸收根密集，从而促进了林木生长。

2.2 整地原则

应根据立地条件、林种、树种、造林方法等选择造林整地方式和整地规格，并遵循以下原则。

①保持水土。采用集水、节水、保土、保墒、保肥等整地方式。

②保护已有植被。山地不宜采取全面整地、炼山等破坏已有植被和野生动植物栖息地的整地方式。

③利用已有植被。利用已有林木、幼树、幼苗，创造有利于造林苗木健康生长发育和森林形成的生境。

④经济实用。采用小规格、低成本的整地方式，减少地表的破土面积。

⑤限制全面清理。除杂草杂灌丛生、采伐剩余物堆积、林业有害生物发生严重等不进行整理就无法造林的造林地外，不应进行林地全面清理。

2.3 整地规格

整地规格主要包括整地的断面形状、深度、宽度、长度及间距。

2.3.1 断面形状

断面形状是指整地时翻垦部分与原地面构成的断面形状。断面形状一般与造林地区的气候特点、立地条件相适应。一般在干旱、半干旱地区，翻土面低于原土面或与原土面构

成一定的反坡，如水平沟、鱼鳞坑、反坡梯田、犁沟等。在湿润地区，翻土面平行于原土面，如穴状、水平带状等。在过湿或地下水位过高地区，翻垦面高出原土面，如高垄、台田等。

2.3.2 整地深度

整地深度是影响整地质量的最主要的指标。适当增加整地深度，有利于林木生长发育和根系生长。确定整地深度时应考虑以下条件。

（1）气候特点 在干旱、半干旱地区和寒冷地区，适当加大整地深度；湿润地区稍浅。

（2）立地条件 阳坡比阴坡深；土层薄、但母质比较疏松的应加大整地深度；对有钙积层的草原地区，整地深度应破除或松动钙积层；对有壤质夹层的沙地，整地深度尽可能达到壤质层，使壤土与沙土混合。

（3）苗木根系特点 栽植大苗、深根性树种应稍深，栽植小苗、浅根性树种可稍浅。一般苗木根系长度为 20~25 cm，以此作为整地深度的上限。绝大多数林木的根系集中分布在 40~50 cm 的土层内，所以整地的适宜深度是 40~50 cm。营造速生丰产用材林、经济林、行道树等，使用大苗时，整地深度可达到 50~60 cm，甚至 100 cm。

（4）经济条件 造林经费充足，可适当增加整地深度。

2.3.3 整地宽度

整地宽度是指带状整地的宽度。确定整地宽度要考虑下列条件。

①坡度。坡度越缓，越应加宽。

②植被。植被茂密、萌蘖能力强的植物多，可适当加宽。

③林种。经济林、速生丰产用材林应比一般用材林宽。

④树种特性。喜光树种宜宽，耐荫树种可适当窄些。

⑤经营条件。集约经营应加宽。

2.3.4 整地长度

整地长度是指翻垦部分的长度，决定于地形地势和整地机械。

2.3.5 间距

间距是指带状地或块状地之间的间距，决定于造林密度和种植点配置方式。

2.4 造林整地的时间

2.4.1 按照整地时间与造林时间的关系来确定

1）造林前整地

（1）提前整地的时间 一般比造林时间提前 1~2 个季度。

①春季造林：可在前一年的夏季或秋季整地。

②雨季造林：对春旱不严重的地区，可在当年春季整地，或在前一年的秋季整地。

③秋季造林：最好在当年春季整地。整地后，可种植豆科作物，既避免杂草丛生，又能改善土壤条件，并增加一定的经济效益。

（2）提前整地的优点

①有利于生物残体的腐烂分解，增加土壤有机质，改善土壤结构。

②有利于改善土壤水分状况。尤其是在干旱、半干旱地区，提前整地可以做到以土蓄水、以土保水，对提高造林成活率有重要作用。

③便于安排农事季节。一般春季是主要的造林季节，也是各种农事活动集中的季节，提前整地可以错开这个大忙季节。

2）随整随造

随整随造就是整地与造林同时进行。在土壤深厚肥沃、植被覆盖度较小的新采伐迹地、沙地和水土流失严重的地区，可采用随整随造的方式。

2.4.2　按季节变化来确定

在北方地区，除冬季土壤封冻外，春、夏、秋三季均可整地。在适宜的季节整地，可提高整地质量，节省经费开支，减轻劳动强度，降低造林成本。

1）春季整地

在北方，春天气温高、空气干燥、风速较大、土壤水分蒸发量大，春季整地易造成土壤板结，整地效果较差，同时春季整地与农事活动争劳力，所以较少采用。

2）夏季整地

夏季气温高、雨量充沛，有利于植物残体腐烂分解，提高土壤肥力，蓄水保墒。夏季整地宜在伏天之前进行，此时杂草、灌木正处于生长旺盛阶段，种子尚未成熟，整地有利于消灭杂草、灌木的危害，促进植物残体腐烂分解。

3）秋季整地

秋季整地后，经过冬天的冻融风化，土壤疏松，孔隙度增加。同时秋天整地后，杂草、灌木的根系被切断，种子埋入深土中，幼虫和虫卵被翻到地表，使其在冬季被冻死，对消灭杂草、灌木和病虫害有较好的效果。秋季整地便于安排劳力，所以较为常用。冬季降雪多的地区，对土壤黏重的地块，秋季整地注意不要将翻垦后的土壤耙平，应于翌年春季顶凌耙地。

2.5　整地方法

2.5.1　全面整地

全面整地是全部翻垦造林地土壤的整地方法。

特点：能显著改善造林地的立地条件，便于实行机械化作业；但用工多、投资大、成本高，容易引起水土流失。

适用条件：符合经营目的的需要，技术、经济条件许可，地势平坦地区如草原、草地、滩涂、盐碱地以及无风蚀的固定沙地。

北方土壤质地疏松、植被稀疏的山地，整地区域限定在坡度 8° 以下。南方泥质岩类山地或灌木杂草丛生地、竹丛地，整地区域限定在坡度 25° 以下。（花岗岩类限定在 15° 以下）

全面整地不宜集中连片，面积过大、坡面过长时，在山顶、山腰、山脚等部位应适当保留原有植被，保留植被一般应沿等高线呈带状分布。

2.5.2　局部整地

局部整地是带状或块状翻垦造林地土壤的整地方法，包括带状整地和块状整地。

1）带状整地

带状整地是呈长条状翻垦造林地的土壤，并在翻垦部分之间保留一定宽度的原有植被的整地方法。

特点：改善立地条件的作用较好，有利于保持水土；比较省工，生产成本低。

适用条件：适用于山地平缓或坡度虽大但坡面平整的造林地，丘陵和北方草原地区各林种的造林，但不适用于有风蚀的地区。

山地、丘陵的带状整地沿等高线进行。带宽一般为 0.3~3 m；带长视地形而定，在可能的条件下尽量保持长些，但若太长，则整个带面不易保持水平，会使水流汇集，引起冲刷、侵蚀。

在平原地区，带的方向多为南北向；在有害风的地区，带的方向与主害风方向垂直。

山地带状整地的方法有环山水平带状整地、水平阶整地、反坡梯田整地、水平沟整地等；平原带状整地的方法有水平带状整地、高垄整地、犁沟整地等。

2）块状整地

块状整地是以种植点为中心，成块状翻垦造林地土壤的整地方法。

特点：灵活性大，省工、成本低，引起水土流失的可能性小，但改善立地条件的作用也小。

适用条件：地形破碎、坡度较大的地段；岩石裸露但局部土层尚厚的石质山地；伐根较多的迹地、植被比较茂盛的山地等。

块状整地在山地和平原都适用。山地块状整地的方法有穴状、块状和鱼鳞坑整地；平原块状整地有穴状、块状、高台等整地。

块状整地的排列方式与栽植行一致，在山地沿等高线排列；在坡度较大、有水土流失的山地按品字形排列，在平原地区按南北向排列。

　　2.5.3　集水整地

　　集水整地系统由产生径流的集水面和渗蓄径流的植树穴组成，集水整地法是根据地形条件，以林木为对象在全林地形成不同的集水面与栽植区，组成一个完整的集水、蓄水、水分利用系统。

　　该方法适用于半干旱、干旱、极干旱地区以及干热河谷和石漠化地区。

　　1）确定栽植区面积和整地深度、宽度

　　（1）确定栽植区面积主要考虑的因素

　　①树木的生物学特性与生态学特性。主要考虑个体大小、对水分的需求、根系分布情况等。

　　②汇集径流的贮存、下渗需求。主要考虑所收集的径流水能否有效地贮存在树木根系周围，不产生较大的渗漏损失。

　　③施工的难易程度与费用。主要考虑整地规格，投入的劳力、费用。

　　（2）整地深度　在半干旱、干旱气候条件下，一般要求深整地，以便降低土壤紧实度、促进土壤熟化、增强土壤蓄水能力。在土层比较深厚的情况下，防护林和用材林的整地深度为 40~60 cm，经济林的整地深度为 80~100 cm。

　　（3）整地宽度　水土保持林中，阔叶树种的根冠较大，宽度为 1.0~1.6 m，长度为 1.0 m；针叶树种的根系相对比较集中，宽度为 1.0~1.4 m。对速生用材林，可适当加大整地宽度。能源林、农田牧场防护林等的整地宽度为 0.6~0.8 m。经济林树种对水分、养分的需求比较高，根系的水平分布比较宽，宽度一般为 1.4~2.0 m，长度可依据地形条件而定。

　　2）确定集水区面积

　　集水区面积主要根据栽植区面积、降水量、地表产流率、栽植区水分消耗需求、树木需水量、土壤水分亏缺量等因素确定，其目标是所产的径流水能弥补土壤水分的亏缺量。

　　3）集水整地施工

　　整修集水面：集水面的主要作用是把降雨径流汇集到集水区。集水面的整修可分为坡面和梯田等平缓地整修这两种情况。

　　（1）在坡地上整修集水面　如果利用自然坡面直接集水，则可对坡面凹凸不平的地方进行处理，使坡面基本保持平整通直。如果要增加径流系数，可在清除坡面杂草后，把坡面整修平整，用机械或人工的方法把坡面表层土壤压实拍光。（图 2-2-11）

　　（2）在梯田或平坦地面上整修集水面　必须把集水面修成 8° 以上的坡面。根据地形条件和施工难易程度，把集水面修成单坡面或回字形的坡面。（图 2-2-12）

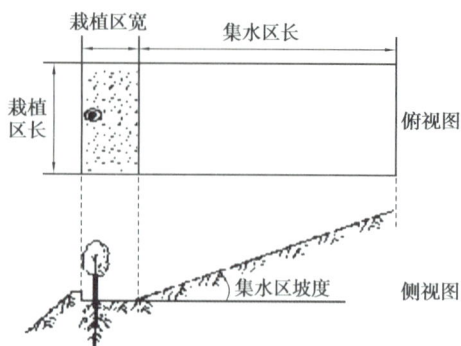

图2-2-11　坡地集水整地

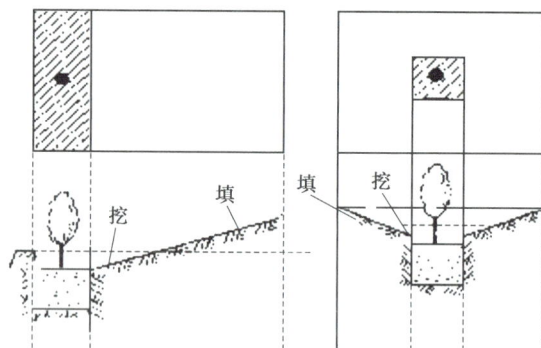

图2-2-12　平地集水整地

4）集水面防渗措施

（1）压实拍光处理　先把地表的杂草连同干燥松土一起铲除，回填到栽植区，按预定的形状整修好集水面后，用机械或人工的方法把坡面表层土壤压实拍光。

（2）防渗剂处理　在极干旱或林木需水量较大的情况下，必须对地表进行适当的防渗处理，以提高降雨的产流率。目前国内外常用的防渗化学材料有 YJG-1、YJG-2、YJG-3、钠盐、乳胶、蜡状物、沥青和生物材料（如地衣）等。

①防渗材料选用原则。

a.无任何污染，长久使用不会破坏土壤结构，对施工人员的健康无伤害。

b.防渗性能较高，即处理后径流系数在 0.5 以上，特别是产流初损雨量应当很低，在小雨量时也有一定的产流量。

c.使用寿命较长，耐雨滴的打击和径流的冲刷，在高温、寒冷气候条件下老化或分解速度较慢，使用寿命应在 3 年以上。

d.能与土壤紧密结合，在自然条件下不易和土壤分离。

e.价格合理，使用后投入产出比合理。

在黄土地区建议使用 YJG 系列材料和生物材料。一般应在苗木栽植后，将集水面压实拍光，进行防渗处理。

②YJG-1 的使用方法。取 YJG-1 原液与水按照 1 ：（10~15）配制好喷洒液，装入喷雾器内，选无风晴朗的天气进行喷洒处理。喷洒时调节好喷雾器的流量，喷头离地面 30~40 cm，喷头移动的速度要均匀，喷洒量以地面有微积水为宜，注意不要漏喷。喷洒后半小时内地表层即可形成防渗层。喷洒时应该注意一次喷洒成功，否则在地表干燥防渗剂成膜之后很难再加厚膜，这是由于原来喷洒的防渗剂阻隔，使新喷的防渗剂变成地表径流流失。喷洒防渗剂后，地面严禁人畜踩踏，注意日常保护。

（3）生物防渗处理　如黄土高原地区自然生长的石果衣紧密贴生于土壤表面，耐旱，在合适的温度、湿度条件下其可以进行营养繁殖。如果将繁殖好的石果衣碎片混合营养液喷洒在集水面上，经过1~2年即可形成地衣保护层。

石果衣的集水效果虽然不如化学材料，但它是一种纯生物材料，又具有极好的水土保持效果，对促进全林地生态环境的改善具有积极的作用。

（4）其他处理方法　如水泥和107胶混合起来喷洒在集水面上，也可使集水面具有较高的径流系数和较长的使用寿命；在干旱地区，集水面上也可铺设油毡纸、塑料薄膜等。

2.6　难利用地的立地改良

1）盐碱地

（1）物理改良

通过排碱渠排盐、洗盐、客土、抬高作业面、开沟筑垄、铺设盐碱隔离层、暗管排盐（碱）、树穴覆膜等方法，对盐碱地进行改良。

（2）化学改良

通过施用有机肥、风化煤、黄腐酸钾、沸石、黄铁矿渣及土壤盐分拮抗剂、螯合剂等土壤酸化剂进行盐碱地改良。

（3）生物改良

通过种植耐盐植物、使用土壤活化微生物菌肥等生物措施进行盐碱地改良。先锋盐碱植物有白刺、柽柳、罗布麻、金叶莸等；粮食作物有水稻等；经济作物有棉花等；绿肥作物有田菁、苜蓿、大麦、决明子等。

2）石质山地

在石质山地，难以用常规人工整地方法进行整地造林的，可采取定向爆破、客土法进行立地改良。定向爆破应以不造成区域地质灾害和其他安全问题为原则。

3）废弃矿山用地

对于重金属污染的煤矿库，采用隔离、植物修复、微生物分解等措施治理。没有污染的煤矿库、采石场和经过治理的有毒煤矿库，采用客土覆盖，恢复造林基质。对于采矿区塌陷地，应整平土壤后进行造林。

4）流动、半流动沙地

流动、半流动沙地改良，应先采取设置草方格沙障、高立式沙障、生物活沙障，引水拉沙等技术固沙后，再进行造林。

◎巩固拓展

一、思考与练习题

（一）名词解释

造林地清理　　造林地整地　　鱼鳞坑整地　　局部整地　　带状整地　　犁沟整地

（二）填空题

1. 块状整地的方法主要有（　　　　）、（　　　　）、（　　　　）、（　　　　）。

2. 北方山地带状整地的方法主要有（　　　　）、（　　　　）、（　　　　）、（　　　　）。

3. 平原带状整地的方法主要有（　　　　）、（　　　　）、（　　　　）。

（三）选择题（单选）

1. 随整随造适用于（　　　）。

　　A. 干旱地区造林　　　　　　　　　　B. 水湿地造林

　　C. 土壤深厚肥沃的造林地　　　　　　D. 喜光树种造林

2. 整地后植物残体分解最快的季节是（　　　）。

　　A. 春季　　　　　　B. 夏季　　　　　　C. 秋季　　　　　　D. 冬季

3. 提前整地，一般比造林时间提前（　　　）较好。

　　A. 1~2 个季度　　　B. 3~4 个季度　　　C. 1 年　　　　　　D. 3 个季度

4. （　　　）适用于干旱瘠薄、阳向陡坡、地形比较破碎的造林地。

　　A. 穴状整地　　　B. 山地块状整地　　C. 鱼鳞坑整地　　D. 高台整地

5. （　　　）适用于水湿地造林。

　　A. 穴状整地　　　B. 山地块状整地　　C. 鱼鳞坑整地　　D. 高台整地

6. （　　　）是不受立地条件和树种限制的造林整地方法。

　　A. 穴状整地　　　B. 山地块状整地　　C. 鱼鳞坑整地　　D. 高台整地

7. 整地（　　　）是影响整地质量的最主要的指标。

　　A. 长度　　　　　　B. 深度　　　　　　C. 宽度　　　　　　D. 间距

8. 以下属于块状整地方法的是（　　　）。

　　A. 水平沟整地　　B. 水平阶整地　　　C. 鱼鳞坑整地　　D. 反坡梯田整地

二、阅读文献题录

1. 茹丽燕. 习近平新时代劳动观的三重逻辑 [J]. 山西高等学校社会科学学报, 2020, 32(12).

2. 韩小乔. 劳动最光荣, 共圆中国梦 [N]. 安徽日报, 2020-11-26（1）.

3. 翟明普, 沈国舫. 森林培育学 [M]. 3 版. 北京：中国林业出版社, 2016.

4. 郝福荣. 杨树造林整地技术及抚育管理问题研究 [J]. 种子科技, 2020（13）.

5. 王毅. 造林整地与植树造林技术的发展应用［J］. 现代农村科技，2020（5）.

6. 游桂接. 不同整地规格对杉木幼林生长的影响［J］. 林业勘察设计，2019（2）.

三、标准与法规

1. GB/T 15776—2016　造林技术规程

2. GB/T 18337.2—2001　生态公益林建设规划设计通则

3. GB/T 18337.3—2001　生态公益林建设技术规程

任务 3　苗木准备

◎任务目标

◆ 知识目标

掌握苗木保护和处理的技术措施。

◆ 能力目标

学会苗木保护和处理技术；学会苗木假植。

◆ 育人目标

引导学生正三观、明事理，扬长避短，克服缺点，奋发图强，积极向上，做一个合格的社会公民；同时培养创新思维和创业能力。

◎实践训练

实训项目 3.1　苗木准备

一、实训目标

学会苗木的保护与处理技术、苗木假植技术。

二、实训场所

实训基地或苗圃。

三、实训形式

学生 5~6 人一组，在老师或苗圃技术人员的指导下进行实操训练。

四、实训工具

铁锹、植苗桶、修枝剪、钢卷尺、苗木、塑料带等。

五、实训内容与方法

（一）起苗

1. 裸根起苗

起苗前 2~3 d 浇水，使土壤松软，苗木吸足水分。起苗时，少伤根，多带须根，小苗适当带土。

2. 带土坨起苗

起苗前 2~3 d 浇水，增加土壤的黏结力，以苗干为中心按要求的根幅（一般乔木树种土坨直径为根颈直径的 8~10 倍，土坨高度为土坨直径的 2/3）画圆，在圆圈外挖沟，切断侧根；挖到要求深度的 1/2 时，逐渐向内缩小根幅，达到要求的深度后，土球直径缩小到根幅的 2/3，使土球呈扁圆柱形，用草绳或塑料薄膜包裹好，切断主根，取出苗木。

（二）苗木分级

按《主要造林树种苗木质量分级》（GB 6000—1999），将苗木分为 I 级苗、II 级苗、不合格苗。苗木分级工作应在阴凉处进行，做到边起苗、边分级、边处理、边包装。

（三）苗木处理

1. 截干

截干高度一般为 5~10 cm，不超过 15 cm。适用于萌芽能力强的树种。

2. 苗木修剪

（1）去梢 用修枝剪将苗木的顶梢剪掉。去梢的强度一般为苗高的 1/4~1/3，不要超过 1/2，具体部位可掌握在饱满芽之上 1 cm 左右。

（2）剪除枝、叶 用修枝剪将苗木的部分枝叶剪掉。一般可去掉侧枝全长或叶量的 1/3~1/2，主要用于已长出侧枝的阔叶树种苗木。

3. 修根

将苗木过长、受伤和感染病虫害的根系剪掉，剪口要平滑。修根强度要适宜。注意保留侧须根，只要侧须根不过长，不必短截。修枝剪一定要锋利。

4. 打捆

裸根小苗每 50~100 根捆一捆。

5. 浸水

将成捆苗木的根系放在池水或流水中浸泡 1~2 d，使苗木吸水饱和，提高造林成活率。注意杨树苗要全株浸水 2~4 d，最好用流水或池水浸泡。

6. 蘸泥浆

在苗圃地或造林地中心，挖大小适宜的坑，坑中放入适量底土加水搅拌成稀稠适宜的泥浆，将成捆苗木的根系以 25° 倾斜角放入泥浆中，慢慢旋转成捆苗木，使每株苗木根系表面黏上一层薄薄的泥膜，以保护根系、减少水分散失。此法适用于针叶树种、阔叶树种的裸根苗。

7. 水凝胶蘸根

将吸水剂加水稀释到 0.1%~1%，蘸根后栽植。或先将吸水剂（0.1%~1%）与土壤混合，用水调成稀稠适宜的泥浆，然后蘸根。

8. ABT 生根粉溶液浸根

苗木栽植前，将 1 gABT 生根粉用少量酒精溶解后加水 20 kg，浸根 1.5~2 h 即可。1 g 生根粉可处理苗木 500~1 000 株。

（四）苗木假植

在苗圃或造林地的中心，选排水良好、背风的地方，与主风向垂直挖一条沟，沟的规格因苗木大小而异，一般深 30~40 cm（沟的深度必须保证可将苗木根系全部埋入土中），迎风面的沟壁修成 45° 的斜壁。短期假植，可在斜壁上将苗木成捆排列。长期假植，可将苗木单株排列，然后把苗木的根系和茎的下部用湿润的土壤覆盖，踩实，适量浇水，使根系和土壤密接。

六、注意事项

①修剪工具必须锋利、无锈，防止切口劈裂。

②截干、修剪枝叶只适用于有较强萌生能力的树种。

③蘸泥浆后苗木必须及时用于造林，一般不能再假植。

④注意安全，避免使用工具不当造成人身伤害。

七、实训报告要求

①说明苗木处理技术及注意事项。

②阐述在起苗、苗木运输过程中如何做好苗木保护工作。

◎背景知识

3.1　苗木的种类及规格

3.1.1　苗木种类

1）根据苗木的培育方式分

（1）实生苗　用种子繁殖的苗木。多为针叶树种的苗木。

（2）营养繁殖苗　用树木的营养器官繁殖而成的苗木。多为阔叶树种的苗木。

2）按照苗木出圃时根系是否带土分

（1）裸根苗 根系裸露不带土。起苗容易，重量小，包装、运输、贮藏都比较方便，栽植省工，是目前生产上应用最广泛的一类苗木；但起苗时容易伤根，栽植后遇不良环境条件常影响苗木成活。

（2）带土坨苗 根系带有宿土，根系不裸露或基本不裸露的苗木，包括一般带土坨苗和各种容器苗。这类苗木根系基本完整，栽植成活率高，但重量大，搬运费工，造林成本比较高。

3）按苗圃培育年限及移植情况分

（1）留床苗 从育苗到出圃始终生长在原苗床的苗木。

（2）移植苗 在苗圃中经过一次或多次移植后继续培育的苗木。多为大苗，侧须根发达。用移植苗造林见效快，营造农田防护林、四旁植树等多用移植苗。

不同种类苗木的适用范围依据林种、树种和立地条件的不同而异。一般用材林多用经过移植的裸根苗；经济林多用嫁接苗，防护林多用裸根苗，"四旁"绿化和风景林可用移植的带土坨苗；针叶树种苗木和困难的立地条件下造林用容器苗。

3.1.2 苗龄和苗木规格

1）苗龄

造林用苗木必须达到一定的苗龄才能出圃。苗龄过小、过大都会影响造林成活率。苗木的苗龄小，适应性强，但抵抗力弱；苗木的苗龄大，抵抗力强，栽后生长快，但适应性差。一般营造用材林常用1~3年生的苗木，速生丰产用材林和防护林常用2~3年生的苗木，经济林常用1~2年生的苗木，"四旁"绿化和风景林常用3年生及以上的苗木。速生树种，如杨树、泡桐等，常用苗龄较小的苗木；慢生树种，如针叶树种多用2~3年生苗木，其中落叶松、油松为2年生苗木，樟子松为2~3年生苗木，云杉为3~4年生苗木。

2）苗木规格

苗木规格应根据《主要造林树种苗木质量分级》（GB 6000—1999）和地方制定的苗木质量分级标准确定。苗木分级是以地径为主要指标，苗高为次要指标。一般应采用Ⅰ、Ⅱ级苗造林。如按油松移植苗（苗龄1-1.5，即2.5年生苗，移植1次，移植后继续培育1.5年）苗木分级标准，Ⅰ级苗，地径＞0.60 cm，苗高＞25 cm，根系长度为20 cm，＞5 cm长Ⅰ级侧根数为12；Ⅱ级苗，地径为0.45~0.60 cm，苗高为20~25 cm，根系长度为20 cm，＞5 cm长Ⅰ级侧根数为8，Ⅰ、Ⅱ级苗均顶芽饱满，针叶完整，无多头现象。

3.2 苗木的保护措施

苗木保护的目的是保持苗木体内的水分平衡，提高植苗造林的成活率。因此从起苗到栽植，各工序要保护好苗木根系，不让其受伤和干燥，尽量减少苗木失水，做到起苗不离水、包装不离水、运输不离水、假植不离水、提苗桶内要有水。同时防止芽、茎、叶等受到机械损伤。缩短从起苗到造林的时间，做到随起苗、随分级、随包装、随运输、随栽植（或随假植），避免苗木被风吹日晒，使苗木始终保持湿润状态。具体保护措施如下。

3.2.1　细致起苗

遇干旱，土壤干燥，起苗前 2~3d 灌水，使土壤松软，减少起苗操作中对根系的损坏。起苗后，不摔打苗根，尽量保证苗木的根系完整，茎、芽不受损伤。

3.2.2　及时分级，蘸泥浆，包装

起苗后，将苗木放在阴凉处，及时分级。将分级后的苗木每 50~100 株捆一捆，蘸泥浆，用湿润物包装或假植。

3.2.3　及时假植

苗木假植就是用湿润的土壤、沙等将苗木的根系覆盖，以防根系失水，从而保护苗木活力的处理措施。

苗木从苗圃地起出后，如果不能及时运往造林地或运至造林地后不能在短时间内栽植完，则要在背风的地方挖假植沟，将苗木的根系甚至整株苗木用湿土、沙等材料覆盖并浇水，以保持苗木体内的水分平衡。

生产实践中，林场（或经营所）将苗木购回，在场部把苗木统一放置于避风避光的房间内，以锯末覆盖，浇透水，进行临时贮藏；然后按一天施工的用量将苗木分发到每块造林地，在造林地设临时假植场进行临时假植。临时假植场要设在造林地中心，同时假植场离水源一定要近，以方便取水。

3.2.4　注意保湿

在苗木长途运输过程中要覆盖、勤检查，避免苗木发热、发霉，及时洒水，保持苗木湿润。

3.2.5　用盛水桶或保湿袋提苗

造林时用盛水桶、苗木栽植袋或塑料袋提苗，以保持苗木根系湿润。但对已蘸泥浆的苗木，提苗时桶内或袋内不要放水，或少放一点泥浆水，栽植时边栽边取苗。

3.2.6　及时浇水

栽植苗木后，有条件的地方要立即浇透底水。干旱地区一定要浇定根水。

3.3　苗木处理

为了保持苗木体内的水分平衡，栽植苗木前须对其地上部分和地下部分进行适当处理。

3.3.1 地上部分的处理

1）截干

截去苗木的大部分主干，仅栽植带有根系和部分苗干的苗木。截干是半干旱、干旱地区造林常用的抗旱造林技术措施之一，目的是减少苗木地上部分的水分蒸发，避免苗木由于地上部分过度失水而干枯死亡。在苗木质量较差的情况下，截干对提高苗木质量有一定作用；苗干弯曲或受到损伤时，截干有助于培养苗木的良好干形。截干造林适用于萌芽能力强的树种，如杨树、刺槐、元宝枫、黄栌等。

2）修枝和剪叶

对常绿阔叶树种进行适量修枝剪叶，可减少其地上部分蒸腾失水。

3）喷洒蒸腾抑制剂

能降低植物蒸腾作用的一类化学物质，称为蒸腾抑制剂。主要有两类：薄膜型蒸腾抑制剂和代谢型蒸腾抑制剂。

薄膜型蒸腾抑制剂的作用是喷洒在叶表面后形成一层极薄的膜，在不影响光合作用和不过于增加体表温度的前提下减少蒸腾，提高苗木抗旱保水能力。这类蒸腾抑制剂有"京防一号"高效抑蒸剂、十六烷醇、石蜡乳剂、乳胶和树脂等。

代谢型蒸腾抑制剂也称气孔抑制剂。这种蒸腾抑制剂喷洒在叶片上，可使叶片的气孔开度减少或使气孔关闭，增加气孔的蒸腾阻力，降低水分蒸腾量。这类蒸腾抑制剂有脱落酸、羟基磺酸、叠氮化钠等。

3.3.2 地下部分的处理

1）修根

剪除受伤的根、发育不正常的根以及过长的根，使苗木迅速恢复根系创伤及吸水功能，便于包装、运输和栽植。

2）蘸泥浆

用吸湿性强的黏土附在苗木根系表面，使根系在较长时间内保持湿润，防止风干，达到保持苗木活力的目的。泥浆稀稠要适宜，过稀则根系黏不上泥浆，过稠则黏泥过多，会增加根系重量，还可能在根系上形成泥壳，影响根系的生理活动，致使根系腐烂。一般以苗木放入后能蘸上泥浆且不黏团为宜。主要适用于针叶树种裸根苗、阔叶树种小苗、灌木小苗。

3）水凝胶蘸根

用吸水剂加适量水配置成水凝胶蘸根，也可以在水中加入植物生长调节剂或植物激素来蘸根，促进根系恢复和新根萌发。这种方法具有保水效果好、处理后根系重量轻、费用低等优点。植物生长调节剂或植物激素有 ABT 生根粉 3 号、萘乙酸（NAA）、吲哚乙酸（IAA）、吲哚丁酸（IBA）等。用植物生长调节剂或植物激素处理苗木所需的浓度和时间依树种、药剂种类而定，一般药剂浓度较高时浸蘸的时间宜短，浓度较低时浸蘸的时间宜长。

4）接种菌根菌

菌根菌是真菌与特定植物根系的共生体。菌根菌能够提高林木的抗逆性如抗旱、抗瘠薄、抗极端温度和抗盐碱度以及抗有毒物质的污染，增强和诱导林木产生抗病性，提高土壤活性，改善土壤的理化性质。接种菌根菌可以采取如下方法。

（1）使用菌根剂处理苗木　菌根剂可以从市场上直接购买，按说明书施用即可。

（2）用带有造林树种菌根菌的土壤处理苗木　菌土可以取自该树种的林地或培育该树种苗木的苗圃地。

◎巩固拓展

一、思考与练习题

（一）名词解释

裸根苗　移植苗　带土坨苗　苗木假植　截干　修根　蘸泥浆

（二）填空题

1.苗木保护中的五随是指（　　　）、（　　　）、（　　　）、（　　　）、（　　　）。五不离水是指（　　　）、（　　　）、（　　　）、（　　　）、（　　　）。

2.苗木地下部分的处理措施主要有（　　　）、（　　　）、（　　　）、（　　　）等。

3.苗木保护的目的是保持苗木体内的（　　　），提高（　　　）。

（三）问答题

1.阐述苗木保护的主要技术措施。

2.简述用针叶树种造林时接种菌根菌的作用。

3.简述苗木处理的主要技术措施。

二、阅读文献题录

1.翟明普，沈国舫.森林培育学［M］.3 版.北京：中国林业出版社，2016.

2.苏雅男.裸根沙棘苗木冬季保护措施［J］.现代农村科技，2020（6）.

3.范振国.山西大同造林苗木的保护与管理［J］.山西农经，2016（10）.

4.梁金秋.裸根苗木保湿技术［J］.现代农村科技，2017（2）.

三、标准与法规

1. GB/T 15776—2016　造林技术规程

2. GB 6000—1999　主要造林树种苗木质量分级

3. LY/T 1000—2013　容器育苗技术

4. GB 7908—1999　林木种子质量分级

任务 4　植苗造林

◎任务目标

◆ 知识目标

掌握植苗造林的方法、技术要点及适用条件。

◆ 能力目标

①能够根据造林地的立地条件，合理选择植苗造林季节、栽植方法。

②会用穴植法、靠壁栽植法、缝植法、沟植法栽植苗木。

◆ 育人目标

①培养学生热爱劳动、吃苦耐劳、团队协作的集体主义精神，勇于探索、守正创新、精益求精的大国工匠精神。

②培养学生言行一致、表里如一，脚踏实地、认真做事，甘于奉献、服务人民的精神。

◎实践训练

实训项目 4.1　植苗造林

一、实训目标

学会穴植法、靠壁栽植法、缝植法、沟植法的操作过程及技术要点。

二、实训场所

拟造林地。

三、实训形式

学生 5~6 人一组，在老师或林场技术员的指导下进行实操训练。

四、实训工具

铁锹、镢头、修枝剪、钢卷尺、桶、塑料薄膜、保水剂、生长调节剂、苗木等。

五、实训内容与方法

（一）穴植法

1.操作过程

（1）划线定点 按造林作业设计的株行距和种植点配置方式，确定栽植点在造林地上的位置。

（2）开穴 穴的大小根据苗木的根系状况决定，保证根系在穴内舒展。穴的底部与上部应大小一样，防止底部成锅底形。挖穴时表土与心土分别放置在穴两旁，穴底留松土。一般穴深 40~50 cm，穴径为 40~50 cm。

（3）栽植 栽苗时一手拿苗木的根颈部，一手整理根系，将苗木直立于穴中央，使根系舒展不窝根；先填表土，填至一半时，把苗木向上略提一下，使其达到适宜的栽植深度、根系舒展，踩实；填上余土，再踩实，整修树盘，在穴面撒一层松土。此过程可概括为"三埋两踩一提苗"。（图 2-4-1）

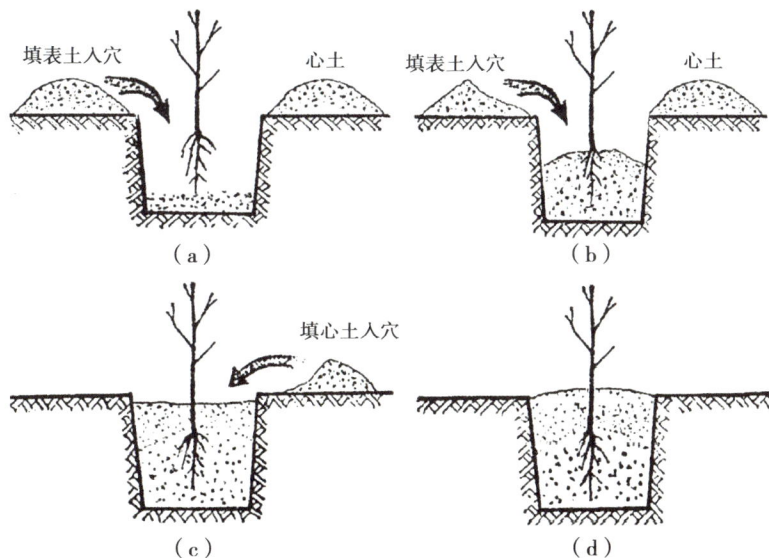

图2-4-1 穴植法栽植过程示意图

有条件可在栽植后浇水，待水下渗后，穴面撒一层松土，用枯枝落叶或塑料薄膜覆盖穴面，石质山地可用石子覆盖穴面，以防止水分蒸发。栽植深度一般超过苗木根颈处原土印 2~3 cm。

2.技术要求

（1）根系舒展 使根系保持自然伸展状态。

（2）深浅适宜　根颈原土印低于地表 2~3 cm。在干旱多风地区，表土易被风吹走，因此在水土流失较严重的地区以及沙丘的迎风面，原土印应低于地表 4~5 cm。

（3）根土密接　根系只有与土壤紧密结合才能发挥吸收作用。

3.适用条件

穴植法不受苗木大小、立地条件的限制，但在干旱瘠薄的造林地上应用更显其优点。

（二）靠壁栽植法

1.操作过程

（1）划线定点　按造林作业设计的密度和种植点配置方式确定栽植点的位置。

（2）开穴　用镐把草皮或表土硬壳除去（切不可在未除去草皮前用力过猛，掀去大块草皮，这样无法做出规整的小坑），然后由坑的一端开始逐镐向前和向深刨，做成楔形小坑，一般坑深 40~50 cm，上口宽 30~40 cm，底宽 15 cm 左右。坑刨成后，把坑内松土取净。（图2-4-2）

（3）植苗　把苗根一侧紧靠土坑垂直壁放下，根颈原土印应低于地表 2~3cm，用镐将土推入坑中，轻轻上提苗木，使根系舒展，达到适宜的深度，踩实，再推土踩实，整修树盘，有条件时浇水，待水下渗后，穴面覆一层松土，以减少土壤水分蒸发。（图2-4-2）

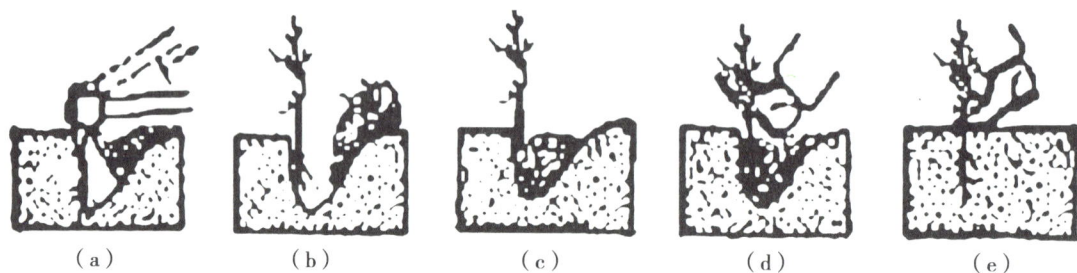

| （a） | （b） | （c） | （d） | （e） |

图2-4-2　靠壁栽植法栽植过程示意图

（4）浇水　在干旱的情况下，栽后浇水；但在土壤湿润、用手能握成坨的情况下，不浇水也能获得满意的造林结果。

2.技术要求

①一般是顺坡刨坑，坑的一壁垂直。

②苗根一侧紧贴垂直壁，从一侧用镐推土埋苗根，踩实。

③深浅适宜，根系舒展，根土密接。

3.优点

省工，工效比普通穴植法提高 20%~40%。

4. 适用条件

干旱地区栽植针叶树种小苗。

（三）缝植法

在已整地的造林地上用植苗铲或锹开缝，放入苗木，确保深浅适宜、根系舒展，随后拔出工具，踏实土壤。

1. 操作过程

（1）划线定点　按造林作业设计的密度和种植点配置方式确定栽植点的位置。

（2）开缝植苗　将植苗锹垂直插入土中，先拉后推形成一道缝，其深度比苗木根颈原土印深2~3 cm；将苗木放入缝中，轻轻上提，使根系舒展，抽出植苗锹，土壤自然落入；再将植苗锹以同样深度垂直插入距窄缝一侧10 cm左右的地方，先拉后推，使前个窄缝的上下部闭塞、压紧苗木根部；在距离第二个窄缝10 cm的地方，再把锹垂直插入土中，先拉后推，使第二个窄缝的上部与下部紧密闭塞，用脚踩实第三个窄缝。这个过程可概括为"三锹踩实一提苗"。（图2-4-3）

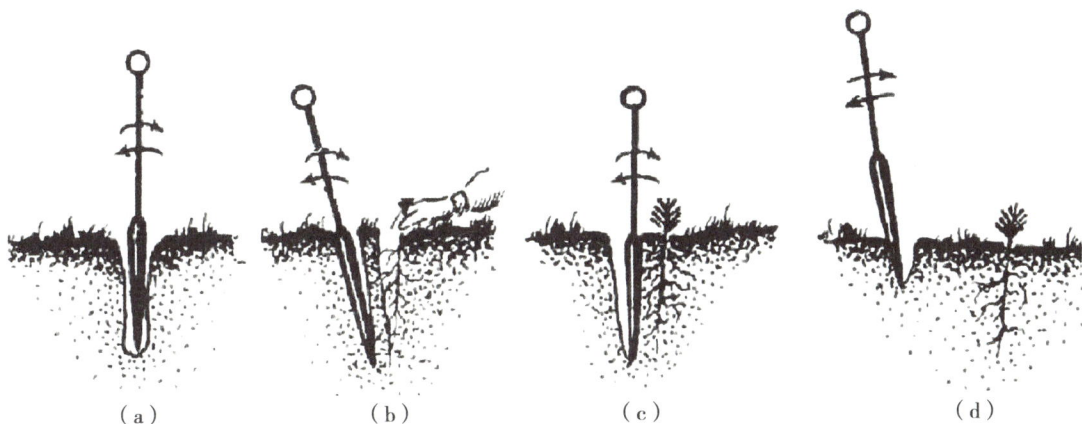

图2-4-3　缝植法栽植过程示意图

2. 技术要求

①深浅适宜，根系舒展，根土密接。

②栽正。使苗木茎干处于垂直状态，保证苗木正常生长，防止出现幼树畸形生长。

③不吊苗。所谓吊苗是指植苗时苗木根颈处的土壤踩压紧实，下部土壤未踩压紧实，使苗木根系尖端悬空的现象。吊苗的结果是根土不能紧密结合，根系难以发挥其吸收功能。

3. 特点

①操作简单，施工效率高，省工省力。

②可防止冻拔害。

4. 适用条件

①土层深厚、疏松、湿润的造林地。

②经过暗穴整地的造林地、新采伐迹地、沙地。

③栽植针叶树种小苗及其他直根性树种的苗木。

（四）沟植法

1. 划线定点

按设计的行距划线定点。

2. 开沟

在经过整地的造林地上，按设计的行距用植树机械或畜力拉犁开沟或人工开沟，沟的深浅视苗木根系大小而定，一般沟深 40~50 cm，沟宽 30~40 cm，沟内留松土。

3. 栽植

按设计的株距将苗木摆放在沟中，再扶正；填表土至沟深一半时，轻轻向上提苗，使根系舒展，踩实；把余土填上，踩实，整修树盘；浇水，待水下渗后，上覆松土保墒。

4. 特点

工效较高。

5. 适用条件

地势较平坦，坡度较缓，以机械或畜力拉犁整地的造林地造林；干旱地区开沟造林，防风保水。

六、注意事项

①严格按规程操作。

②按造林作业设计规定的造林密度施工。

③注意安全，避免使用工具不当造成人身伤害。

七、实训报告要求

说明穴植法、靠壁栽植法、缝植法、沟植法的操作过程、技术要点及适用条件。

◎ 背景知识

4.1 植苗造林的特点

植苗造林是以苗木作为造林材料进行栽植的造林方法。植苗造林是目前人工造林的主要形式，应用普遍，效果较好。

4.1.1 植苗造林的优点

1）造林初期生长快

植苗造林所用苗木具有发达而完整的根系，生理机能旺盛，栽植后恢复生长快。虽然苗木栽植在造林地上后一般要经过一定时间的缓苗期，但与播种造林相比，苗木在造林初期生长较快，幼林郁闭早，缩短了幼林的抚育期限。

2）节约种子

苗木培育是在苗圃中进行的，苗圃地条件好，集约经营，种子萌发率高，提高了种子的利用率，与播种造林相比，用种量相对较少。植苗造林对于种子产量低、价格昂贵的珍稀树种造林尤为重要。

3）适用于多种立地条件

苗木的根系完整，生理机能旺盛，对不良的环境条件具有较强的抵抗力。故在干旱的风沙区、水土流失区，杂草丛生、鸟兽危害严重、冻拔害比较严重的造林地上都可采用植苗造林。

4）新技术发展应用快

育苗、造林技术水平的提高，将为更广泛地使用植苗造林开创广阔的途径，如容器苗造林，使用吸水剂、植物生长调节剂，机械植苗、接种菌根菌等先进技术的应用，使植苗造林获得显著效果。

4.1.2　植苗造林的缺点

（1）造林成本较高　苗木培育工序复杂，花费劳力多，技术要求高，在一定程度上增加了造林成本。

（2）根系容易受损伤　在苗木起苗、运输、栽植的过程中，容易发生根系损伤，特别是根毛的损失量更大，对人工林的生长发育造成一定影响。

4.2　植苗造林的适用条件

植苗造林的应用几乎不受立地条件和树种的限制，尤其在下列情况下，采用植苗造林，造林成效更显著。

①干旱的盐碱地。

②干旱和水土流失严重的造林地。

③极易滋生杂草的造林地。

④容易发生冻拔害的造林地。

⑤鸟兽危害严重，播种造林受限制的地区。

⑥种子来源困难、价格昂贵的树种。

4.3　植苗造林的季节选择

植苗造林应根据造林地的气候条件、土壤条件，造林树种的生长发育规律，以及社会经济状况综合考虑，选择合适的造林季节和造林时间。适宜的造林季节应该是温度适宜、土壤水分含量较高、空气湿度较大，苗木的地上部分生理活动较弱（落叶阔叶树种处在落叶期），而根系的生理活动较强的时期。

4.3.1　春季造林

春季适合大多数树种栽植造林。在土壤化冻后苗木发芽前的早春栽植，此时苗木的地上部分尚未解除休眠，生理活动较弱，而根系的生理活动旺盛，愈合能力较强。比较干旱的北方地区，初春土壤墒情相对较好，利于苗木成活。但是，根系分生要求较高温度的个别树种（如椿树、枣树等）可以稍晚一点栽植，避免苗木的地上部分在发芽前蒸腾而耗水过多。

除春季高温、少雨、低湿的部分地区外，我国其他地区均可进行春季造林。

4.3.2　雨季造林

在春旱严重、雨季明显的地区（如我国华北地区各省和云南省），利用雨季造林，造林效果良好。雨季造林宜选择蒸腾强度较小或萌芽能力强的树种，掌握好雨情，以下过1~2场透雨、出现连阴天为宜。

雨季造林主要适用于若干针叶树种（特别是侧柏、柏木等）和常绿阔叶树种（如蓝桉等）。

4.3.3　秋季造林

进入秋季，气温逐渐降低，树木的地上部分生长减缓并逐步进入休眠状态，但是根系的生理活动依然旺盛；而且秋季土壤湿润，苗木的部分根系在栽植后的当年可以得到恢复，翌春发芽早，造林成活率高。在我国西北和北方地区，秋季造林可在树木已落叶至土壤冻结前进行，宜选择落叶阔叶树种造林。有些树种，例如泡桐，在秋季树叶尚未全部凋落时造林，也能取得良好效果。冬季风大、风多、风蚀严重的地区和冻拔害严重的黏重土壤不宜秋植。

4.3.4　冬季造林

在我国，冬季造林主要适用于气温适宜、土壤不结冻的华南、西南地区；华中地区也可以适度开展冬季造林。

4.4　栽植方法和技术

4.4.1　栽植方法

苗木栽植方法有穴植法、靠壁栽植法、缝植法、沟植法。

1）穴植法

穴植法是在已整地的造林地上挖穴栽苗。适用于各种苗木和立地条件，应用比较普遍。穴的深度和宽度根据苗根长度和根幅确定，应大于苗木根系。一般阔叶树种小苗每穴栽植

1 株，针叶树种小苗每穴栽植 2~3 株，苗干要竖直，根系要舒展，深浅要适当。

2）靠壁栽植法

靠壁栽植法也称小坑靠壁栽植法，是把苗木一侧根系紧靠小坑垂直壁直立栽植，由于垂直侧壁上毛细管没有被破坏，根系可以直接吸收水分，有利于苗木成活。一般苗木在阴坡靠上壁栽植，在阳坡则靠下壁栽植。此法适用于干旱地区栽植针叶树种小苗，但由于破土面积小，不利于根系扩展，影响苗木后期生长。

3）缝植法

缝植法是在经过整地的造林地上或土壤湿润、疏松的未整地的造林地上（如新采伐迹地、沙地等），用锹开缝，植入苗木后从侧方挤压，使土壤和苗木根系紧密结合。此法造林速度快、功效高，造林成活率高，适用于栽植松柏类小苗，缺点是根系被挤压在一个平面上，生长发育受到一定的影响。

4）沟植法

沟植法是在经过整地的造林地上用植树机械或畜力拉犁开沟或人工开沟，将苗木按株距摆放在沟中，扶正苗干、舒展根系，覆土，踩实。此法工效高，但要求地势平坦。

4.4.2 栽植技术

1）栽植深度

适宜的栽植深度应根据树种特性、气候条件、土壤条件和造林季节等确定。一般要求栽植深度超过苗木根颈原土印 2~3 cm，以保证栽植后土壤自然沉降后，原土印与地面基本持平。但是，不同的土壤水分条件下，栽植深度可以调整。土壤湿润，在根系不外露的前提下可适当浅栽；干旱地区应尽量深栽；沙土宜深，黏土宜浅；秋季栽植宜深，雨季栽植宜浅；针叶树种宜浅，阔叶树种宜深。

在干旱地带造林，要开深沟或挖大坑，或先开沟后在沟中挖坑，把栽植部位适当降低，使苗根接触到湿土层。

2）栽植位置

采用穴植法时，苗放穴中央，扶正苗干，根系舒展，有利于根系向四周伸展。采用靠壁栽植法时，针叶树种小苗的根系一侧紧靠土坑垂直壁，扶正苗干，根系舒展。

3）施工要求

栽植穴的深度、宽度应大于苗木根长和根幅。苗木要扶直栽正，深浅适宜，根系舒展，先填表土、湿土，后填心土、干土，分层覆土，踏实，最后上面覆松土，也可以用杂草、石块、草皮覆盖穴面，还可用地膜覆盖。有条件的地方栽后浇 1~2 次水。

用植树机植苗造林，要有专人检查，发现缺苗应立即补栽，发现苗木倾斜或镇压不实要及时将其扶正，将土踏实。

4）容器苗栽植技术

穴的宽度和深度应大于容器。凡苗根不易穿透的容器，如塑料容器，栽植时应将容器取掉，用手托住营养土团，将其小心放入穴内，然后覆土，从侧方踏实，踏实后再覆一层松土，减少水分蒸发。根系能穿透的容器，如泥炭容器、网袋容器等，可将苗木同容器一起栽植。栽植时应注意分层压实容器与土壤间的空隙。

4.5 抗旱造林技术措施

4.5.1 集水造林技术

集水造林是北方采用的最普通的抗旱造林技术。集水造林的关键是如何最高限度地收集有限降水。技术要点是整地方法和集水面的处理。集水造林的整地方法主要有鱼鳞坑整地、水平阶整地、水平沟整地、反坡梯田整地，不同造林地区可根据降水特点和造林树种选择应用。处理集水面的最简单的方法是夯实、拍光集水面，特殊地段的造林还可采取防渗处理措施以提高集水能力。

4.5.2 容器苗造林

容器苗的根系完整，抗旱性强，无缓苗期，造林成活率高。在远离水源和交通不便的干旱瘠薄立地，容器苗造林效果更佳。目前造林的主要容器苗类型有塑料薄膜容器苗、营养钵容器苗和网袋容器苗。塑料薄膜容器苗、营养钵容器苗造林时要注意脱掉容器或撕掉容器底部，脱掉的塑料薄膜要回收，防止污染环境。道路绿化和城市绿化可采用大规格容器苗造林，可快速提高造林效果。

4.5.3 浸根、蘸根造林

（1）浸根造林　在造林前对裸根苗木根系进行浸水处理（一般浸水 24 h），提高苗木含水量、增强苗木活力、提高造林成活率的一种措施。

（2）蘸根造林　造林时对裸根苗木根系进行蘸泥浆处理的一种方法，如果泥浆中加入适量菌根制剂或生根粉，造林效果更佳。

双蘸浆法：起苗后立即蘸浆，减少运输环节的水分散失，栽前再次蘸浆，可增加根系吸水量，促进苗木成活与生长。

4.5.4 截干造林

对萌蘖能力强的树种如刺槐、白榆、臭椿等进行截干造林。截干工作可在起苗时或栽植后进行，苗桩高度为 5~10 cm，以利于萌发新条。截干造林苗木的水分蒸腾消耗少，在干旱多风地区可避免苗木地上部分干枯而造成苗木死亡。无论秋季、春季，截干造林都能保证苗木较高的成活率。

4.5.5　深埋造林

在干旱的造林地和风沙区以油松、樟子松、落叶松等针叶树种造林时，可将苗木地上部分约 2/3 埋在土沙中，待苗木成活后再去除沙土。对一些苗龄较小的阔叶树种和松柏类针叶树种，植苗时将苗干顺坡压倒，埋上湿土，待苗木发芽时去除覆土，扶正苗干。

4.5.6　穴面覆盖造林

植苗造林时，采用农用薄膜、秸秆、枯枝落叶、石子等材料，以苗干为中心，覆盖根系上部表层土，可有效减少水分蒸发，提高土壤的蓄水保墒能力。在干旱区可将覆盖的薄膜做成漏斗状，以提高集水能力。播种造林也可采用覆膜点播，提高成苗率。

4.5.7　靠壁栽植造林

以油松、樟子松、落叶松等针叶树种植苗造林时，苗木根系一侧可紧贴土坑垂直壁直立栽植，一般阴坡靠上壁，阳坡靠下壁。靠壁栽植造林有利于创造遮阴条件，减少蒸腾，提高造林成活率。

4.5.8　生长调节剂造林

采用 ABT 生根粉 3 号、绿色植物生长调节剂（GGR）、萘乙酸、吲哚乙酸等生长调节剂处理苗木根系，可增强苗木根系活力，提高造林成活率。处理浓度可按照相关产品说明书使用。

4.5.9　吸水剂造林

吸水剂具有非常强的吸水能力，但吸水剂本身没有水分。吸水剂造林有三种方法：一是水凝胶蘸根造林，将吸水剂加水稀释至 0.1%~1%，然后蘸根处理进行造林。二是混泥土蘸根造林，先将吸水剂（0.1%~1%）与土壤混合，用水调成稀稠适宜的泥浆，然后蘸根造林。三是将吸水剂直接施入栽植穴中，先将吸水剂与土壤拌匀，然后填入栽植穴中苗根的周围。

4.5.10　固体水造林

固体水是普通水在高新技术下被固化成型为固态，并且物理性质发生了巨大变化的一种水。固体水的特点是产品本身具有水分。固体水可显著提高造林成活率，但成本比较高，一般适合应用于缺乏水源的荒山沙地造林，特殊地段造林也可采用固体水，如城市绿化、公路绿化等。固体水提高造林成活率的机理是苗木根系接触固体水后，固体水被微生物逐渐降解，缓慢释放水分供苗木根系吸收利用。

4.5.11　截根深栽造林

截根深栽造林主要应用在杨树造林中，适用于地下水位 1~2 m 的造林地。用铁钎或钻孔机钻孔，孔的深度为 1~2 m，将 2 年生截根优质壮苗深栽到地下水位，不用浇水，苗木的成活率很高。截根深栽造林成功的关键是保证深层（1～2 m）土体中有可供利用的毛管水。

4.5.12 带土坨造林

大规格苗木在春季造林时，带土坨造林可显著提高成活率。带土坨造林的关键是起苗时应尽可能地保护好苗木根系部分的土壤，土坨直径一般是苗木地径的8～10倍，土坨一般用草绳捆扎，草包或蒲包等包裹。

4.5.13 苗干包裹造林

早春干旱季节，造林时可采用农用薄膜、稻草、草绳、牛皮纸、报纸等材料，将地上苗干缠绕或包裹起来，此法可有效防止苗木失水，提高造林成活率。在苗木发芽或放叶后，可适时去掉苗干保护材料。

4.5.14 深栽浅覆造林

干旱山地造林时，将栽植穴挖到湿土层，覆土时不填满坑穴，以便存蓄雨水。

4.5.15 蓄水渗膜袋造林

该膜材是使用高分子复合材料功能膜制成的不同规格的植树新产品，具有自动渗水功能且速度可控，能够自然降解，对环境无污染，是干旱、半干旱地区植树造林的好选择。该膜材最大的特点是具有自动调节功能，其渗水速度与土壤湿度呈负相关，与环境温度呈正相关。

使用方法：先将水灌入蓄水渗膜袋（1.5 kg/袋）中，封好口，植树时埋在树苗根部。不同规格的苗木用袋量不同，一般情况下大苗用2～4个袋，小苗用1～2个袋。

优点：可实现一次供水，减少浇水次数，降低了造林成本。

4.5.16 "三湿两踩一提苗"抗旱栽植技术

这项技术是白玉峰等在40年的油松栽培试验的基础上总结出的。"三湿"就是在栽植沟里挖坑，保证栽植穴湿润；适度深栽，保证根系处于湿润的土壤中；扩穴填土，铲穴壁的湿土进行回填。"两踩"就是两次扩穴，两次踩实，保证根土密接。

◎ 巩固拓展

一、思考与练习题

（一）填空题

1. 适宜的造林季节应该是（　　　　　）适宜、土壤（　　　　　）含量较高、空气湿度较大，符合树种的生物学特性，遭受自然灾害的可能性较小。

2. 穴植法造林的技术要求是（　　　　　）、（　　　　　）、（　　　　　）。

3. 人工裸根苗栽植方法有（　　　　）、（　　　　）、（　　　　）、（　　　　）。

（二）选择题（单选）

1. 应用最普遍的造林方式是（　　　）。

   A. 植苗造林　　　　B. 播种造林　　　　C. 分殖造林　　　　D. 飞播造林

2. 我国植苗造林大多选择的季节是（　　　）。

   A. 春季　　　　　　B. 雨季　　　　　　C. 秋季　　　　　　D. 冬季

3. 植苗造林时苗木成活的关键是（　　　）。

   A. 整地质量　　　　　　　　　　B. 造林季节的选择

   C. 保持苗木体内水分平衡　　　　D. 抚育管理

4. 植苗造林适用的条件是（　　　）。

   A. 小苗　　　　　　　　　　　　B. 立地条件好的造林地

   C. 立地条件差的造林地　　　　　D. 不受树种和立地条件的限制

5. 为提高造林成活率，要做到苗木随取随运随栽，其原理是（　　　）。

   A. 减少成本　　　　　　　　　　B. 保持苗木体内水分平衡

   C. 不耽误时间　　　　　　　　　D. 便于安排劳动力

（三）问答题

1. 简述沟植法栽植苗木的操作过程与技术要求。

2. 简述靠壁栽植法栽植苗木的操作过程、技术要求及适用条件。

3. 简述缝植法栽植苗木的操作过程、技术要求及适用条件。

二、阅读文献题录

1. 周钢旦. 绿满城乡生态美——修武县扎实推进国土绿化提速行动［J］. 资源导刊，2020（9）.

2. 翟明普，沈国舫. 森林培育学［M］. 3版. 北京：中国林业出版社，2016.

3. 赵香君，付晓，何山. 宁夏灵武引黄灌区植苗造林技术［J］. 现代农业科技，2020（8）.

4. 李玉平，祝钰，赵银河，等. 土壤保水剂在山区植苗造林中的应用研究［J］. 林业科技通讯，2020（3）.

5. 王玉道，高峰. 提高荒漠滩地梭梭植苗造林成活率的综合措施［J］. 林业科技通讯，2020（2）.

6. 胡滨江. 植树造林的常用方法及主要技术要点［J］. 黑龙江科学，2020，11（10）.

三、标准与法规

1. GB/T 15776—2016　造林技术规程

2. GB 6000—1999　主要造林树种苗木质量分级

任务 5　播种造林

◎任务目标

◆ 知识目标

①了解播种造林的特点及其适用条件。

②熟悉种子处理的方法。

③掌握播种造林的操作过程和技术要点。

◆ 能力目标

①能够根据造林地的立地条件选择适宜的播种季节。

②会种子处理技术。

③会确定适宜的播种量。

④会按技术要求播种造林。

◆ 育人目标

培养学生珍惜时光，努力学习，不断进取，练真本领，用先进的科学知识武装自己，使自己成为一个合格的社会公民，造福于民。

◎实践训练

实训项目 5.1　播种造林

一、实训目标

掌握播种造林技术及其适用条件；会确定适宜的播种量；会按技术要求播种造林。

二、实训场所

拟造林地。

三、实训形式

学生 5~6 人一组，在老师或企业技术员的指导下进行实操训练。

四、实训工具

本地区主要树种的种子 2~3 种；硫酸亚铁、高锰酸钾、硫酸铜、烧杯、量筒、盛种容器、铁锹、天平、皮尺、肥料等。

五、实训内容与方法

（一）播种量确定

在生产上，核桃、核桃楸、板栗、三年桐等特大粒种子，每穴 2~3 粒；栎类、油茶、山桃、山杏、文冠果等大粒种子，每穴 3~4 粒；红松、华山松等中粒种子，每穴 4~6 粒；油松、马尾松、樟子松等小粒种子每穴 10~20 粒；柠条、花棒等特小粒种子，每穴 20~30 粒。不同的播种方法的用种量不同，一般穴播的用种量比条播、撒播低 2~3 倍，甚至 10 倍。如穴播柠条用种量为 7.5 kg/hm^2，而条播柠条用种量达 15~22.5 kg/hm^2。

（二）种子消毒

播种前可用 0.15% 福尔马林溶液浸种 20~30 min，倒去药液后，在密闭容器中继续闷 2 h，然后用清水冲洗种子，稍晾干后播种。或用 0.3%~1.0% 的硫酸铜溶液浸种 4~6 h，取出阴干备用。也可用 0.3%~0.5% 的高锰酸钾溶液浸种 2 h，在密闭容器中继续闷 0.5 h，用清水冲洗干净种子，取出阴干备用。

（三）种子催芽或包衣

1. 种子催芽

秋季播种造林的种子不催芽，春季播种造林的种子需要催芽。

（1）层积催芽　消毒后将种子和沙子按 1∶3 的容积比混合均匀（或不混合以分层层积），沙子的湿度为其饱和含水量的 60%，即手握沙子能成团但不滴水。种子催芽期间，应定时检查温度、湿度，防止种子霉变，待播种前一周左右将种、沙取出并分开。此方法适用于红松、椴树、银杏等长期休眠种子的催芽。

（2）水浸催芽　适用于浅休眠种子，一般要求种子与水的体积比为 1∶3。种子浸种 1~2 昼夜即可吸胀，种皮薄的种子只需几小时即可吸胀，而种皮坚硬致密的种子需要 3~5 d 或更长时间才能吸胀。凡浸种时间超过 12 h 的，要每天换水 1~2 次。

种子吸水后，捞出催芽。种子数量少，可放在通风透气良好的筐、篓或蒲包里，置于适宜发芽温度（20~30 ℃）下催芽。在催芽期间，种子上面盖以通气良好的湿润物，每天用洁净的水淋洗 2~3 次。种子数量大时，可选择向阳、背风、温暖的地面，架垫秸秆，铺上苇席，将捞出的种子摊放在上面，厚度为 10~20 cm，上盖塑料薄膜；或将种子与湿沙（饱和含水量的 60%）以 1∶3 的体积比混合，置于向阳背风处，注意翻倒和喷水。经上述暖湿处理，一般 5~7 d 种子即可萌发。当露白种子达 30% 左右时即可播种。

2. 种子包衣

（1）分类　有机械包衣和人工包衣。

①机械包衣：大量的种子可用专用的种子包衣机进行包衣。

②人工包衣。

（2）方法

①圆底大锅包衣法：固定大锅，加入适量种子，再按比例称取种衣剂加入锅内，快速搅拌，等种子均匀粘上种衣剂后待播。

②塑料袋包衣法：将适量的种子和种衣剂按比例加入不漏水、比较结实的塑料袋中，扎紧袋口，上下摇动，至种子均匀粘上种衣剂为止。

（四）播种

采用穴播，在局部整地的造林地上，按一定的株行距挖穴（坑），将种子均匀播入穴中，覆土踩实。

六、注意事项

①严格按操作规程操作。

②按造林作业设计规定的播种量施工。

七、实训报告要求

①说明播种造林时的种子处理技术。

②说明播种造林方法及其适用条件。

◎ 背景知识

5.1　播种造林的特点及应用条件

播种造林也称直播造林，是把林木种子直接播种到造林地来培育森林的造林方法。

5.1.1　特点

①苗木根系完整。播种造林的种子直接播入造林地，不经过起苗、包装、运输、栽植等工序，苗木根系不受损伤，能保持根系的完整和自然分布。

②对造林地的适应性强。种子在造林地上萌发并生长，因而较适应造林地的气候和土壤条件。

③保留优良单株。群丛状的幼苗经过自然分化和人工间苗，淘汰了形质不良的苗木，保留了健壮的优良苗木。

④施工简单，节约开支。

⑤对造林地条件要求严格。干旱、寒冷、风大、杂草灌木多的地方，造林不易成功。种子消耗多，在缺种子地区应用受到限制。

⑥抚育管理要求高。播种造林后，种子、幼苗易遭受鸟、兽、杂草的危害，因此要求较细致的抚育管理。

⑦种子需求量大。播种造林的立地条件较育苗地差，以较多的种子换取较少的苗木，因而需要的种子量较大。

5.1.2 应用条件

①立地条件较好的造林地。即土壤湿润疏松、灌木杂草不太茂密的造林地。

②性状良好的树种的种子。这类种子发芽迅速，幼苗生长速度较快，适应性和抗性强。

③种子来源丰富、价格低廉的树种的种子，大粒种子的树种（如橡子、栎类、板栗、核桃、山杏和文冠果等）的种子。

5.2 种子播前处理

种子播前处理是指对种子进行的消毒、浸种、催芽、拌种（拌鸟兽驱避剂、生长调节剂）及包衣等措施。目的是缩短种子在土壤里的时间，保证幼苗出土整齐，预防鸟兽和病虫鼠害。

种子播前处理应根据树种特性、立地条件、造林季节的不同分别采用相应措施。

5.2.1 消毒、浸种和催芽

①春季播种深休眠种子，要提前进行催芽，使幼苗当年出土整齐，争取秋末前充分木质化，能够安全越冬。

②春季播种强迫休眠种子，一般应进行浸种，使幼苗及早整齐出土，形成扎得较深的根系和木质化程度较高的地上部分，增强抵御高温、干旱及其他不良环境因素的能力。

③如果造林地比较干旱或晚霜、低温危害严重，则可播种干种子，不浸种。反之，如果造林地比较湿润，种子经过催芽处理之后再播，其效果会更好。

④雨季一般应播干种子，但如能准确地掌握雨情，也可以先浸种再播种。

⑤秋季播种造林时，一些地区（特别是北方）为避免冬季严寒可能带来的危害，大多希望种子当年生根而幼苗不出土，故无论是长期休眠种子，还是被迫休眠种子，均以播种未处理的种子为宜。

⑥在病虫鼠、鸟危害比较严重的地方，播种前用药剂进行拌种处理，（特别是针叶树种的种子）可防止病虫、鼠、鸟危害。

5.2.2 种子包衣

种子包衣是以精选种子为载体，应用机械或手工方法，在种子外面均匀包裹一层药剂，这层药剂称为种衣剂。

种衣剂包括杀虫剂、杀菌剂、微肥、植物生长调节剂、着色剂、填充剂、成膜剂等材料。包衣的种子播种后，种衣剂遇水吸胀，但几乎不溶解，而在种子周围形成一个屏障，随着种子的萌动、发芽、成苗，有效成分缓慢有序地释放，并被根系吸收传导到幼苗各部分，使药、肥得到充分利用，以增强种子及幼苗对病菌和病虫害的抗性，达到节本增效的目的。种子包衣不仅可以防治病虫害，调控林木生长，而且省种省药省工，可以减轻环境污染。

5.3 人工播种造林

5.3.1 播种方法

播种方法可分为穴播、条播、撒播、块播和缝播等。

1）穴播

在穴中均匀地播入数粒（大粒种子2~3粒）至数10粒（小粒种子），然后覆土镇压，覆土厚度一般为种子直径的2~3倍。土壤黏重时覆土可适当薄些，沙性土壤覆土可适当厚些。

特点：整地工作量小，施工简便，选点灵活性大，应用最多。

2）条播

在经过全面整地或带状整地的造林地上，按一定的行距开沟，单行或双行播种，播种行连续或间断，播种后覆土镇压。条播可用于采伐迹地更新或次生林改造，也可用于黄土高原等水土保持地区或沙地播种灌木。由于受地形条件限制，此法应用不多。

3）撒播

在造林地上均匀撒播种子。撒播前一般不整地，撒播后一般不覆土，使种子在裸露状态下发芽成苗。可以人工撒播，但应用更多的是飞机撒播。撒播功效高、造林成本低，但相当粗放，主要用于地广人稀、交通不便的大面积荒山荒地及采伐迹地和火烧迹地。

4）块播

在经过块状整地的造林地上相对密集地播大量种子。块内可以均匀播种，也可呈多个均匀分布的播种点（又称簇播）播种。此法适用于已局部天然更新的迹地或次生林改造。如图2-5-1、图2-5-2所示。

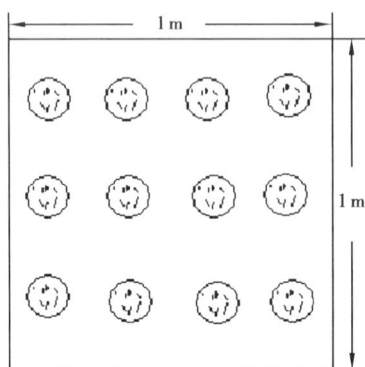

图2-5-1　块内均匀播种　　　　图2-5-2　块内簇播

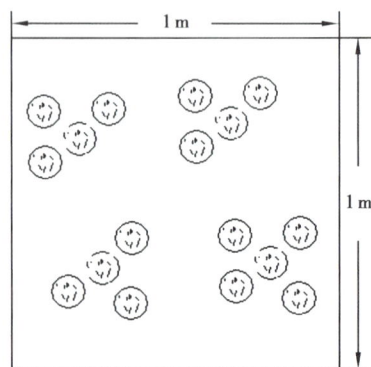

5）缝播

又称偷播，在鸟兽危害严重、植被覆盖度不太大的山坡上，选择灌丛附近或有杂草、石块掩护的地方，用锹或刀开缝，播入适量种子，踏实缝隙，地面不留痕迹。此法既可避免种子被鸟兽发现，又可借助灌丛、杂草庇护幼苗，防止风吹日晒，但不便于大面积应用。

5.3.2　覆土厚度适宜

覆土厚度对种子发芽、出土及保蓄水分的影响很大，往往是决定造林成败的关键。覆土过厚不仅影响种子发芽，幼芽受到的机械阻力大、出土困难，会造成幼芽弯曲，甚至引起幼芽腐烂；覆土过薄又会使种子处于干土层中，不利于吸收水分和保持湿度，甚至可能会使已经发芽的种子干缩。覆土厚度因种粒大小、播种季节以及土壤质地和湿度的不同而不同。大粒种子覆土厚度可为 5~8 cm；中粒种子覆土厚度可为 2~5 cm；小粒种子覆土厚度可为 1~2 cm。一般覆土厚度是种子直径的 2~3 倍。沙性土可厚些，黏土可薄些；秋季播种宜厚，春季播种宜薄。

5.3.3　播种量

播种量的多少主要取决于种子的发芽率和单位面积要求的最低限度的幼苗数量。种粒大、发芽率高、幼苗期抗性强的树种，播种量可小些，反之应大些。造林地水热条件好、整地细致、集约经营的造林地，播种量可小些，反之应大些。

目前播种造林多用大粒种子或萌芽力强的中小粒种子，穴播作业。

5.3.4　播种造林时间

播种时间影响种子出苗率、出土时间和成苗数量，而且关系到苗木木质化程度和抗旱越冬能力。根据造林地的气候特点，特别是温度、降水条件和灾害性因子特点，以及土壤条件，并结合树种的生物学特性和造林技术要求选定适宜的播种期，是搞好播种造林工作的基础。就全国范围来说，四季都可以进行播种造林，但北方应把水分和低温作为确定播种期的首要条件，而南方则应将伏旱、高温和降水强度作为主导因素，同时还要分析不同树种在播种方法和技术上的异同，作为最后确定适宜的播种时间的依据。

1）春季播种

春季人工播种，一般应在湿润地区或水分条件好的高海拔、高纬度地带的山地和采伐迹地进行，而且可适用于多种树种造林。

为了提高出苗率，避免干旱、日灼和晚霜危害，播种时间最好在土壤水分条件较好的土壤解冻初期。

2）夏季播种

春旱严重的地区，可利用多雨的夏季播种。这一时期气温高、降水多，水热同期，是造林的良好季节，播种后种子发芽出土快，易于取得造林的实际成效。播种时间在原则上应使种子获得发芽所需的湿度、温度条件，同时要保证幼苗出土后有一段较长的生长期，能够充分木质化，安全越冬。具体时间可根据当地的气候特点确定。一般可在夏季开始初期，即 6 月上旬—7 月中旬为宜。适于夏播的树种主要有松类、沙棘、柠条、毛条、花棒等。

3）秋季播种

秋季播种造林可以省去种实贮藏、运输及催芽工序。种子在土内越冬具有催芽作用，翌春发芽早、生长快。凡鸟兽危害不严重的地方，一些大粒种子的树种、具深休眠特性的树种，如栎类、核桃、山杏、油茶、油桐、银杏、白蜡等都可以秋季播种。

4）冬季播种

冬季，北方地区天气严寒、土壤冻结，一般没有播种造林的条件。而南方某些地区，气温较高，土壤也比较湿润，可以进行马尾松、黄山松、云南松、麻栎等树种的造林。

综上，播种季节主要为夏季和秋季。夏季适用于小粒种子播种造林；秋季适用于大粒、硬壳、休眠期长、不耐贮藏的种子播种造林。

5.4 飞机播种造林

简称飞播造林或飞播，是利用飞机把林木种子直接播种在造林地上的造林方法。其速度快，效率高，不受地形限制，能深入人力难及的造林地区。

◎巩固拓展

一、思考与练习题

（一）填空题

1. 人工播种造林的方法主要有（　　　　）、（　　　　）、（　　　　）、（　　　　）和缝播。

2. 根据造林地的气候特点，特别是（　　　　）、（　　　　）和灾害性因子特点，以及土壤条件，并结合树种的（　　　　）和造林技术要求选定适宜的播种期。

（二）选择题（单选）

1. 在局部整地的造林地上，按一定的株行距挖穴（坑），将种子均匀播入穴中，覆土踩实的播种方法称（　　）。

    A. 撒播   B. 穴播   C. 块播   D. 缝播

2.播种造林的覆土厚度一般是种子直径的（　　　　）倍。

A. 2～3　　　　　　　B. 3～5　　　　　　　C. 1～2　　　　　　　D. 5～6

3.把林木种子直接播种到造林地来培育森林的造林方法称为（　　　　）。

A. 植苗造林　　　　　B. 分殖造林　　　　　C. 播种造林　　　　　D. 飞播造林

二、阅读文献题录

1.于小燕．一粒种子的向往［J］.青少年科技博览，2018（9）.

2.翟明普，沈国舫．森林培育学［M］.3版.北京：中国林业出版社，2016.

3.李彬彬．干旱、半干旱地区元宝枫直播造林技术［J］.林业科技通讯，2021（7）.

4.周祥云，张德，秦兰香，等.山地种子袋播种造林技术［J］.林业科技通讯，2019（12）.

5.张兴军，常丽亚．荒漠区长柄扁桃无灌溉直播造林技术研究［J］.林业科技通讯，2019（9）.

6.王莺．常见林木种子处理技术［J］.现代农业科技，2020（11）.

三、标准与法规

1.GB/T 15776—2016　造林技术规程

2.GB 7908—1999　林木种子质量分级

3.GB/T 15162—2018　飞播造林技术规程

任务6　分殖造林

◎任务目标

◆ 知识目标

掌握分殖造林方法和技术要求。

◆ 能力目标

会插条和插干造林。

◆ 育人目标

培养学生树立社会主义核心价值观，永葆革命红色基因，以人民幸福为己任，胸怀理想、志存高远，投身中国特色社会主义伟大实践，并为之终生奋斗。

◎ **实践训练**

实训项目 6.1 分殖造林

一、实训目标

能够根据造林地的立地条件、造林目的，选择适宜的分殖造林方法进行造林。

二、实训场所

拟造林地。

三、实训形式

学生 5~6 人一组，在老师或企业技术员的指导下进行实操训练。

四、实训工具

选用本地区容易生根的树种 2 种，每个树种制作插条或插干 100 根；催根剂（如 ABT 生根粉、酒精等）；铁锹、锄头、耙子、修枝剪、钢卷尺、测绳（或皮尺）、洒壶、桶、量筒等。

五、实训内容与方法

（一）插条造林

1. 采条

插条宜在幼年期母树上选取，最好用根部或干基部萌生的粗壮枝条。枝条的适宜年龄随树种而不同，一般以 1~3 年生为宜，柳杉、垂柳、旱柳等为 2~3 年生；杉木、小叶杨、花棒、柽柳等为 1~2 年生；紫穗槐、杞柳等为 1 年生。采集时间选择秋季落叶后至春季展叶前。插条要在避风的地方埋入湿沙中贮藏。

2. 剪穗

插穗直径为 1~2 cm，长 30~70 cm（针叶树种插穗长为 30~60 cm），选具有饱满侧芽的枝条自中部截取，下切口平或切成马耳形。

3. 插穗催根处理

先用水浸泡插穗 12~24 h，然后用 100 mg/L 的 ABT 生根粉溶液浸泡 30 min。

4. 扦插

多用直插，即将插穗垂直于地面插入土壤中。

5. 扦插深度

因插穗长度和造林地的土壤、水分条件而异。常绿树种的扦插深度可达插穗长度的 1/2~1/3 以上；落叶树种的深度为在土壤水分条件较好的造林地上留 5~10 cm；在较干旱地区要将插穗全部插入土中。在盐碱性土壤上扦插时，插穗应适当多露，以防盐碱水浸泡插穗的上切口。秋季扦插时，为了保护插穗顶端在早春不被风干，扦插后及时用湿土埋住插穗切口，以防插穗失水。

（二）插干造林

1. 树种

杨树、柳树。

2. 钻孔

用植苗钻孔机或人工钻孔。孔底应在地下水位 20 cm 以下。

3. 截取苗干

选取苗高 3 m 以上、地径 3~5 cm、2~4 年生苗干为好。将杨树、柳树苗去梢去根，用清水浸泡 3~4 d，每 12 h 换水 1 次。

4. 插植

深度一般为 1~2 m，最好将苗干下切口插到地下水位 20 cm 以下。

六、注意事项

①注意繁殖材料的保护，防止插条或插干失水，影响成活率。

②修剪工具必须锋利、无锈，防止切口劈裂。

③注意安全，避免使用工具不当造成人身伤害。

七、实训报告要求

说明插条、插干造林的方法步骤、技术要求及适用条件。

◎ 背景知识

分殖造林是利用树木的营养器官（如枝、干、根、地下茎等）作为造林材料直接插植于造林地上进行造林的方法。

6.1　分殖造林的特点及应用条件

能保持母本优良性状，初期生长快。技术简单、造林省工、成本低。适用于土壤湿润疏松、母树来源丰富，能够迅速产生大量不定根的树种，如沙柳、旱柳、柽柳、杨树、泡桐等。

6.2　分殖造林方法

分殖造林方法包括插条（干）造林、分根造林、分蘖造林和地下茎造林等。

6.2.1　插条（干）造林

插条（干）造林是截取树木或苗木的一段枝条或苗干，直接插于造林地的造林方法。

1）插条造林

插条造林是利用树木或苗木的一段枝条做插穗，直接插于造林地的造林方法。一般用1~2年生枝条或苗干。枝条的年龄随树种而不同，如杉木、小叶杨、花棒等为1~2年生，柳杉、垂柳、旱柳等为2~3年生，怪柳、紫穗槐、杞柳等为1年生。

插穗长度一般为30~60 cm（针叶树种为30~50 cm），直径为1~2 cm，如杨树、柳树插穗直径要求为1.5 cm，杉木插穗直径要求为1 cm左右。干旱沙地宜深插，插穗可长些；地下水位较高的地方可浅插，插穗可短些。

插穗应采自幼年期的优良母树，最好是由根茎萌发的枝条。对于萌芽力弱的针叶树种可用带顶芽的梢部枝条。采条时间以秋季落叶后到春季发芽前为宜，要求随采随插植。为了增强抗旱能力，提高造林成活率，在造林前可对插穗进行浸水处理。

扦插宜用直插。对于落叶阔叶树种，在干旱、风沙危害严重的地区造林时，应深埋插穗，使其刚好被土壤覆盖；在水分条件较好或土壤含盐量较高的造林地造林时，插穗可露出地面3~5 cm。对于常绿针叶树种，插植深度为插穗长度的1/3~1/2。

2）插干造林

利用树木的粗枝、苗干或幼树树干等直接插于造林地的造林方法。

插干一般为2~4年生，地径3~5 cm，干长2~4 m，插植深度在30 cm以上。在干旱、地下水位2 m以下地区插植杨柳类树种，可以采用机械钻孔深栽。

北方地区和华北地区推广的杨树长干深插造林法，就是把2~3年生的大苗自根颈处截断，剪去部分枝叶，深插2~3 m，使其接近地下水，插后用湿土填满孔穴，分层砸实，有条件时最好灌一次水。适用于生根比较容易的杨树、柳树。用钻孔机钻孔或人工钻孔。

6.2.2 分根造林

截取一部分树根直接插植于造林地的方法。根条可在秋季树木落叶后至春季萌芽前从健壮母树根部采条，大头直径一般为1~2 cm，长15~20 cm，斜插或垂直插入土中，上端微露并在上切口封土堆，防止根段失水。

分根造林适用于萌芽生根力强的树种，如泡桐、漆树、楸树、刺槐和香椿等。采取分根造林，根穗难以采集，管理较细致，不适宜大面积造林。

6.2.3 分蘖造林

分蘖造林适用于能产生根蘖和桩蘖的树种，如杉木、枣树及一些花木类观赏树种。因繁殖材料有限，仅用于零星植树及小片造林。

6.2.4 地下茎造林

地下茎造林是竹类的主要造林方法。

1）竹类地下茎的类型

竹类地下茎一般分为单轴型、合轴型、复轴型三大类型。

（1）单轴型竹类 地下茎包括细长的竹鞭、较短的杆基和杆柄3个部分，杆基的芽不直接出土成竹，而是先形成具有顶芽和侧芽、节上长不定根并能在地下不断延伸的竹鞭，地面的竹子之间距离较大，呈散生状态，并逐渐发展成林，这种竹类称单轴型竹类，如毛竹、刚竹、淡竹等。

（2）合轴型竹类 地下茎由杆基和杆柄2个部分组成，杆基的芽直接发芽成竹。地下茎一般不能在地下长距离蔓延生长，新竹以长而细的杆柄与母竹相连，靠近母竹，形成杆基较密集的竹丛，称合轴丛生型竹类，如龙竹等。有的种类的杆柄可延长生长，形成假鞭、顶芽，在远离母竹的地点出土成竹，称合轴散生型竹类，如箭竹、泡竹等。

（3）复轴型竹类 地下茎兼有合轴型和单轴型地下茎的特性，杆基上的芽既可直接萌笋成竹，形成密生竹林；又可长距离延伸成竹鞭，再由鞭芽抽笋成竹，形成散生竹林。如苦竹、箬竹等。

2）竹类的造林方法

竹类地下茎造林方法主要包括移母竹法、移鞭法、诱鞭法。

（1）移母竹造林 就是从原有竹林中挖取母竹栽植于造林地的方法。包括母竹的选择、挖掘、运输和栽植等环节。母竹选择的关键是竹龄、大小和长势。移母竹造林法应用最为普遍。

①母竹规格。散生竹移母竹造林以1~2年生母竹为宜，胸径3~4 cm（如毛竹等大径竹）或2~3 cm（小径竹）为宜。母竹应是分枝较低、枝叶茂盛、竹节正常、无病虫害的健康立竹，来鞭长30~40 cm，去鞭长40~70 cm，竹杆留枝3~5盘，截取顶梢，鞭蔸多留宿土。

②栽植。栽植穴规格应大些，并施入适量肥料。栽植深度应比母竹根颈处原土印深3~5 cm，鞭根舒展，分层填土踩实，穴面壅土呈丘状。

（2）移鞭造林 从成年的竹林挖取根系发达、侧芽饱满的2~5年生竹鞭，截成约100 cm长，具有5个以上萌芽能力的健壮侧芽的段。鞭段要求根系完整、侧芽无损，多带宿土。将鞭段平埋在挖好的沟内，覆土约10 cm，略高于地面，并踩实。

（3）诱鞭造林 由于散生竹的竹鞭在疏松的土壤中可延伸生长，在附近创造适宜的条件就可达到造林目的。具体做法是清除林缘的杂草和灌木，翻耕土壤，将林缘健壮的竹鞭向外牵引，覆盖肥土。

6.3 分殖造林时间

插条和插干造林时间与裸根苗造林时间基本一致，随树种和地区不同，可在春季和秋季插植。常绿树种随采随插；落叶树种随采随插或采条经贮藏后再插。在水分条件不充足的地区，插条造林可在雨季进行。

地下茎造林时间因竹种不同而异。散生竹一般适宜在秋冬季节造林，如毛竹的最佳造林季节是 11 月—翌年 2 月。早春发笋长竹的竹种如早竹、雷竹等，适宜 10—12 月造林；4—5 月发笋长竹的竹种如刚竹、淡竹等，宜在 12 月—翌年 2 月造林。

◎ 巩固拓展

一、思考与练习题

（一）名词解释

分殖造林　　插条造林　　插干造林　　地下茎造林

（二）问答题

简述分殖造林的特点及适用条件。

二、阅读文献题录

1. 翟明普，沈国舫. 森林培育学［M］. 3 版. 北京：中国林业出版社，2016.

2. 铁万梅，陵军成. 护坡插杆微创造林技术［J］. 福建林业科技，2020，47（2）.

3. 张春清. 不同栽植方法对杨树插杆造林成活率和生长量的影响［J］. 现代园艺，2019（14）.

4. 王成. 青海高寒沙区杨柳插杆深栽固沙造林技术［J］. 陕西林业科技，2017（6）.

5. 代新义，杨惠芳. 沙地机械钻孔杨树插干造林技术［J］. 宁夏农林科技，2014，55（3）.

三、标准与法规

1. GB/T 15776—2016　造林技术规程

2. DB51/T 761—2008　青杨组杨树造林技术规程（四川省地方标准）

3. DB13/T 654—2005　杨树造林技术规程（河北省地方标准）

任务 7　大树移植

◎ 任务目标

◆ 知识目标

①了解大树移植的特点、意义及其适用条件。

②掌握大树移植的工序和技术要点。

◆ **能力目标**

能够独立指导大树挖掘、包装、吊运、栽植、管理等工作。

◆ **育人目标**

①培养学生吃苦耐劳、团队协作的集体主义精神，让学生能勇挑重担，有责任担当意识。

②培养学生尊重自然、顺应自然、保护自然的生态文明观，能用唯物辩证观正确对待大树进城，认识城市绿化与乡村生态环境维持的关系。

◎ **实践训练**

实训项目 7.1　大树移植

一、实训目标

学会大树挖掘、包装、栽植和管理技术。

二、实训场所

实训基地或校园、公园、道路绿化场所。

三、实训形式

学生 5~6 人一组，在老师或企业技术员的指导下进行实操训练。

四、实训工具

大树、草绳或麻绳、蒲包、草片、修枝剪、手锯、高枝剪、铁锹、镐、支撑杆、水管或水桶等。

五、实训内容与方法

（一）大树移植准备

1. 选树

对可供移栽的大树进行实地调查。对树种、树龄、树高、胸径、冠幅、树形等进行测量记录，注明最佳观赏面的方位并摄影。调查记录土壤条件、周围情况，判断是否适合挖掘、包装、吊运，分析存在的问题和解决措施。对于选中的树木，应立卡编号，为设计提供资料。

2. 围根缩坨

围根缩坨也称回根、盘根或截根。针对 5 年内未作过移植或切根处理，胸径在 25~30 cm 的大树，应先围根缩坨，利用根系的再生能力促使树木形成大量的须根，提高移植成活率。（图 2-7-1）

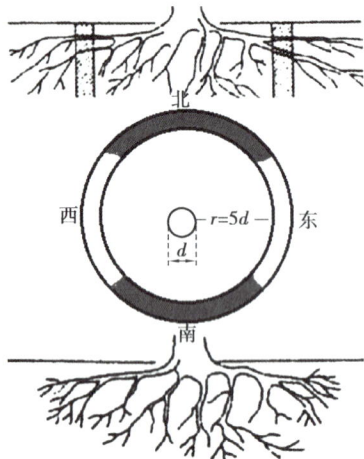

图2-7-1　围根缩坨

围根缩坨通常在移栽前2~3年的春季或秋季进行。以树干为中心，落叶树种以树木胸径的5倍为半径（常绿树种须根较落叶树种集中，围根半径可小些）画圆。第1年在与圆心相对应的东侧和西侧沿圆弧挖环形沟，一般沟宽30~40 cm，深50~70 cm（沟深视树种根系的深浅而定）的环形沟。沟内露出的根系要用锋利的剪刀或斧头截断，截口与沟的内壁相平，伤口要平整光滑，大伤口还应涂抹防腐剂，有条件的地方可用酒精喷灯灼烧，进行炭化防腐。但直径大于5 cm的大根应保留不截，以防大树倒伏。将挖出的土壤打碎并清除石块、杂物，表土拌入有机肥或化肥后分层回填踩实，待接近原土面时，浇一次透水，下渗后覆盖一层松土，覆土略高于地面。第2年按同样的方法处理与圆心相对应的南侧与北侧。第3年沟内长满须根，可起挖大树。

（二）大树挖掘和包装

1. 土球挖掘与软材包装

一般适用于胸径10~20 cm，生长在壤土或其他不太松软的土壤上的大树。若带土直径不超过1.3 m，土球多用草绳、麻袋、蒲包、塑料布等软材料包装。

（1）拢冠　就是用草绳将树木的树冠适当捆扎，以防挖掘时损伤枝叶。适用于分枝部位低、树冠开阔的树种，如雪松、龙柏、侩柏等。

方法：先把草绳的一端栓在树冠最低分枝点的下部，然后往上绕行，绕到树冠中上部后，再向下绕行，把草绳的另一端固定于树干。松紧度以不损伤和折断枝条为度。

（2）确定挖掘的范围　以树干为中心、胸径的7~10倍为半径，确定4个点，再把4个点沿弧线连接起来，形成一个圆圈。

（3）土球挖掘　在圆圈外垂直向下挖沟，沟宽40~50 cm，土球厚度约为土球直径的2/3。一般以根系密集层以下为准。当挖至土球厚度的2/3深度时，逐渐向内回缩土球。土球底部直径一般为土球上部直径的1/3左右，将土球修成苹果状，方便包装。（图2-7-2）

（4）打腰箍　在事先准备好的草绳上洒水，将其浸湿，待浸透、泡好后，将土球腰部用草绳缠绕，一边缠绕一边勒紧，腰绳宽度视土球土质而定，一般为土球厚度的1/5左右（8~10圈草绳）。（图2-7-3）

（5）掏底土　土球修好后，逐渐由底圈向内挖土，小于50 cm的土球直接掏空，以便抬出坑外包装。对大于50 cm的土球，应适当保留中心土柱，以防树体倒伏，可直接在坑

内打包。（图 2-7-4）

图2-7-2　土球挖掘　　　　　　　　　图2-7-3　打腰箍

图2-7-4　掏底土

（6）土球打包　生产上常用的打包方法有井字包、五角包和橘子包。土球打包的方法与土质有关，运输距离较近、土壤较黏重时，常用井字包（图 2-7-5）、五角包（图 2-7-6）；运输距离较远、土壤的沙性较强时，则常用橘子包（图 2-7-7）。

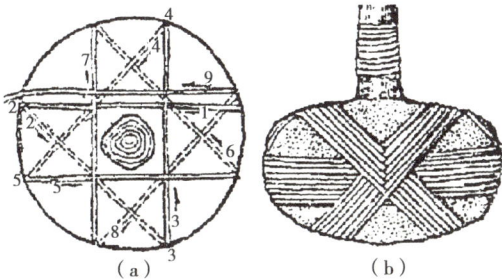

（a）　　　　　　（b）

图2-7-5　井字包

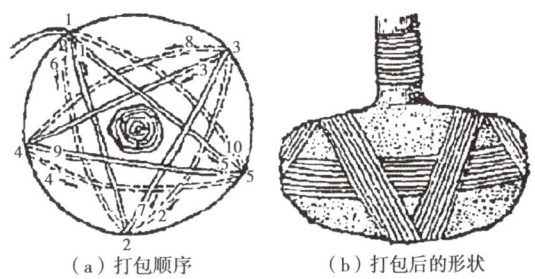

（a）打包顺序　　　（b）打包后的形状

图2-7-6　五角包

如果土质较松散、容易散坨，可用湿草片或草袋从下向上包裹，再用湿草绳先横向再纵向包扎。

（7）断根　土球打包后再切断主根，完成土球的挖掘与包扎。

2. 土台挖掘与包装

带土台移植采用箱式包装，因此又被称为板箱式移植。一般适用于胸径 15~30 cm 或更大的树木以及土壤沙性较强、不易带土球的大树移植。

（1）确定挖掘范围　根据树木的种类、株行距和干径大小确定树木根部应留土台的大小。一般可按树干胸径的 7~10 倍确定土台。土台大小确定后，以树干基部为中心，按比土台边长大 10 cm 的边长，画一正方形框线，限定挖掘范围。（图 2-7-8）

图2-7-7　橘子包

（2）挖掘　铲除正方形框内的浮土，沿框外缘挖一宽 60~80 cm 的沟，沟深与划定的土台高度相等。挖掘时随时用箱板进行校正，修平的土台尺寸可稍大于箱板规格，以便绞紧后保证箱板与土台密接。土台下部直径比上部直径小 10~15 cm，成上宽下窄的倒梯形（图 2-7-9）。土台四个侧面的中间部位应略微突出，以便装箱时紧抱土台，切不可使土台四个侧面的中间部位向内凹陷。

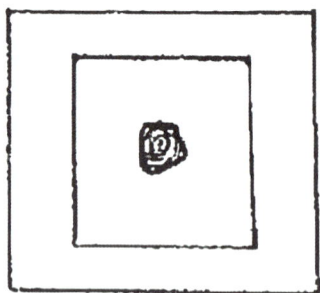

图2-7-8　确定挖掘范围

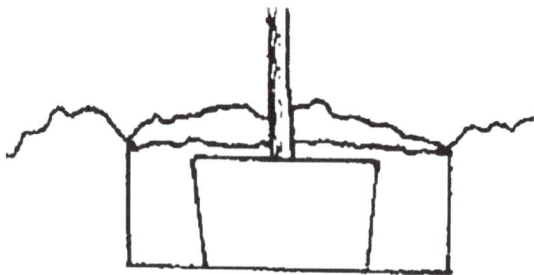

图2-7-9　挖掘

（3）装箱　修好土台后应立即上箱板。先将土台四个角修成弧形，用蒲包包好，再将箱板围在四面，用木棒等顶牢，经检查校正，使箱板上下左右对好。用钢丝绳固定，再用铁皮角钉钉牢箱板。（图 2-7-10）

（4）断根　土台四周箱板钉好之后，掏出土台下面的底土，上底板和盖板，完成挖掘。（图 2-7-11）

3. 冻土球挖掘

冻土球挖掘是在土壤冻结时挖掘土球，土球挖好后不必包装，可利用冻结河道或泼水冻结地面，用人、畜拉运。优点是可以利用冬闲、节省包装和减轻运输。

通常选用当地耐寒的树种进行移植。如果土壤干旱且冻土不深，可在土壤结冻之前灌水，待气温降至 –15～–12 ℃，土层冻结深度达 20 cm 左右时，开始用十字镐等挖掘土球。如果下层土壤尚未结冻，则应等待 2~3 d 后继续挖，直至挖出土球。如果事先未灌水，土壤冻结不实，则应在土球上泼水促冻。

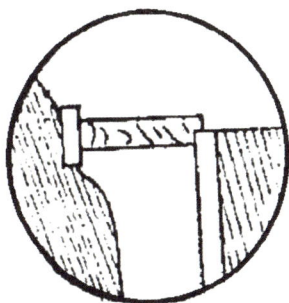

图2-7-10　固定土台箱板　　　　　图2-7-11　上底板和盖板

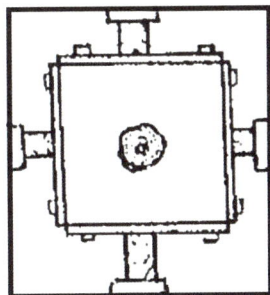

（三）栽植

1. 定点

按规划设计、确定栽植点的位置，并做出标记。

2. 挖穴

按土球（土台）的形状，在栽植点上挖穴。栽植穴的规格应较土球（土台）的规格大 10~30 cm。

3. 栽植

起吊大树进入定植穴，调整大树朝向和栽植深度，支撑树体，使树干直立，拆除包装，分层填土、捣实，直至填满栽植穴。整修树盘，浇水。

（四）栽后管理

1. 支撑树体

由于大树体积较大，极易风倒，采用三角或四角支架支撑、稳定树体。

2. 浇水

栽后要及时浇水，并且根据天气情况随时浇水，保持土壤湿润。浇水量应达到土壤最大持水量。

3. 卷干

对树皮呈青色或气孔较多的树种，应在主干与接近主干的主枝部分用草绳紧密缠绕，以减少水分蒸发，同时也可预防日灼和冻害。

4. 输液促活

输液能迅速增加和补充树体生长、复壮所需养分和水分，提高移植成活率。

5. 喷水保湿

树冠喷水，可减少枝叶水分蒸发，提高移植成活率。

6. 留芽

大树栽植后发芽时，要注意观察，如芽萌发后新梢萎缩，可能是根部有空洞、水分过多或过少、病虫害等造成的，应及时查明原因，予以解决。如芽过多，不宜全部保留，应摘除部分低位芽，保留适当的高位芽。

六、注意事项

①注意对大树的保护，防止失水和机械损伤影响大树成活率。

②在挖掘、包装过程中，要防止土球破裂。

③修剪要适度，防止切口劈裂。

④注意安全，避免使用工具不当造成人身伤害。

七、实训报告要求

说明大树移植的操作方法及技术要求。

◎ 背景知识

7.1　大树移植的特点、意义及适用条件

7.1.1　大树移植的意义

大树移植是针对胸径在 10 cm 以上，且维持树木冠形完整或基本完整的大型树木的移栽工作。主要适用于园林绿化和城市林业建设工程。

大树移植能在最短时间内改善环境景观，较快地发挥园林树木的功能效益，及时满足重点工程、大型市政建设绿化、美化等要求。

7.1.2　大树移植的特点

（1）见效快　因为树体大，大树一旦栽植成活就可以发挥绿化、美化环境的作用。

（2）成活率低

①树龄大，细胞再生能力下降，根系恢复慢。

②大树根系分布范围广，而挖掘时所带根系比较小，根茎比明显减小，在形成有效的

吸收面积前，树木可能脱水死亡。

③树体高大，蒸腾作用大，地上部分蒸腾面积远远大于根系吸收面积，树木常因脱水死亡。

（3）施工困难　大树移植与一般苗木移栽相比，树体庞大、重量大，通常移栽条件复杂，质量要求较高，要求的机械化程度高。

（4）成本高　工程量大，挖掘、包装、搬运比较费工、费力；费用高，同时大树本身的价格也很高。

7.2　大树移植季节

春季：早春为好，树液开始流动，枝叶尚未萌动，根系容易愈合，再生能力强。

夏季：树体蒸腾量大，不利于移植。移植时要加大土球，强度修剪，给树体遮阴。

秋季：水分和温度适宜，有利于根系恢复。

冬季：南方冬季移植应注意保温防冻。

南方地区一般不受季节限制。北方地区通常在冬季挖掘大树，春天栽植，这样冻土坨不易破裂，运输方便、成活率高。

7.3　大树移植技术

大树移植技术主要包括移植准备、挖掘、包装、运输、栽植、管理几方面。

◎巩固拓展

一、思考与练习题

（一）名词解释

大树移植　　围根缩坨

（二）填空题

1.大树移植技术主要包括移植准备、（　　　　　）、（　　　　　）、（　　　　　）、（　　　　　）、（　　　　　）。

2.大树栽后管理主要包括（　　　　　）、（　　　　　）、（　　　　　）、（　　　　　）、（　　　　　）、（　　　　　）。

（三）问答题

1.简述大树移植的意义。

2.简述大树土球挖掘、包装技术及适用条件。

3.简述大树土台挖掘、包装技术及适用条件。

二、阅读文献题录

1. 吴玉林.生态文明主导下的城市道路景观营造——以扬子江路景观绿化提升为例［J］.住宅与房地产，2020（33）.

2. 朱徐斌.银杏大树夏季移植养护技术分析［J］.山西林业，2020（1）.

3. 王尧.浅析针叶大树移栽措施与管理［J］.农业与技术，2020，40（4）.

4. 杨朴兰.高海拔地区云杉大树移植技术解析［J］.现代园艺，2020（2）.

5. 秦代蓉.简析大树移植存在的问题及养护技术［J］.现代园艺，2019（22）.

6. 闻浩.裸根阔叶大树移植技术研究［J］.乡村科技，2019（17）.

7. 黄守宏.生态文明建设是关乎中华民族永续发展的根本大计［N］，人民日报，2021-12-14（9）.

8. 李干杰.守护良好生态环境这个最普惠的民生福祉［N］.人民日报,2019-06-03（9）.

9. 本报评论员.建设美丽中国是我们心向往之的奋斗目标——论学习领会习近平主席在北京世界园艺博览会开幕式上重要讲话精神［N］.人民日报,2019-05-01（4）.

三、标准与法规

1. SZDB/Z 189—2016　大树移植技术规程（深圳市标准化指导性技术文件）

2. DBJ04/T 264—2016　大树移植技术规程（山西省工程建设地方标准）

项目三　造林生产管理

为了巩固造林成果、提高造林成效、保证投资效益,增强各级林业主管部门的责任意识,造林后要加强幼林抚育管理工作和检查验收工作。幼林抚育管理是造林后到幼林郁闭成林这段时间（一般为3~5年）,人为调解林木生长发育与环境条件之间的相互关系,提高造林成活率、促进幼林适时郁闭、加快林木生长的重要环节。造林检查验收是为了核定造林的数量和质量,检查按造林作业设计施工的执行情况。

任务1　幼林抚育管理

◎任务目标

◆ 知识目标

①掌握人工幼林地管理内容及技术要求。

②掌握幼林林木管理内容及技术要点。

◆ 能力目标

①能够根据林种、树种和生产任务要求完成幼林地和林木管理工作。

②具备幼林抚育管理的技术指导能力。

◆ 育人目标

十年树木,百年树人。培养学生爱国、敬业、诚信、友善、文明、礼貌的道德规范,遵纪守法,忠于职守,克己奉公,服务人民、服务社会。

◎实践训练

实训项目1.1　幼林地土壤管理

一、实训目标

学会幼林地管理技术。

二、实训场所

实习林场。

三、实训形式

学生5~6人一组，在老师或企业技术员的指导下进行实操训练。

四、实训工具

锄头、铁锹、砍刀、水桶、喷雾器、橡胶手套、口罩等用具；化学除草剂、肥料（有机、无机和微生物肥料）等；造林登记薄、有关林业技术规程、各种调查记载表等。

五、实训内容与方法

（一）林地松土除草

1. 人工松土除草

根据幼林地整地方式、杂草灌木生长情况，确定松土除草的方式方法。松土与除草在一般情况下可结合进行，对杂草灌木较少的幼林地只进行松土除草，可不砍灌。

2. 化学除草

根据林地杂草的特点，决定施用除草剂的种类，确定合理的除草剂用药量，并按该种除草剂的使用方法进行林地化学除草，记载操作过程。

施用除草剂一般应选择无风或风力1~2级的晴天，在早晨叶面露水干后、傍晚露水出现以前进行。喷施方向应顺风进行，喷雾均匀，速度一致，不重喷、不漏喷。最好在规定的面积内刚好喷完原定数量的药液，如果药液没有喷完，应在剩下的药液中再加一些水，混合后均匀喷开，不要集中一处多喷，以确保药效和防止发生药害。

（二）林地灌溉

根据幼林地水分状况，采用合理的灌溉法，对幼林地进行灌溉。灌溉后要及时松土，减少土壤水分蒸发，提高灌溉效益。

（三）林地施肥

根据幼林生长状况决定施用肥料的种类，并按各种肥料的施用方法，实施林地施肥，记载操作过程。

六、实训报告要求

说明幼林地管理的内容、方法及技术要点。

实训项目 1.2　幼林林木管理

一、实训目标

学会幼林林木管理技术。

二、实训场所

实习林场或实训基地。

三、实训形式

学生 5~6 人一组，在老师或企业技术员的指导下进行实操训练。

四、实训工具

修枝剪、手锯、有关林业技术规程、造林登记薄、各种调查记载表等。

五、实训内容与方法

（一）间苗

对播种造林或丛状植苗造林的林地实施间苗。根据树种和林分的具体情况，选择适宜的间苗时间、强度和次数。

（二）平茬

选择林分中树干弯曲、无培养前途的幼树进行平茬。掌握平茬的技术要点。

（三）除蘖和抹芽

除蘖和抹芽可以同时进行，掌握其技术要点。

（四）修枝

根据树种的生物学特性，选择适宜的剪口位置进行修枝练习，同时观察、记载伤口愈合进度。

六、注意事项

保护好幼树，安全操作。

七、实训报告要求

说明幼林林木管理的内容及技术要求。

◎ 背景知识

1.1　幼林地土壤管理

幼林地土壤管理主要包括松土除草、水分管理、林地施肥、林农间作。

1.1.1　松土除草

1）松土除草的作用

松土除草是幼林地抚育最重要的一项工作，在松土的同时清除杂草。

松土的作用在于疏松表层土壤，减少水分蒸发，改善土壤的通气性、透水性和保水性；促进土壤微生物的活动，加速土壤有机物的分解和转化，提高土壤养分含量，促进幼林的成活与生长。

除草的作用是清除与幼树竞争的各种植物，满足幼树对水分、养分和光照的需要，促进幼林林木生长，破坏病菌、害虫、寄生虫、啮齿动物的栖息环境，降低林内火灾隐患等。

2）松土除草的年限、次数和时间

松土除草的持续年限应根据造林树种、立地条件、造林密度和经营强度等具体情况而定。一般情况下，应该从造林后开始，连续进行到幼林全部郁闭为止，大约需要 3~5 年。在培育速生丰产用材林和经济林时，松土除草要长期进行，不以郁闭为限。

每年松土除草的次数，受造林地的气候、立地条件、树种、幼林年龄和当地经济条件等因素的制约。通常造林的当年就要松土除草，第 1、第 2 年 2~3 次，第 3、第 4 年 1~2 次，第 5 年 1 次，以后视杂草和林木生长情况决定松土除草的次数。

松土除草的时间要根据杂草灌丛的生态特征和生活习性，幼树年生长规律和生物学特性以及土壤的水分、养分动态来确定。一般在幼树高生长旺盛期来临前和杂草生长旺盛季节进行松土除草，以减少杂草和灌丛对水分、养分的争夺，促进幼树生长。秋季除草，应在杂草和灌丛结籽前进行，以减少翌年杂草和灌丛的滋生。

3）松土除草的方式和方法

（1）松土除草的方式　应与整地方式相适应，在全面整地的情况下，进行全面松土除草，也可以第 1 年第 1 次进行带状和块状松土除草，第 2 次进行全面松土除草；有机械化条件的，行间可用机械中耕，株苑处人工松土除草。局部整地的，进行带状或块状松土除草，逐步扩大松土范围，以满足幼树对营养空间日益扩大的需要。

松土除草的深度应根据幼林生长情况和土壤条件确定。其原则是：里浅外深；树小浅，树大深；沙土浅，黏土深；土湿浅，土干深；坡地浅，平地深；造林初期浅，随幼树年龄增大逐步加深。一般松土除草的深度为 5~15 cm，必要时可加深到 20~30 cm。造林 3~4 年后深翻 25~40 cm，可促进幼林地下和地上部分生长。

松土除草要做到"三不伤，二净，一培土"。三不伤是指不伤根、不伤皮、不伤梢；二净是指杂草除净、石块拣净；一培土是指把疏松的土壤培到幼树根部。

夏季酷热、冬季严寒的地区，夏秋两季除草时，应在不影响幼树生长的前提下，根据杂草和灌丛生长的繁茂情况，适当保留一部分杂草和灌丛，为幼树遮阴或防寒；杂草和灌丛较多的幼林地，以及耐荫树种、播种造林的针叶树种幼林，应避免在干旱炎热的季节除草，以免幼林林木因暴晒死亡。

（2）松土除草的方法　松土除草的方法有人工松土除草、机械松土除草、生物除草和化学除草。

①人工松土除草。劳动强度大、工作效率低、成本高，但环保。

②机械松土除草。效率高、成本低，但除草不彻底，对杂草控制的有效期较短。适用于地形平坦的造林地。

③生物除草。主要是增加蚯蚓等土壤有益动物，可以起到松土培肥的作用，但大面积实施有一定的难度。可以采用在林下养殖牛、羊、鸡、鹅、鹿等草食性动物，在获得养殖收入的同时，达到除草的目的。但要调控得当以避免动物损害幼苗。

也可以以草治草。把割除的灌木及杂草堆积于树盘周围或铺撒在林地内，可以很好地抑制杂草生长，同时起到蓄水保墒的作用。

④化学除草。利用化学除草剂除草，具有简便、劳动强度小、成本低、效率高等优点。但有的化学除草剂在土壤中的残效性达 20~30 d 及以上，有的长达数年，对生态环境有一定的危害。

化学除草剂的种类很多。根据化学结构，可分为有机除草剂（如除草醚、五氯酚钠、2，4-D、扑草净等）和无机除草剂（如氯酸钾、氯酸钠、亚砷酸钠等）两大类；根据作用方式，可分为触杀型除草剂（如醚类、五氯酚钠等）和内吸型除草剂（取代脲类、均三氮苯类等）两大类；根据使用方法，可分为茎叶处理除草剂和土壤处理除草剂两大类；根据作用效果，可分为灭生性除草剂（如五氯酚钠，无机除草剂）和选择性除草剂（如 2，4-D、敌稗等）两大类。

常见的除草剂使用方法包括茎叶处理法和土壤处理法。一般在温度高、天晴时除草，否则会降低杀草效果。

a. 茎叶处理法。把化学除草剂溶液直接喷洒在生长的杂草茎叶上的方法。

b. 土壤处理法。将除草剂采用喷雾、泼浇、撒毒土等方法施于土壤上，形成一定厚度的药层，除草剂通过接触杂草种子、幼芽、幼苗或被杂草各部分吸收而起到杀草作用。

1.1.2　水分管理

1）林地灌溉

（1）林地灌溉的意义　灌溉是造林时和林木生长过程中人为补充林地土壤水分，缓解干旱胁迫发生的抚育措施。灌溉能提高造林成活率和保存率，改善树体水分状况，提高光合速率,促进林木生长,提高单位面积的木材产量。对盐碱含量高的土壤,灌溉还可以洗盐压碱,改良土壤。目前,由于条件限制,灌溉主要用于地势平坦的速生丰产用材林和经济林培育,但山地造林除了造林时浇水或使用保水剂外,也可通过汇集雨水实现林地水分管理。

（2）合理灌溉　即采用合理的灌溉方式,在合理的灌溉时间,按合理的灌水量将灌溉水供给到土壤中合理的灌溉位置。

合理的灌溉时间:应根据林木生长节律、需水规律、气候状况、土壤水分状况、树体水分状况等确定全年的重点灌水时间。

合理的灌水量:即灌水适量。合理的灌水量应根据树种、林龄、季节和土壤条件不同而异,一般要求灌水后土壤湿度达到田间持水量的60%~80%。

合理的灌溉位置:为了提高灌溉水的利用率,需要将水供给至土壤中林木水分利用率最高的区域(吸收根系密集区域、主要吸收根系分布土层)和不容易发生水分深层渗漏的区域(根系分布较深的区域)。

合理的灌溉方式是将灌溉水供给至合理灌溉位置的灌水方式。如小流量、高频率的滴灌能将大部分的灌溉水保持在表土层和浅土层。

（3）灌溉方法　灌溉方法有漫灌、畦灌、沟灌、节水灌溉(喷灌、滴灌)等方法。

①漫灌。在田间不做任何沟埂,灌水时任其在地面漫流,借重力作用浸润土壤,是一种比较粗放的灌水方法。其灌溉工效高,但用水量大,且要求土地平坦,否则容易引起土壤侵蚀和灌水量不均匀。

②畦灌。在田间筑起田埂,将田块分割成许多狭长地块——畦田。水从输水管或直接从毛渠流入畦中,边流边渗,湿润土层。其应用方便,灌水均匀,节省用水,但要求作业细致,投工较多。

③沟灌。在林地内开挖灌水沟,水在沟中流动的过程中借土壤毛细管作用从沟底和沟壁向周围渗透而湿润土壤。沟灌的利弊介于漫灌和畦灌之间。

④节水灌溉。以最低限度的用水量获得最大的产量或收益。目前我国重点推广的节水灌溉技术有渠道防渗技术、低压管道输水灌溉技术、喷灌技术、微灌技术、雨水汇集利用技术、抗旱保水技术等。

幼林灌溉可以采取量多次少的方法,以造成较大的湿润强度,延长灌水间隔期,减少灌溉次数。一般两次灌溉的间隔期以保持土壤含水量在最大田间持水量的60%以上为宜。

2）林地排水

在多雨季节或湖区、低洼地造林,由于雨水过多或地下水位过高,往往会造成林地积水,可采用高垄、高台等降低水位的整地方法造林,同时在林地内修好排水沟,多雨季节及时排除积水，增加土壤通气性，促进林木生长。

林地排水方法有明沟排水法和暗沟排水法。明沟排水法是在地面上挖明沟，排除径流。暗沟排水法是在地下埋设管道，形成地下排水系统。

1.1.3 林地施肥

1）林地施肥的特点

施肥可改善幼林营养状况，增加土壤肥力，促进幼林生长、提早郁闭，提高林分质量，缩短成材年限。同时这也是促进林木结实的有效措施。林地施肥具有以下特点：

①以施长效有机肥为主。

②用材林施用以氮肥为主的完全肥料，幼林时适当增加磷肥，这对促进分生组织生长、迅速扩大营养器官有很大作用。

③针叶林下的土壤酸性较大，对钙质肥料的需求量较大。

④土壤若缺乏某种微量元素，在施用氮、磷、钾肥的同时配合施入少量的锌、硼、铜等，往往对林木的生长和结实极为有利。

⑤幼林阶段林地杂草较多，施肥应与化学除草剂的施用结合起来比较好。

2）合理施肥

（1）施肥时间　一般根据林木生长节律确定。有效的施肥季节常为春季和初夏林木生长旺盛期。一般林木郁闭前施肥对林木生长的促进效果好于林分郁闭后施肥。

（2）施肥量　根据树种的生物学特性、土壤养分状况、林龄和肥料种类确定。

（3）肥料的种类　幼林施肥使用的肥料种类有有机肥料、无机肥料以及微生物肥料等。有机肥料含有大量有机质，养分完全、肥效期长，但有效成分少、肥效迟、施用量大。无机肥料（包括复合肥料）的养分含量高、肥效发挥快，但肥效期短，且易因挥发淋溶或固定而失效。微生物肥料本身并不含有林木生长所需的营养元素，而是以微生物活动来改善植物的营养条件，发挥土壤潜在的肥力，刺激植物生长，抵抗病菌的危害，从而提高植物的生长量。工业废水或生活污水近年来常被用作新型的肥料来源和水源施入林地内，不仅可以节省肥料和用水成本，实现废水的环保处理，而且可促进林木生长和提高植株养分含量。

（4）施肥方法　林木施肥的方法主要有施基肥和施追肥。在造林前把肥料施入土壤中的方法为施基肥；造林后施肥的方法为施追肥。施追肥的方法分为撒施、条施（沟施）、穴施、灌溉施肥和根外追肥等。

1.1.4 林农间作

林农间作是在幼林郁闭前，利用幼林行间的间隙种植各种农作物，通过对间种农作物的中耕管理，抚育幼林，达到以耕代抚的效果。其不仅能够降低营林成本、增加经济收入，而且能够改良林地土壤,促进林木生长。因此,无论从生物学还是经济收益等各方面来看,林农间作都有重要的意义。

1)在幼林中实施林农间作应注意的问题

(1)以抚育林木为主 幼林的林农间作是以抚育林木为主的经营措施,其目的在于养地增肥,以耕代抚,加速林木生长,并取得林农双丰收。因此,不能只顾间作,单纯追求农作物产量,而不顾林木抚育甚至损伤林木。

(2)做好规划 幼林的林农间作必须因地制宜地做好规划。林农间作一般应在林地比较湿润、肥沃的立地条件下进行,山地坡度在25°以上严禁间作农作物,以免引起林地水土流失。在比较干旱瘠薄的林地上进行林农间作时,一般应选用消耗水肥较少并能改良土壤的豆类作物和绿肥作物为宜,以免引起它们与树木争水肥,影响树木的生长。

(3)选好间作植物 以林为主的林农间作成功的关键是在适地适树的基础上,根据树种的生物学特性和立地条件,选择适宜的间作植物(农作物)和间作方式,并随林龄的增长正确处理和调节不同植物间的相互关系,以充分发挥植物种间的相互促进作用。间作植物应选择适应性强、矮秆直立,不与林木争夺水肥,最好是早熟、高产的豆类作物,以及栽培技术简便、经济价值较高的其他农作物;避免选择那些对林木生长不利的高秆、块茎(根)和爬藤攀缘性作物;避免选择同林木有共同病虫害的农作物;一般情况下,针对速生、喜光树种,宜选择矮秆、耐荫作物;针对慢生、早期耐荫树种,可选择高秆作物,但只能在造林后1~2年内进行间作;浅根性树种宜间作深根性作物,深根性树种宜间作浅根性作物。

2)间作的方法

(1)实行轮作 在同一块林地上如果连年间作同一种农作物,土壤中的某些养分就会缺乏,造成农作物生长不良且易引起病虫害,采取林地轮作的方法就可避免这些现象。轮作的方法有两种:一是1年1轮作,如第1年种植药材、小麦,第2年种植大豆或绿肥作物(如紫云英、苜蓿、草木樨等),第3年种植花生、大麦、小麦等;二是1季1轮作,如春季种植豆类作物,秋季种植绿肥作物,第2年春季间种农作物前,把绿肥翻入土壤中作为基肥,这样既有利于农作物的增产,又有利于幼树的生长。

(2)掌握距离 林农间作是在幼林的行间进行,要保持林木与间种农作物之间的距离,应以树木能得到上方光照而形成侧方庇荫的条件,且间种农作物的根系不与幼树根系争夺水肥为原则。一般应为1~2年生幼林,距幼树根际30~50 cm间作比较合适。

(3)加强管理 林农间作要及时中耕除草、施肥、灌溉和防治病虫害。在间种农作物播、管、收的全过程中,应注意要利于幼树生长,防止对幼树造成损伤,坚持做到农作物秸秆还田，以增加土壤有机质，促进林木生长。

1.2　幼林林木管理

对幼林林木进行抚育管理，既可促进幼林林木生长发育，尽快成林郁闭，又可保证树木向目的产品的速生、丰产、优质、高效方向发展。幼林林木管理的内容包括间苗、平茬、除蘖、抹芽、修枝等。

1.2.1　间苗

播种造林或丛状植苗造林后，苗木密集成丛，幼林在全面郁闭之前，先达到簇内或穴内郁闭，随着个体的生长，对营养面积的要求不断加大，小群体内的个体开始分化，出现生长参差不齐的现象。因此，必须在造林后及时进行间苗，调节小群体内部的密度，保证优势植株更好地生长。

间苗的时间、强度及次数，可根据立地条件、树种特性、小群体内植株个体生长情况以及密度确定。若立地条件好，树种生长速度快，小群体内植株个体分化早、密度大，可在造林的第2~3年进行间苗。反之，可推迟到第4~5年进行。

生长迅速的树种林分，间苗强度宜大些；生长中速的树种林分，间苗强度应稍小；生长缓慢的树种林分，间苗强度宜更小。在立地条件差的地方，林木保持群体状态更有利于抗御不良环境，也可以不进行间苗。间苗一般为1~2次，特别是小群体内株数太多时，不可一次全部间掉，以防环境发生急剧变化，影响保留植株的生存和生长。

间苗要掌握去劣留优、去小留大的原则。要把比较高大、通直并且树冠发育良好的优势株保留下来。

1.2.2　平茬

平茬是利用树种的萌芽能力，截去幼树的地上部分，使其重新萌生枝条，培养成优良树干的一种抚育措施。它适用于萌芽能力强的树种，如杨树、泡桐、檫树、刺槐、臭椿、桉树、樟树等。平茬不是必须的抚育措施，只是在造林后，幼树的地上部分由于某种原因（如机械损伤、冻害、旱害、病虫害、动物危害等）不能成活或失去培养前途时才采取的复壮措施。

平茬应紧贴地面，不留树桩，工具要锋利，切口要平滑，平茬后及时覆土，防止茬口冻伤及损失水分。

平茬一般在幼林时期进行，灌木树种平茬的期限可适当延长。平茬时间以树木休眠季节为宜，不要在晚春树木发芽后进行，以免伤流量过多，感染病虫害；也不要在生长季节进行，以防萌条组织不充实，越冬遭受寒害。

1.2.3 除蘖

除蘖是除去萌蘖性很强的树种（如杉木、刺槐、杨树等）主干基部的萌蘖条，以促进主干生长的一项抚育措施。

除蘖一般在造林后 1~2 年进行，但有时需要延续很长时间、反复进行多次，才能取得良好的效果。

1.2.4 抹芽

抹芽是整枝的一种形式，在侧芽膨大、芽尖呈绿色时把芽摘除，省去以后整枝的一种方法。抹芽的对象主要是萌蘖能力强的阔叶树种，侧枝多且自然整枝能力弱的针叶树种。把幼树主干高度 2/3 以下的芽抹掉，可促进主干生长，培育通直、圆满、无节、少节良材。

1.2.5 修枝

在自然条件下，林木下部的枝条随着树龄的增长逐渐枯死脱落，这种现象称为自然整枝。人为地除去树冠下部的枯枝及部分活枝的抚育措施，称林木修枝。修枝分干修和绿修，干修是去掉枝干下部的枯枝；绿修是去掉部分活枝。

1）林木修枝的意义

①增加树干的圆满度。修除活枝后，由于同化物运输和分配的变化，切口上方树干生长量增加，剪口下部生长量则减少，提高了树干的圆满度。

②提高木材的材质。修枝可消灭木材死节，减少活节，增加木材中的无节部分。

③提高林木生长量。修除树冠下部受光差的枝条，妨碍主干生长的竞争枝、大侧枝及枯死枝会使林木的高度和直径生长量有所增加。

④改善林分的通风透光性及林木生长条件；减少病虫害及火灾的发生率。

⑤提供燃料、饲料、肥料，增加收益。

2）修枝抚育技术

（1）修枝林分和林木的选择　在有价值和立地条件较好的林分中进行修枝。需要修枝的林木应该是生长旺盛，树干和树冠没有缺陷，自然整枝不良，有培养前途的林木个体。

（2）修枝开始年龄、间隔期

①修枝开始年龄。直干性强的树种（如杉木、落叶松、云杉等），在林分充分郁闭后，林冠下部出现枯枝时，作为修枝开始年龄的标志。顶梢生长力弱的阔叶树种如泡桐、刺槐、白榆等，造林后开始抹芽后的 2~3 年开始修枝。在立地条件好、林木生长较快的地方，修枝开始年龄宜早。

②修枝间隔期。是指两次修枝中间相隔的年限。大多数针叶树种是在第一次修枝后又出现 1~2 轮死枝时进行第二次修枝。阔叶树种的间隔期宜短，一般为 2~3 年。

（3）修枝季节　修枝应该在晚秋和早春树木休眠期进行。这时修枝不易撕裂树皮，且伤流轻、愈合快。但对萌芽力强的树种如刺槐、杨树、白榆、杉木等，也可在夏季生长旺盛期修枝，这时树木生长旺盛，伤口容易愈合，修枝后也能抑制丛生枝的萌生。切忌在雨季或干热时期修枝，以防伤口渍水感染病害或很快干燥影响愈合。

（4）修枝强度　一般用修枝高度与树高之比，或树冠的长度与树高之比（冠高比）表示。

修枝强度大致分为强度、中度和弱度3级。弱度修枝是修去树高1/3以下的枝条，中度修枝是修去树高1/2以下的枝条，强度修枝是修去树高2/3以下的枝条。

修枝强度因树种、林龄、立地条件和树冠发育等情况而定。一般常绿树种、耐荫树种和慢生树种的修枝强度宜小；落叶阔叶树种、喜光树种和速生树种的修枝强度可稍大。树种相同，立地条件好、树龄大、树冠发育好的修枝强度可稍大；否则，修枝强度宜小。合理的修枝强度，应当以不破坏林地郁闭和不降低林木生长量为原则。

（5）修枝切口位置　如图3-1-1所示。

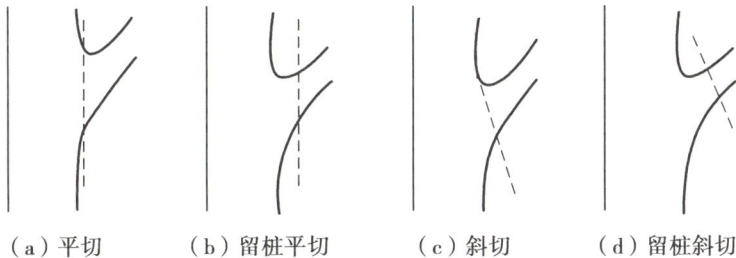

图3-1-1　修枝切口位置
（a）平切　（b）留桩平切　（c）斜切　（d）留桩斜切

①平切。贴近树干修枝。伤口面积虽大，但愈合快，（无论从枝条膨大部位下部修枝，还是从枝条膨大部位上部修枝）能消除死节，并能形成较多的无节材，适用于大多针叶树种和阔叶树种。

②留桩平切。修枝时保留1~3 cm枝桩。操作简单，不易损伤树皮，伤口面积小，但愈合慢，易形成死节。

③斜切。切口上部贴近树干，切口下部与树干成45°角留桩成一个小三角形。切口愈合较快。

④留桩斜切。修枝时留桩1.5 cm。

1.2.6　幼林保护

1）封山育林

封山育林是促进幼林成林的重要措施。在造林后2~3年内幼林平均高度达1.5m之前，应对幼林进行封山育林。新造幼林比较矮小，对外界不良环境的抵抗力弱，容易遭受损伤；

人和牲畜对林地的践踏，影响幼林的成活和生长。因此，造林后除对林地进行抚育以外，还应对幼林实施封山育林管理，严禁放牧、砍柴、割草，应加强宣传教育，建立和健全各项管护制度，把封山护林和育林结合起来，促进幼林迅速生长。

2）预防火灾

人工幼林多处于人为活动比较频繁的地方，防火具有十分重要的意义。应根据林区和林种的特点，建立健全科学的防火体系（组织、制度、设施、手段和方法等），做好幼林的护林防火工作。

3）生物灾害控制

幼林生物灾害控制，必须认真贯彻"预防为主，综合治理"的方针，树立起森林健康的理念，把营林措施贯穿于生物灾害控制的始终，在造林设计和施工时就应该采取各种预防措施，如营造混交林等；在林木培育过程中，加强抚育管理，改善幼林生长的环境条件和卫生状况，促进幼林健壮生长、增强抗性；因地制宜地保护天敌生物，以生物控制为主，并辅以人工捕杀等物理措施控制林木有害生物，尽量避免药剂防治，特别是要禁止使用高毒、高残留化学药剂。同时，要建立和健全森林有害生物的林木检疫机构，认真做好林木检疫和有害生物的监测工作，控制林木有害生物的传播、蔓延和成灾。

4）防除寒害、冻拔、雪折和日灼危害

在冬春旱风严重的地区，对造林后容易受寒害的树种，可在秋末冬初进行覆土防寒；在排水较差或土壤黏重、容易遭受冻拔危害的地区，可采取高台整地、降低地下水位、林地覆草，以减免冻拔害的发生；在容易发生雪折的地区，应注意合理选择树种或将不同树种合理搭配；对容易遭受日灼危害的地区，除注意林分树种组成以外，还应避免在盛夏高温季节进行松土除草。

◎ **巩固拓展**

一、思考与练习题

（一）名词解释

幼林抚育管理　　化学除草　　林农间作　　间苗　　平茬　　除蘖　　修枝

（二）填空题

1.每年松土除草的次数，受造林地的（　　　　　）、（　　　　　）、（　　　　　）、（　　　　　）和（　　　　　）等因素的制约。

2.幼林灌溉可以采取量多次少的方法，以造成（　　　　　）、（　　　　　）、（　　　　　）。

3. 松土除草要做到"三不伤，二净，一培土"。三不伤是指（　　　　　）、（　　　　　）、（　　　　　）；二净是指（　　　　　）、（　　　　　）；一培土是指（　　　　　）。

4. 松土除草的深度应根据幼林生长情况和土壤条件确定。松土除草的原则是：（　　　　　）；（　　　　　）、（　　　　　）；（　　　　　）、（　　　　　）；（　　　　　）、（　　　　　）；（　　　　　）、（　　　　　）；造林初期浅，随幼树年龄增大逐步加深。一般松土除草的深度为（　　　　　），必要时可加深到 20~30 cm。

5. 松土除草的持续年限应根据（　　　　　）、（　　　　　）、（　　　　　）和（　　　　　）等具体情况而定。一般情况下，应从造林后开始，连续进行到幼林全部郁闭为止，大约需要（　　　　　）年。

6. 幼林地土壤管理中，最常用的方法是（　　　　　）。

7. 间苗要掌握（　　　　　）、（　　　　　）的原则。要把（　　　　　）、（　　　　　）并且（　　　　　）的优势株保留下来。

8. 合理的修枝强度，应当以（　　　　　）和（　　　　　）为原则。

9. 幼林生物灾害控制，必须认真贯彻"（　　　　　），（　　　　　）"的方针。

10. 幼林林木管理的技术措施主要有（　　　　　）、（　　　　　）、（　　　　　）、（　　　　　）、（　　　　　）等。

（三）判断题（正确的在括号内画"√"，错误的在括号内画"×"）

1. 利用化学除草剂除草，具有简便、及时、有效期长、效果好、省劳力、成本低、便于机械化作业等优点。　　　　　　　　　　　　　　　　　　　　　　　　（　　　）

2. 林地土壤，尤其是针叶林下的土壤酸性较大，对钙质肥料的需求量较少。（　　　）

3. 在培育速生丰产用材林和经济林时，松土除草要长期进行，不以郁闭为限。（　　　）

4. 灌溉是造林时和林木生长过程中人为补充林地土壤水分，提高造林成活率、保存率，促进幼林生长的有效措施。　　　　　　　　　　　　　　　　　　　　　　（　　　）

（四）问答题

1. 幼林地管理包括哪些措施？各项措施的作用是什么？

2. 简述幼林地松土除草的技术要点。

3. 简述林地施肥的特点。

4. 幼林林木管理的措施有哪些？各项措施的技术要点是什么？

二、阅读文献题录

1. 陈梦瑶.常怀敬畏之心　锤炼工匠精神［N］.中国民航报，2021-01-11（6）.

2. 翟明普，沈国舫.森林培育学［M］.3 版.北京：中国林业出版社，2016.

3. 李海霞. 幼林抚育管理的重要性及主要措施［J］. 农业科技与信息，2020（12）.

4. 吕建勋. 中幼林抚育管理重要性与措施的相关分析［J］. 农村实用技术，2019（4）.

5. 熊文鹏，李楠. 林业幼林抚育管理工作探讨［J］. 现代园艺，2018（10）.

6. 郑梅香. 华山松中幼林的管理与收益分析［J］. 中国林业经济，2018（1）.

三、标准与法规

1. GB/T 15776—2016　造林技术规程

2. NY/T 1997—2011　除草剂安全使用技术规范通则

3. GB/T 15783—1995　主要造林树种林地化学除草技术规程

任务 2　造林检查验收

◎任务目标

◆ 知识目标

①掌握造林检查验收的方法、内容。

②掌握造林成活率检查的方法及造林质量评价方法。

◆ 能力目标

①能够根据《造林技术规程》的要求进行造林检查验收。

②学会造林成效的评定方法。

◆ 育人目标

①培养学生的质量意识、职业道德、职业素养、敬业精神和严格执行生产技术规范的科学态度。

②培养学生对工作认真负责、精益求精，勇于探索、守正创新的工匠精神，增强学生的责任担当意识。

◎实践训练

实训项目 2.1　造林检查验收

一、实训目标

掌握造林成活率的调查方法，会统计分析，会检查验收结果评价。

二、实训场所

实习林场或企业造林基地。

三、实训形式

学生 5~6 人一组，在老师或企业技术员的指导下进行实操训练。

四、实训工具

GPS 定位仪、罗盘仪或全站仪、钢卷尺、测绳（或皮尺）、游标卡尺、计算器、各种记录表等。

五、实训内容与方法

（一）样地设置和样本确定

山地与等高线平行设置带状样地（带宽 5 m）或样行，按地形部位和坡度，均匀设置在有代表性的地段。样地或样行内的所有林木为调查样本。

平坦造林地也可设置圆形样地，样地面积为 0.01 hm^2（100 m^2）。设置方法：检查人员手持一根长 5.65 m 的绳，在小班内随机投掷，以绳的一端为圆心、绳长为半径画圆（圆的面积为 0.01 hm^2），该圆即为样地。圆内的林木为调查样本。

（二）抽样强度

根据造林小班面积确定抽样强度，成片造林面积在 6.66 hm^2 及以下、6.67~30.00 hm^2、30.01 hm^2 及以上的，抽样强度分别为造林面积的 5%、3%、2%。防护林带抽样强度为10%。山地抽样应包括不同部位和坡度。

（三）检查验收内容

1. 作业设计文件的检查

按照县（局）级《造林总体设计》《造林技术规程》（GB/T 15776—2016）检查作业设计文件是否规范、是否经过审批，在现场重点核对树种选择、整地措施、树种配置、造林密度等因子设计是否正确。评出作业设计文件合格与不合格两个档次。

2. 施工质量检查

（1）种苗质量　依据《主要造林树种苗木质量分级》（GB 6000—1999）、《林木种子质量分级》（GB 7908—1999）的规定，在样地中抽取样本，检查地径、苗高、根系指标，上述三项指标均达到标准的为合格，反之为不合格。如油松 2.5 年生移植苗（苗龄 1-1.5），Ⅰ级苗标准为地径＞0.60 cm，苗高＞25 cm，根系长为 20 cm，＞5 cm 长Ⅰ级侧根数为 12。

（2）整地质量　按年度造林作业设计，检查整地的断面形状、深度、宽度、长度等是否符合设计要求，整地范围内土壤是否松碎，石块、树根等是否拣尽，穴的上下大小是否均匀一致。

（3）栽植质量　主要检查栽植的松紧度、栽植深度，幼树树干是否与地面垂直、苗根是否舒展。

（4）种植点配置　检查种植点配置方式、株行距是否符合作业设计要求。

3. 造林面积检查

当造林小班面积在 15 亩以下，采用实测求算面积，并设置 1 个 GPS 定位仪控制点；小班面积在 15 亩以上，采用 GPS 定位仪控制点与地形图调绘相结合的方法求算面积。造林面积按水平面积计算。

当小班核实面积小于小班上报面积，误差 > 5% 时，以核实面积为准；误差 ≤ 5% 时，以上报面积为准。

$$小班面积误差率(\%) = \frac{小班上报面积 - 小班核实面积}{小班核实面积} \times 100\%$$

造林面积以亩为单位，保留 1 位小数，最小起算面积为 1 亩。退耕还林工程退耕地还林最小起算面积为 0.1 亩。

4. 造林密度调查

在样地（或样行）中逐一数出成活苗木种植穴数和非成活苗木种植穴数。造林密度误差率 ≤ ±10%，则为合格小班。

$$造林密度误差率(\%) = \frac{作业设计密度 - 检查验收密度}{作业设计密度} \times 100\%$$

5. 造林成活率调查

以小班或造林作业区为单位，采用样地（带状样地，带宽 5 m）或样行调查法调查造林成活率。样地数按小班应调查的样地面积确定，每个小班不少于 3 个；样行数按小班调查的样地面积确定，每个小班不少于 3 行。样地或样行应均匀设置在有代表性的地段，坡地应包括不同部位和坡度。

林带应设置样段进行调查，样段长 20 m，样段数按小班应调查的样地面积确定，每个小班不少于 3 个样段。

在样地或样行内计数总的种植穴数（包括死苗、缺苗）以及成活的种植穴数。当每穴种植株数或成活株数多于 1 株时均按 1 株计算。

小班造林成活率按式（1）计算；样地造林成活率按式（2）计算。

$$P = \frac{\sum\limits_{i=1}^{n} S_i \times P_i}{S} \times 100\% \tag{1}$$

$$P_i = \frac{n_i}{N_i} \times 100\% \quad\quad\quad (2)$$

式中　P——（小班）造林成活率，%；

　　　S_i——样地面积（样行长度）；

　　　P_i——第 i 样地（样行）造林成活率，%；

　　　S——样地总面积（样行总长度）；

　　　n_i——第 i 样地（行）成活苗木的穴数；

　　　N_i——第 i 样地（行）种植穴总数；

　　　N——样地数或样行数。

样地成活率保留一位小数。

速生丰产用材林分别按速生丰产树种相应的标准检查验收。

6. 未成林林业有害生物发生情况检查

检查内容包括：

①是否有林业检疫性有害生物及林业补充检疫性有害生物。

②蛀干类有虫株率：按式（3）计算。

③感病指数：按式（4）计算。

$$A = \frac{\sum C_i}{\sum N_i} \times 100\% \quad\quad\quad (3)$$

式中　A——（小班）蛀干类有虫株率，%；

　　　C_i——第 i 样地（行）蛀干类有虫株数；

　　　N_i——第 i 样地（行）种植穴总数。

$$I = \frac{\sum B_i \times V_i}{B \times V} \times 100\% \quad\quad\quad (4)$$

式中　I——感病指数；

　　　B——感病总株数；

　　　B_i——第 i 发病等级的株数；

　　　V_i——第 i 发病等级的代表数值；

　　　V——发病最重一级的代表数值；

（四）造林成效评价

在年度造林质量评价方面，对无林地造林、四旁植树、林冠下造林评定造林成效。

1. 无林地造林质量评价

（1）评价指标

①作业设计施工率。

作业设计施工率是指造林面积、树种、密度、苗木规格、整地方式和规格等主要指标按作业设计施工面积与作业设计面积的百分比，见式（5）。

$$L = \frac{S_1}{S_2} \times 100\% \qquad (5)$$

式中　L——按作业设计施工率，%；

　　　S_1——符合作业设计的施工面积；

　　　S_2——作业设计面积。

②造林成活率。

干旱区、半干旱区、热带亚热带岩溶地区、干热（干旱）河谷等生态环境脆弱地带，造林成活率 ≥ 70%，为合格。其他地区造林成活率 ≥ 85%，为合格。

③混交林的混交比：混交林中各树种株数所占比例为混交比，用十分法表示。

④混交树种数：混交林中的树种数。

（2）评价标准

①纯林造林小班合格标准。

造林小班同时满足以下条件的为造林合格小班：

a. 按造林作业设计施工率在 95%（含）以上。

b. 旱区、高寒区、热带亚热带岩溶地区、干热（干旱）河谷等生态环境脆弱地带，造林成活率在 70%（含）以上；其他地区造林成活率在 85%（含）以上。

c. 造林生境未造成不可逆破坏。

②混交林造林小班合格标准。

混交林造林小班除执行纯林造林小班合格标准外，还应同时满足以下条件：

a. 任一树种株数占总株数的比例低于 65%（不含）。

b. 混交树种的种数应符合：热带、亚热带区造林小班，组成树种宜 5 种以上。寒温带、中温带、暖温带区，面积 1 hm^2 以上造林小班，组成树种宜 3 种以上；面积 1 hm^2 以下造林小班，以及半干旱区、干旱区、高寒区，组成树种宜 2 种以上。

（3）结果评定

①年度造林合格面积：符合合格标准的造林小班面积之和。

②年度混交造林合格面积：符合合格标准的混交造林小班面积之和。

③年度造林需补植面积：造林成活率达不到合格标准规定，但成活率在 41%（含）以上的年度造林小班面积之和，为评定单位年度造林需补植面积。

④年度造林失败面积：造林成活率低于 41%（不含）的年度造林小班面积之和，为评定单位年度造林失败面积。

2. 四旁植树质量评价

（1）评价指标

四旁植树成活率：成活株数与实际造林株数的百分比。

（2）评价标准

四旁植树成活率达到 90%（含）以上。

（3）结果评定

①有效株数：评定单位年度四旁植树成活率 90% 以上时，实际成活株数即为四旁植树有效株数。

②需补植株数：评定单位年度四旁植树成活率 90%（不含）以下时，将四旁植树总株数与实际成活株数的差值作为四旁植树需补植的株数。

3. 林冠下造林质量评价

（1）伐前人工更新年度质量评价

伐前人工更新年度质量评价按照"无林地造林质量评价"的规定执行。

（2）有林地补植年度质量评价

①评价指标

a. 按作业设计施工率

按"无林地作业设计施工率评价指标"执行。

b. 补植成活率

实际人工补植的苗木成活株数与设计补植株数的百分比。

②评价标准

同时符合以下条件的，为有林地补植合格小班：

a. 按作业设计施工率达到 95%（含）以上。

b. 补植成活率达到 85%（含）以上。

c. 造林作业未对现有林木造成破坏。

③结果评定

a. 年度补植合格面积

符合有林地补植年度质量评价标准规定的补植合格小班面积之和，为评定单位年度补植合格面积。

b. 年度需再补植面积

补植成活率低于85%（不含），但在41%（含）以上的年度补植小班面积之和，为评定单位年度需再补植面积。

c. 年度补植失败面积

补植成活率低于41%（不含）的年度补植小班面积之和，为评定单位年度补植失败面积。

六、注意事项

①造林面积要按作业设计图逐块核实或用仪器实测。

②严格按《造林技术规程》和造林作业设计实施。

③安全实习。

七、实训报告要求

编写造林检查验收报告，评定造林质量。

◎ 背景知识

造林检查验收是检查造林按造林作业设计施工的执行情况，检查造林质量，核定造林面积，检查造林成活率，验收造林、营林效益，评定造林质量的重要手段。

在造林施工期间，造林项目管理单位应对各项作业随时检查验收，发现问题及时纠正。造林结束后，根据造林作业设计及时对造林施工质量进行全面检查验收。造林结束后15 d，按设计图核实或实测造林施工面积。造林1年后对造林成活率、森林病虫害发生与危害情况、混交林进行检查，造林后3~5年进行造林成效调查。

2.1 检查验收程序

2.1.1 县级自查

造林当年，以各级人民政府或林业行政主管部门下达的年度造林计划和造林作业设计作为检查验收依据，县级林业行政主管部门负责组织全面自查，写出验收报告，报地级林业行政主管部门，地级林业行政主管部门审核后，报省级林业行政主管部门。

2.1.2 省级（地级）抽查

根据县级林业行政主管部门上报的验收报告，地级林业行政主管部门严格按照造林检查验收的有关规定组织抽样复查，省级林业行政主管部门根据实际需要组织抽样复查或组织工程专项检查，汇总报国家林业行政主管部门。

2.1.3 国家级核查

根据省级林业行政主管部门上报的验收报告，国家林业行政主管部门组织对省级造林成果进行核（检）查，纳入全国人工造林、更新实绩核查体系中，并将核（检）查结果通报全国。国家级核查比例实行县、省两级指标控制办法，即以县为基本单元，核查县数量比例不低于 10%，所抽中的县抽查面积不低于上报面积的 5%；以省为单位计算，抽查面积不低于上报面积的 1%。

2.2　检查验收方法

以小班为单位，采取机械、随机、分层抽样等方法进行抽样。被抽中的小班，以作业设计文件、验收卡等技术档案为依据，按照造林质量标准，实地检查核对，统计评价。

2.3　造林质量检查验收内容

造林质量检查验收内容包括作业设计文件、种子、苗木质量，施工质量，造林面积，栽植密度，造林成活率，未成林林业有害生物发生情况、建档情况，混交林树种组成调查、幼林抚育检查。其中，造林面积、造林成活率、未成林林业有害生物发生情况、幼林抚育检查是造林质量检查验收的主要内容。

在机械化整地时，主要检查翻地深度是否符合设计要求，扣垡是否严密，是否留有生格（特别注意地头两端情况），翻后是否耙平、耙细等。

采取播种造林时，主要检查播种量、播种深度（覆土厚度）、播种点位置及间距、种子质量及催芽程度等。

2.3.1　造林面积检查

造林面积检查一般在造林结束后 15 d 进行，也可在造林成活率检查时进行。

当小班面积在 15 亩以下，采用实测求算面积，并设置 1 个 GPS 定位仪控制点；小班面积在 15 亩以上，采用 GPS 定位仪控制点与地形图调绘相结合的方法求算面积。

小班面积在 15 亩以上，GPS 定位仪控制点按以下原则设置。

①小班全部以山脊、山沟、河流、道路等明显地形、地物为边界，能在地形图上准确勾绘的，设 1 个 GPS 定位仪控制点。

②小班部分边界以山脊、山沟、河流、道路等明显地形、地物为界时，这些边界在地形图上直接勾绘，其余边界用 GPS 定位仪定位调绘，适当设置 GPS 定位仪控制点，但不得少于 2 个。

③小班无明显地形地物标时，应用 GPS 定位仪沿小班边界绕侧一周，确定小班界限和面积，并按小班面积设立 GPS 定位仪控制点。当小班面积在 15~99 亩，设立的 GPS 定位仪控制点不少于 3 个；小班面积在 100~450 亩，设立的 GPS 定位仪控制点不少于 5 个；小班面积在 450 亩，设立的 GPS 定位仪控制点不少于 7 个。

凡造林面积连续成片在 0.067 hm^2 以上的，按片林统计，其他按四旁造林统计。林带行数在两行及两行以上且乔木林带行距不超过 4 m（不含）、灌木林带行距不超过 2 m（不含），连续造林面积在 0.067 hm² 以上，按片林统计。林带缺口长度不超过林带宽度 3 倍的林带按一条林带计算，否则应视为两条林带。单行林带按四旁造林统计。

$$乔木林带面积 = [（林带行数 -1）\times 行距 +4] \times 林带长度$$
$$灌木林带面积 = [（林带行数 -1）\times 行距 +2] \times 林带长度$$

2.3.2　造林成活率检查

造林成活率是以小班（或造林作业区）为单元，造林一年或一个生长季后，造林地上成活苗木的种植穴数与造林作业设计的种植穴数的百分比。造林株数以穴为单位计算。

2.3.3　林业有害生物检查

林业有害生物：指危害森林、林木和林木种子正常生长并造成经济损失的病、虫、动植物等有害生物。

林业检疫性有害生物：由国家和省级人民政府确定为检疫性的林业有害生物。

2.3.4　幼林抚育检查

根据造林作业设计，以样地内所有幼树为样本进行检查。

2.4　造林改进措施

2.4.1　补植

干旱区、半干旱区、热带亚热带岩溶地区、干热（干旱）河谷等生态环境脆弱地带，成活率在 41%~69% 需补植。其他地区造林成活率在 41%~84%，需补植。

2.4.2　重新造林

造林成活率 ≤ 40%，为造林失败，应重新设计造林。

2.5　造林成效评定

2.5.1　原则

①分别对无林地造林、林冠下造林和四旁植树评定造林成效。

②造林 1 年或一个完整的生长季后，进行年度造林质量评价。造林 3~5 年后进行造林成效评价。

③以小班为评价单元，以行政区划单位或造林工程项目实施单位为造林结果评定单位。

④依据造林区域的基本情况，分区域确定评价标准。

2.5.2　无林地造林成效评价

1）评价指标

①小班指标：郁闭度或盖度。

②评定单位评价指标：造林面积保存率。

2）评价标准

达到以下造林条件之一的小班为有效造林小班。

①郁闭度。造林 3~5 年后，干旱区、半干旱区、热带亚热带岩溶地区、干热（干旱）河谷等地区，小班郁闭度达到 0.15（含）以上；极干旱区小班郁闭度达到 0.10（含）以上；其他区域小班郁闭度达到 0.20（含）以上。

②覆盖度。造林 3~5 年后，极干旱区小班覆盖度为 20%（含）以上，干旱区小班覆盖度为 25%（含）以上，其他地区小班覆盖度为 30%（含）以上。

3）结果评定

①评定单位造林保存面积：造林 3~5 年后，按无林地造林成效评价标准规定的有效造林小班面积之和。

②评定单位造林面积保存率：造林保存面积与当年造林面积的百分比。

2.5.3　四旁植树造林成效评价

株数保存率：四旁植树 3~5 年后，保存株数与当年植树株数的百分比。

2.5.4　林冠下造林成效评价

1）伐前人工更新成效评价

伐前人工更新成效评价按照无林地造林成效评价标准的规定执行。

2）有林地补植成效评价

（1）评价指标

①补植小班评价指标：郁闭度。

②评定单位评价指标：有效补植率。

（2）评价标准

补植 3~5 年后，郁闭度达到 0.6（含）以上的补植小班，为有效补植小班。

（3）结果评定

有效补植率：补植 3~5 年后，达到有林地补植成效评价标准规定的有效补植小班面积之和与年度有林地补植面积的百分比。

2.5.5　造林成效评价方法

造林成效评价方法执行《全国营造林综合核查技术规程》（LY/T 2083—2013）的规定。

2.6　造林技术档案

造林技术档案是分析造林生产活动、评价造林成效、拟定经营措施的依据，各造林小班均要纳入造林技术档案管理；国有林场造林、重点工程造林和各种所有制投资的工程造林，均要建立造林技术档案，纳入造林技术档案管理。

造林技术档案主要包括造林作业设计文件、图表，造林面积，整地方式和规格，林种、树种、立地条件、造林方法、密度，种苗来源（包括产地、植物检疫证书、质量检验合格证书）、规格和处理，保水材料和肥料，未成林抚育管护，病虫兽害种类和防治情况，造林施工单位、施工日期，监理单位、监理人员、监理日期，施工、监理的组织、管理、检查验收和成林验收情况，各工序用工量及投资等。

◎ 巩固拓展

一、思考与练习题

（一）名词解释

造林成活率　　年度造林合格面积　　年度造林需补植面积　　年度造林失败面积

（二）填空题

1.造林质量检查验收的内容主要包括（　　　　）、（　　　　）、（　　　　）、（　　　　）。

2.造林成活率检查抽样强度要求：6.66 hm² 及以下为（　　　　），6.67～30.00 hm² 为（　　　　），30.01 hm² 及以上为（　　　　）；防护林带抽样强度为（　　　　）。

3.干旱区、半干旱区、热带亚热带岩溶地区、干热（干旱）河谷等生态环境脆弱地带，造林成活率（　　　　）为合格。其他地区造林成活率（　　　　）为合格。

4.造林检查时，对于缺口长度超过林带宽度（　　　　）倍的林带应视为两条林带。

5.干旱区、半干旱区、热带亚热带岩溶地区、干热（干旱）河谷等生态环境脆弱地带，成活率在（　　　　）需补植，其他地区造林成活率在（　　　　）需补植。

6.造林成活率在（　　　　）（含）以下，为造林失败，应进行重新造林。

（三）选择题（单选）

1.造林 3～5 年后，进行造林成效评定，干旱区、半干旱区、热带亚热带岩溶地区、干热（干旱）河谷等地区，小班郁闭度达到（　　）以上进入成林。

A. 0.15（含）　　B. 0.15（不含）　　C. 0.1　　D. 0.2

2.成片造林面积在 6.66 hm² 以下，实际调查面积不少于（　　　　）。

A. 4%　　B. 3%　　C. 5%　　D. 2%

3.造林后 3～5 年后，进行造林成效评定，一般地区当小班郁闭度达到（　　）以上进入成林。

A. 0.4　　B.0.2（含）　　C. 0.2（不含）　　D.0.1

4. 一般造林结束后（　　）进行造林面积核查。按施工设计图逐块核实或用仪器实测，也可延续到造林成活率调查时进行。

    A. 30 d　　　　　　　B. 15 d　　　　　　　C. 2 d　　　　　　　D. 半年

5. 当造林小班核实面积与小班上报面积差异（以小班核实面积为分母）在（　　）以内，以小班上报面积为准。

    A. 5%（不含）　　B. 10%　　　　　　C. 5%（含）　　　D. 3%

6. 以（　　）为单位，采用机械或随机或分层抽样方法检查造林成活率。

    A. 林班　　　　　　B. 样地　　　　　　C. 小班　　　　　　D. 标准地

7. 造林（　　）后进行造林成活率调查。

    A. 1 年　　　　　　B. 3～5 年　　　　　C. 15 d　　　　　　D. 2 年

8. 凡造林面积连续成片在（　　）hm² 以上的，按片林统计。

    A. 0.03　　　　　　B. 0.067　　　　　　C. 0.05　　　　　　D. 0.07

（四）问答题

1. 如何评定无林地年度造林质量？

2. 如何进行造林面积的检查验收？

3. 如何进行造林成活率检查？

二、阅读文献题录

1. 魏敬东. 用社会主义核心价值观熔铸灵魂［N］. 四平日报，2020-12-29（7）.

2. 郭俊杰. 营造林工程质量控制研究［J］. 山西林业，2019（S1）.

3. 张杰，王恒. 造林质量检查验收研究［J］. 江西农业，2019（2）.

4. 张毅. 人工造林检查验收研究——以小陇山林区山门林场为例［J］. 乡村科技，2018（14）.

5. 梅浩. 基于造林综合核查的营造林质量问题研究［D］. 长沙：中南林业科技大学，2018.

6. 张孝德，张蕾，周洪双. 共谋全球生态文明建设［N］. 光明日报，2021-12-29（10）.

7. 陈晨，杨雪丹，高建进，等. 治山治水，绘就美丽中国新画卷——水土保持法实施 30 周年我国水土保持工作综述［N］. 光明日报，2021-12-11（1）.

8. 张蕾，冀文亚. 以习近平生态文明思想为指导，开创美丽中国建设新局面——2020 年深入学习贯彻习近平生态文明思想研讨会发言摘登［N］. 光明日报，2020-07-20（10）.

三、标准与法规

1. GB/T 15776—2016　造林技术规程

2. LY/T 1571—2000　国有林区营造林检查验收规则

3. GB 6000—1999　主要造林树种苗木质量分级

4. GB 7908—1999　林木种子质量分级

项目四　主要林种营造

本项目依据南北方地区的气候条件、造林地的立地性能、造林绿化任务，设置速生丰产用材林营造、能源林营造、水土保持林营造、防风固沙林营造、农田牧场防护林营造、海岸防护林营造共6个学习性工作任务。

任务1　速生丰产用材林营造

◎任务目标

◆ 知识目标

①掌握速生丰产用材林的营造技术。

②熟悉速生丰产用材林的标准。

③了解营造速生丰产用材林的意义。

◆ 能力目标

①能够根据经营目的、立地条件、市场需求，选择速生丰产用材林造林树种，并进行造林技术设计。

②能够指导造林施工。

◆ 育人目标

培养学生树立正确的人生观、价值观、世界观，坚定理想信念，坚持中国特色社会主义道路自信、理论自信、制度自信、文化自信，坚守真理、坚守正道、坚守原则、坚守规矩，勤奋学习、锐意进取、勇于创新、乐于奉献、不忘初心。

◎实践训练

实训项目1.1　速生丰产用材林造林技术设计

一、实训目标

会根据造林目的、立地条件、市场需求选择速生丰产用材林造林树种，并进行造林技术设计。

二、实训场所

实习林场或企业造林基地，实训室或阅览室。

三、实训形式

学生 5~6 人一组，在老师或企业技术员的指导下进行实操训练。

四、实训工具

GPS 定位仪，计算器、皮尺、围尺、测高仪、标本夹、土壤袋、土壤养分检测仪、硬度计、酸度计、军工锹、比色板、10% 稀盐酸、指示剂，各种调查记载表、1：10 000 地形图、内业整理统计表，当地造林总体设计、造林技术规程，当地植被、气候、地质、地貌、水文等资料。

五、实训内容与方法

（一）造林地选择

在立地调查的基础上，选择交通方便，地势平缓，土层深厚肥沃，光、热、水、气、养协调的 Ⅰ、Ⅱ类立地。

（二）造林树种选择

坚持因地制宜、适地适树原则，根据造林目的、市场需求，选择具备速生、丰产、优质特性的造林树种。以乡土树种为主，适当引进优良的外来树种。

（三）苗木种类与规格

采用良种壮苗，苗木规格不得低于《主要造林树种苗木质量分级》（GB 6000—1999）规定的 Ⅰ 级苗质量指标。凡以实生苗造林的，培育苗木所用种子必须达到《林木种子质量分级》（GB 7908—1999）规定的质量标准；凡采用营养繁殖苗造林的，应从良种采穗圃中采集优良穗条，培育健壮苗木。提倡用容器苗造林，缩短缓苗期，提高造林成活率。

（四）整地措施设计

细致整地，整地的方法和规格要因地制宜，并兼顾水土保持措施。种植穴的规格（长 × 宽 × 深），要根据苗木根系大小、造林地立地条件、经济条件等确定。大苗造林，种植穴的规格为 60 cm × 60 cm × 60 cm ~ 100 cm × 100 cm × 100 cm；常规苗木造林，种植穴的规格约为 50 cm × 50 cm × 50 cm。提前 1~2 个季度整地，以熟化土壤、蓄水保墒。

（五）造林方法与季节设计

营造速生丰产用材林一般采用植苗造林。可在春、雨、秋三季造林，春季造林宜早；针叶树种和常绿阔叶树种可以在雨季造林，在下了 1~2 场透雨后的连阴天进行；秋季造林可以在落叶树种落叶时到土壤封冻前后进行。造林后，对针叶树种（如樟子松、油松等），在冬季来临时注意把地上部分用土覆盖一部分，以保持苗木水分。

（六）抚育管护设计

除草松土、施肥灌水、林农间作等。

六、实训报告要求

每位学生提交一份速生丰产用材林造林技术设计报告。

◎ 背景知识

1.1　营造速生丰产用材林的意义

速生丰产用材林是在自然条件比较优越的地区，选用经济价值较高的速生树种造林，通过集约经营，能够取得速生、丰产、优质效果的人工林，属商品林。

与一般人工用材林相比，速生丰产用材林生长快、轮伐期短、成林成材早、生物量大、生产力高、质量好，具有较高的经济效益。

营造速生丰产用材林解决木材供应问题，国外有不少的先例。如意大利有 13 万 hm^2 杨树林和 6 万 hm^2 行状种植的树木，面积仅占全国森林面积的 3%，每年提供的商品材为 300 万 ~400 万 m^3，占全国商品材产量的 50%。又如，新西兰靠占全国森林面积 11% 的 80 万 hm^2 以辐射松为主的人工速生丰产用材林，每年生产 850 万 m^3 木材，占全国木材产量的 95%，使新西兰从木材进口国变为木材出口国。智利、阿根廷、南非共和国、韩国、法国等在速生丰产用材林营造方面也取得了显著的成就。

我国在速生丰产用材林营造方面也积累了丰富的经验，取得了显著的成效。如东北地区的落叶松速生丰产用材林，南方的桉树、杉木、马尾松、湿地松速生丰产用材林，西南地区的柳杉速生丰产用材林，华中和华北平原的杨树速生丰产用材林等，年平均生长量达 10~30 m^3/hm^2，少数人工速生丰产用材林的年平均生长量甚至超过了 40 m^3/hm^2。而我国东北地区的红松天然林年平均生长量为 2~4 m^3/hm^2，华北山地的次生林（山杨林、油松林等）年平均生长量为 3~5 m^3/hm^2，南方山地的马尾松天然林年平均生长量为 5~7 m^3/hm^2，西南地区的云南松天然林年平均生长量为 4~5 m^3/hm^2，西南高山地带的云杉、冷杉天然林年平均生长量为 2~3 m^3/hm^2。与天然林相比，人工速生丰产用材林的产量高出几倍至十几倍。与国外速生丰产用材林相比，我国的人工速生丰产用材林的生产已达到了相当高的水平，只要采取科学合理的集约经营，我国人工速生丰产用材林还有巨大的生产潜力。

我国树种资源丰富，有不少适宜营造速生丰产用材林的树种。不少地区的热量条件、水分条件和土壤条件比较优越，适宜营造速生丰产用材林。根据我国各地的自然条件、社会经济条件和宜林地的分布状况，发展速生丰产用材林的重点地区是南方山地丘陵、东北小兴安岭长白山山地和华北中原平原。

1.2 速生丰产用材林的标准

1.2.1 时间指标

时间指标主要是成林、成材的年限，根据树种的生长速度、立地条件、培育目的，分地区、分树种确定。如杨树为 15 年、杉木为 20 年、马尾松为 30 年、樟子松为 40 年、红松为 50 年，多数桉树的主伐年限为 6 年。

1.2.2 产量指标

产量指标主要是指单位面积蓄积量。世界公认的速生丰产用材林的年平均生长量指标为 10 m^3/hm^2，我国原林业部曾制定了一些主要树种的速生丰产用材林国家专业标准（表4-1-1）。随着科技的发展和营林经营水平的提高，各地根据树种和自然条件不同对一些树种的标准做了适当调整。如杨树的年平均生长量为 15 m^3/hm^2，15 年蓄积量为 225 m^3/hm^2；落叶松的年平均生长量为 12 m^3/hm^2，30 年蓄积量为 360 m^3/hm^2；樟子松的年平均生长量为 10 m^3/hm^2，40 年蓄积量为 400 m^3/hm^2。

表4-1-1 主要树种速生丰产用材林生长量标准

树种	栽培区类型	年平均生长量 / ($m^3 \cdot hm^{-2}$)	目的材种	轮伐期 / 年
杉木	I	10.5 以上	中径材	20~30
	II	9.0 以上	中、小径材	20~25
马尾松	I	10.5 以上	中径材	20~30
	II	9.0 以上	中、小径材	20~30
湿地松	I	10.5 以上	中径材	20~25
	II	9.75 以上	中径材	20~25
水杉	I	11.7 以上	中径材	15~20
	II	10.5 以上	中、小径材	20~25
红松	I	9.0 以上	大径材	65
	II	7.5 以上	大径材	70
落叶松	I	9.0 以上	中径材	30
	II	7.5 以上	中径材	40
毛白杨	II	9.3 以上	大径材	16~20
柠檬桉	I	12.0 以上	中径材	16
	II	9.75 以上	中径材	20

注：①I 类栽培区为最适宜区，II 类栽培区为较适宜区。
②原标准中使用单位为"m^3/亩"，本表以"m^3/hm^2"为单位进行了换算。

1.3 速生丰产用材林的营造技术

培育速生丰产用材林必须正确应用造林六项基本技术措施：适地适树、细致整地、良种壮苗、结构合理、科学种植、抚育保护。

1.3.1 选择Ⅰ、Ⅱ类造林地

适地适树是造林最基本的原则，各树种只有在最适生的立地条件下才能使生产潜力充分发挥出来。因此，营造速生丰产用材林必须选择热量条件、水分条件、土壤条件较优越的Ⅰ、Ⅱ类造林地。

1.3.2 选择具备速生、丰产、优质特性的树种

速生丰产用材林树种应具有早期速生、速生期长、材质优良、适应性较广、容易繁殖、用途广泛等特性。我国的树种资源丰富，各地区有不少既有速生丰产潜力又有优良材性的树种。

东北区：小黑杨、白城杨、赤峰杨、健杨、长白落叶松、兴安落叶松和樟子松等。

华北区：沙兰杨、毛白杨、群众杨、小黑杨、赤峰杨、刺槐、兰考泡桐、华北落叶松、日本落叶松和旱柳等。

西北区：新疆杨、箭杆杨、群众杨、沙兰杨、刺槐和樟子松等。

西南区：楸叶泡桐、白花泡桐、川泡桐、蓝桉、直杆桉、赤桉、云南松、滇杨、川杨、杉木等。

中南区：沙兰杨、白花泡桐、兰考泡桐、水杉、池杉、杉木、马尾松、湿地松、火炬松、马占相思、厚荚相思、尾叶桉、尾巨桉、巨尾桉、尾赤桉、尾圆桉、邓恩桉、赤桉、圆角桉等。

华中区：沙兰杨、健杨、毛白杨、兰考泡桐、白花泡桐、水杉、池杉、杉木、马尾松、湿地松、火炬松、赤桉、邓恩桉、圆角桉等。

各地区应根据市场需求、造林目的、适地适树的原则，优先选用优良的乡土树种，适当引进优良的外来树种，重视优良种源选择。以针叶树种为主，针叶、阔叶树种相结合，避免造林树种单一化，保证树种布局合理化。

1.3.3 选用良种壮苗

营造速生丰产用材林必须选用良种壮苗。凡以实生苗造林的，培育苗木所用的种子必须是遗传品质优良的种子，并达到国家标准或地方种子质量标准的要求；凡采用营养繁殖苗造林的，应在选优的基础上建立采穗圃，培育健壮苗木。使用容器苗造林，能缩短缓苗期、提高造林成活率，可针对当地情况适当发展。

1.3.4 合理设计林分群体结构

合理的林分群体结构让林木能够充分、合理、有效地利用光照、温度、水分、养分、CO_2 等生活因子，既能保证林木个体得到充分发育的空间，又能最大限度地利用营养空间，发挥林分最大的生产潜力，达到速生、丰产、优质的目标。

林分的群体结构决定于林分的树种组成、比例、密度和种植点配置方式。在林分的群体结构中，密度往往起着决定性的作用，只有密度合理，林木才能达到最高的生长量和蓄积量。如营造杨树速生丰产用材林，培育中、小径材，10~15 年采伐，株行距以 2.5 m × 5 m、4 m × 6 m、5 m × 6 m，420~750 株 /hm² 为宜；若培育大径材，15~20 年采伐，株行距可采用 6 m × 6 m、7 m × 7 m、8 m × 8 m，150~300 株 /hm² 为宜。桉树速生丰产用材林的造林株行距是 2 m × 3 m，甚至是 2 m × 4 m。松树、杉木速生丰产用材林的株行距是 2 m × 2 m、2 m × 3 m。

对于集约栽培的速生丰产用材林，目前世界上大多数国家（包括我国），以营造纯林为主，原因是纯林的主要树种木材产量高，经营管理方便。但生产中营造纯林已出现许多缺点，如病虫害多、地力减退等，营造混交林是解决这些问题的主要途径。我国在营造混交林方面也摸索出了不少成功经验，如落叶松与水曲柳、油松与元宝枫（及其他阔叶乔灌木树种）、杨树与刺槐、杉木与檫树、桉树与相思树混交。

1.3.5 保证造林施工质量

1）细致整地

细致整地是营造速生丰产用材林的基本要求，整地的方法和规格要因地制宜，兼顾水土保持的需要。

2）植苗造林

植苗造林，林木对不良环境的适应能力强，造林成活率高、林木生长快，成林成材早。提倡以容器苗造林。

3）栽植方法

（1）"两大一深"栽植法　是国内外营造速生丰产用材林的基本经验，即大苗、大穴、深栽。大穴深栽，可以增强蓄水、保墒能力，提高造林成活率；同时，可以扩大根系分布层次，增加根系吸收面积，增强抗旱、抗风能力，提高林木生长量。

（2）"三大一深"栽植法　采用大苗、大穴、大株行距、深栽。在人少地多、土壤水分不足、有机质含量低的地方可选用此法。其特点是密度较小，等距栽植，人为供给大水大肥，以直接培养大径材为目的；亩均株数有 36 株（株行距 3 m × 6 m）、33 株（株行距 4 m × 5 m）、26 株（株行距 5 m × 5 m）。

1.3.6　实行集约经营管理措施

加强幼林抚育保护，创造良好的林木生长环境，是人工用材林速生丰产的重要保证。

1）松土除草

对幼林一般连续抚育 4~5 年，头两年每年抚育 2~3 次，后 2~3 年每年抚育 1~2 次。

2）灌溉

灌溉是干旱地区营造速生丰产用材林的必要措施，最好采用滴灌或微喷灌技术，使林地润而不湿。

3）施肥

林地施肥是一项经济效益很高的措施。施肥应该在植株生长旺盛的季节，迟效性肥料应在冬、春季施，最好在栽植前一次施完。在我国黑龙江省，对 21 年生的人工落叶松林每公顷施用 140 kg 氮、磷、钾肥，其材积总生产量为对照区的 139%；每公顷施用 242 kg 尿素，其材积总生产量为对照区的 126%。黑龙江省七台河市勃利县对杨树施磷酸二铵，当年其高生长量可增加 10%~105%，第二年可增加 12%~67%，胸径可增大 30%~80%，蓄积量可增加 65%~160%。桉树应有比较足量的肥料，包括基肥和追肥，每公顷有效成分施肥量应达到含氮 150 kg、磷 100 kg、钾 100 kg。基肥以有机肥 + 磷肥为主，追肥以氮肥为主，最好选用复合肥。

4）林粮间作

幼林郁闭前适当间作，既能起到以短养长的作用，又能保证幼林得到及时抚育，在培育速生丰产用材林时应当大力推广。

◎巩固拓展

一、思考与练习题

（一）名词解释

速生丰产用材林

（二）填空题

1.速生丰产用材林的时间指标是（　　　　）、（　　　　）。

2.营造速生丰产用材林的树种应具备（　　　）、（　　　）、（　　　）特性。

3.世界公认的速生丰产用材林的平均生长量指标为（　　　　）。

4.营造速生丰产用材林不仅要选择具备速生、丰产、优质特性的树种，还应重视（　　　）的选择。

5.培育杨树、落叶松等树种的速生丰产用材林，应采取（　　　）管理措施。

（三）判断题（正确的在括号内画"√"，错误的在括号内画"×"）

1. 选择具有速生、丰产、优质特性的树种和好的造林地，并采取集约经营管理措施，就一定能营造出速生丰产用材林。　　　　　　　　　　　　　　　（　　）

2. 速生丰产用材林的树种选择应坚持以选用优良乡土树种为主，适当引进优良的外来树种。　　　　　　　　　　　　　　　　　　　　　　　　　　　　（　　）

3. 营造速生丰产用材林不仅要做到适地适树，还必须选择热量条件、水分条件、土壤条件较优越的造林地，树种速生丰产的潜力才能充分发挥出来。　　　　　（　　）

4. 营造速生丰产用材林必须选用良种壮苗。　　　　　　　　　　　　　（　　）

5. 营造速生丰产用材林以纯林为好，因为纯林的目的树种产量高。　　　（　　）

6. 适当的林粮间作，既能起到以短养长的作用，又能保证幼林得到及时抚育，在培育速生丰产用材林时应当大力推广。　　　　　　　　　　　　　　　　　（　　）

（四）问答题

1. 简述速生丰产用材林应具备的条件。

2. 简述营造速生丰产用材林的主要技术措施。

3. 简述"两大一深"栽植法（即大苗、大穴、深栽）的优点。

二、阅读文献题录

1. 孙金龙. 深入学习贯彻党的十九届五中全会精神　全面开启生态文明建设新征程〔J〕. 中国生态文明，2020（6）.

2. 丁鸽. 速生丰产用材林的树种选择〔J〕. 现代农村科技，2020（5）.

3. 姜啸虹，尹杰. 杨树速生丰产林土壤退化原因分析及恢复对策〔J〕. 内蒙古林业调查设计，2020，43（4）.

4. 王强恩. 速生丰产林建设存在的问题及对策〔J〕. 江西农业，2020（4）.

5. 徐帅. 杨树速生丰产林栽培技术重点分析〔J〕. 种子科技，2020（1）.

三、标准与法规

GB/T 15776—2016　造林技术规程

任务 2　能源林营造

◎任务目标

◆ 知识目标

①了解能源林的类型。

②掌握能源林营造技术要点。

◆ 能力目标

能够根据当地的能源状况、经济条件、立地条件、社会需求，确定能源林的类型和造林技术设计。

◆ 育人目标

培养学生树立节能减排、低碳生活，尊重自然、顺应自然、保护自然的生态文明理念。增强学生的社会责任感。

◎实践训练

实训项目 2.1　能源林造林技术设计

一、实训目标

初步学会能源林造林技术设计。

二、实训场所

实习林场或企业造林基地。

三、实训形式

学生 5~6 人一组，在老师或企业技术员的指导下进行实操训练。

四、实训工具

GPS 定位仪，计算器、皮尺、围尺、测高仪、标本夹、土壤袋、土壤养分检测仪、硬度计、酸度计、军工锹、比色板，10% 稀盐酸、指示剂，各种调查记载表、1：10 000 地形图、内业整理统计表，当地造林总体设计、造林技术规程，当地植被、气候、地质、地貌、水文等资料。

五、实训内容与方法

阅读造林技术规程，对当地能源林类型、能源林树种、造林现状进行调查，完成拟造林地能源林造林技术设计。

①调查当地能源林类型、利用现状、适宜营造能源林的树种。

②确定能源林的类型：根据社会需求、经济条件、立地条件确定能源林类型。

③造林地选择：根据能源林类型选择适宜的造林地。

④造林树种选择：根据能源林类型、经济条件、立地条件，选择适宜的造林树种。

⑤整地措施设计：根据立地条件、经济条件设计整地的方法、规格。

⑥苗木种类与规格：选用生长健壮的Ⅰ、Ⅱ级苗。

⑦造林方法与季节设计：一般采用植苗造林，春季造林为主，也可雨季、秋季造林。

⑧幼林抚育管护设计：除草松土、施肥、灌水、病虫害防治、平茬、间伐、整形修剪等。

⑨收获利用：收获利用方式、方法、周期的设计。

六、实训报告要求

每位学生提交一份能源林造林技术设计报告。

◎ 背景知识

2.1 能源林的类型及意义

2.1.1 能源林的类型

能源林是以生产木质燃料、生物柴油、生物质醇类燃料等生物质能源为主要目的的林分，包括木质燃料能源林、油料能源林（生物柴油能源林）和生物质醇类能源林。

（1）木质燃料能源林　以利用林木木质为主，将其转化为固体燃料或直接用于发电的能源林。主要包括薪炭能源林和生物发电能源林。

①薪炭能源林：以生产薪柴、木炭等燃料为主要目的的乔灌木林。

②生物发电能源林：主要是指采取高密度、超短轮伐期的集约经营技术，种植和培育高热值、速生、萌蘖能力强、抗病虫害能力强的乔木、灌木人工林，主要利用其木材发电。

（2）油料能源林　以林木茎干、果实、种子等器官所含油脂为原材料，将其转化为生物柴油或其他化工替代产品的能源林称为油料能源林。

（3）生物质醇类能源林　利用木质纤维素类物质，林木果实、种子所含淀粉类物质，将其转化为生物质醇类燃料的能源林。

2.1.2 营造能源林的意义

随着全球经济的迅速发展，人类对能源的需求日益增长。大量使用石油、煤炭等化石能源导致能源日渐枯竭，同时也带来了严重的环境问题。能源林作为生产生物质能源的主要原材料来源，以其可再生、量大、环境友好及适应地域广而越来越受到国际社会的广泛关注。营造能源林的意义表现在以下几个方面。

（1）缓解未来能源短缺状况　营造能源林，能缓解未来的能源压力，减缓能源危机，满足人类社会可持续发展对能源的需求。我国热带、亚热带的能源树种油楠，当树长到高 12~15 m、胸径 40~50 cm 时，心材部位就会产生黄色油状树液，分泌出树脂，因而当地居民叫它"煤油树"；小桐子（麻疯树）种子含油量高达 40%；黄连木种子含油量为 42.46%（种仁含油量为 56.5%），种子出油率为 20%~30%；文冠果种子含油量达 50%~70%；无患子种子含油量为 43.18%；油棕果含油量高达 50% 以上；光皮梾木果肉含油量为 55%~59%，果核含油量为 10%~17%，干果含油量为 30%~36%；油桐种仁含油量高达 70%。这些都是提炼生物质柴油的良好原料。

（2）改善生态环境，减轻环境污染　以煤和石油为主的化石燃料，在燃烧的过程中释放出大量的有害废弃物，对人类环境造成危害，由此产生的环境问题已引起世界各国的关注。林木生物质能源燃烧后产生的二氧化碳、氮氢化合物和灰尘排放量远比化石燃料少，是一种可再生的清洁低碳能源，对缓解全球变暖有一定的作用。充分利用荒山荒地、退耕地、矿山、油田废弃地等营造大面积的能源林，增加绿化面积，提高森林覆盖率，可促进生态脆弱地区植被的恢复，减少水土流失、土地荒漠化，增加森林生态系统的碳汇作用，改善生态环境，减轻环境污染，促进能源的高效清洁化利用。

（3）调整农村产业结构，增加农民收入　农民利用荒芜的土地，种植能源树种，一方面可为生物质能源加工企业提供木质、果实、种子等能源材料，获得销售收入；另一方面还可利用能源树种如柳树、紫穗槐、柠条等树种的枝条编制筐篓，用栎类茎干培育食用菌等获得副业收入。

（4）延长林业产业链，推动相关产业发展，增加就业机会　林木生物质能源的开发利用，使得原料选育、种植、采集、加工、包装、销售、运输等相关产业得到发展，延长了林业产业链，为林农创造了更多的就业机会。

2.2　能源林营造的原则

①因地制宜、统一规划、合理布局、多能互补、科学经营的原则。

②适地适树、区域发展，培育与利用相结合的原则。

③突出重点、先急后缓，集中连片、规模经营的原则。

④坚持以市场为导向，与国家林业重点生态建设工程有机结合的原则。

⑤坚持经济、生态、社会三大效益协调统一的原则。

⑥坚持分类经营的原则。

2.3 能源林营造技术

2.3.1 确定能源林的类型

目前在生产上，能源林的类型主要包括木质燃料能源林、油料能源林和生物质醇类能源林，根据市场需要、经营目的、立地条件等具体情况来确定。

2.3.2 选好能源林树种

能源林树种的选择除了要遵守一般造林树种选择原则外，还要结合其特定的培育目标，选择优良的能源树种。

1）能源林造林树种应具备的条件

（1）木质燃料能源林树种 应选择适应性强，生长快，生物量高，萌蘖力强，热值高，易燃、火旺、烟少、不冒火花、无有毒气体放出，能兼顾取得饲料、小径材、编制材料和发挥防护效益的乔灌木树种。这样的树种生物量累积速度快，开始采薪年限早，轮伐周期短，年产量高。

我国主要木质燃料能源林树种有：松树、刺槐、紫穗槐、杨树、柳树、桤木、枫杨、桉树、大叶相思树、柠条、沙棘、木麻黄、枫香、胡枝子、柽柳、麻栎、苦楝等。

（2）油料能源林树种 具有适应性强，结实早、产量高、出油率高，油脂品质好等特性，能满足后续开发利用。

我国油料能源林树种主要有黄连木、文冠果、小桐子、无患子、油棕、光皮梾木、油桐和乌桕等。

（3）生物质醇类能源林树种 主要是含淀粉和纤维素等高碳水化合物的树种。按照原料的进一步利用原理分为纤维素类能源林和淀粉类能源林。

纤维素类能源林主要是用于生产高品质纤维素原料，再转化为醇类燃料，宜选择具有速生、高产、稳产等特性，纤维素产量高、品质好的树种。我国已开发利用的纤维素类能源林树种主要有杨树、柳树、刺槐、灌木柳、柠条等。

淀粉类能源林大多是以培育高品质的淀粉类果实为目标，因此要选择果实的淀粉含量高、品质好的树种。淀粉类能源林树种主要有栎类等。

2）能源林树种选择的原则

①用途广、价值高的优良乡土树种，适当引进适应性强的外来树种。

②造林材料丰富，易繁殖、寿命长、易更新的树种。

2.3.3 选用良种壮苗

选用良种壮苗造林，植株成活率高、生长快，能很快成林。

2.3.4　选好造林地

大多数能源林树种的适应性强，对立地条件要求不严，但在立地条件差的地区，其产量低、收益率低。因此，应根据能源林的培育目的、树种特性，选择合适的造林地。营造油料能源林、淀粉类能源林，应选择较好的造林地；营造木质燃料能源林可选择较差的造林地。

2.3.5　细致整地

营造能源林的立地多为干旱、瘠薄、有水土流失现象的荒山荒地、退耕地、沙荒地等，因此应通过合理的整地措施改良土壤性能、提高土壤肥力，确保能源林成活、成林、成材。

2.3.6　合理确定造林密度

应根据能源林类型、树种特性、立地条件、经济条件，合理确定造林密度。

木质燃料能源林以持续稳定的高生物量为主要培育目标，为实现这一目标，既要有速生丰产的单株优势，又要靠群体优势，因此合理密植时林木更能充分利用营养空间，从而获得更高的产量。据报道，此类能源林中通常刺槐林的初植密度为 5 000~6 667 株 /hm^2，巨桉林的初植密度为 2 268 株 /hm^2，杨树林的初植密度为 5 000 株 /hm^2，沙枣林的初植密度为 4 444 株 /hm^2，紫穗槐林的初植密度为 4 500~6 000 株 /hm^2 为宜。纤维素类能源林一般多为全株收获，也应该合理密植。

油料能源林、淀粉类能源林大多以生产果实、种子为目的，注重果实产量、质量以及采收的便利性，要求树干相对低矮，方便修剪采摘，树冠充分见光，分枝角度大，冠幅大，结实面积大，单位面积结实量多，油脂质量好，因此造林密度一般较小。例如，文冠果林的初植密度为 1 665 株 /hm^2（2 m×3 m），小桐子林的初植密度为 840~1 160 株 /hm^2，乌桕林的初植密度为 720~840 株 /hm^2，油桐林的初植密度为 450~900 株 /hm^2。

2.3.7　选择适当的造林模式

混交林乔木层碳储量高于同龄纯林，合理的树种搭配有利于提高林木的光能利用率，增加固碳空间。因此，能源林造林时要充分结合树种特性，选择适当的造林模式以提高产量，收获高产值。

2.3.8　造林季节与方法

根据造林地的气候、土壤条件、树种特性，正确选择造林时间。我国大部分地区以春季造林为好。

造林方法一般采用植苗造林，也可采用插条造林、插干造林、播种造林等。

2.4　抚育管理

抚育管理是影响造林后林木成活、成林以及成材的重要因子。因此造林后 3~5 年应做好幼林地松土除草、补植、间苗、林农间作等工作。对木质燃料能源林这种以收获生物量为目的的能源林类型，确定适宜的采薪平茬季节、周期、轮伐周期及强度。油料能源林和淀粉类能源林要整形修剪，确定合理的冠形，使树冠充分见光，增加产果量，提高果品质量，同时要合理施肥、灌水、疏花疏果，避免大小年。

2.5 收获、利用与更新

木质燃料能源林树种，如刺槐、杨树、柠条、沙棘、柽柳等，可采用灌丛作业法，造林 3~4 年后，秋季进行第一次平茬，留茬高 10 cm 左右，茬口覆土。第 2 年春季土壤解冻时，松土、施肥，促进萌蘖更新，1 株枝桩萌发 1 丛。平茬间隔期以 2~3 年为佳。第二次平茬宜保留 15 cm 高的枝桩，促使枝桩上多发萌条。

对柳树可采用头木作业法，造林 3~6 年后，从距地面 2~2.5 m 高处截干，当年在截口以下的主干上明发许多侧枝。待侧枝生长 1 年，除去弱条，在主干顶以下 50~80 cm 处选留均匀分布的 5~8 条健壮侧枝，将其培养为需要规格的用材。2 年后第一次截枝，留枝桩 30~50 cm 作为二级基桩，再在二级基桩上选留 2~3 条或更多的健壮枝条，将其培养为需要规格的用材。如此反复砍伐和留薪，可以获得一定规格的薪材。

松树类材薪兼用林可通过修枝、间伐和主伐，收获薪炭材。造林 2~5 年后，于秋末或早春进行第一次修枝。修枝间隔期为 3~4 年。修枝强度：2~5 年生冠干比为 3：1，5~10 年生冠干比为 2：1，11~20 年生冠干比为 1：2。造林 4~7 年后，第一次间伐，间伐强度按株数计不超过 40%，以后每隔 3~5 年间伐一次，一般间伐 2~3 次。间伐选木应遵循伐小留大、伐劣留好、伐弱留强、伐密留稀的原则，确保林分健康生长。

油料能源林和淀粉类能源林在采收时要针对不同果实类型采取恰当的收获方式，用手摘或枝剪剪取果实放入袋中，将果实摊放在阴凉通风处晾干，除去果皮取出种子，种子晾干后装入容器或袋中贮藏。

◎ 巩固拓展

一、思考与练习题

（一）名词解释

能源林　　油料能源林　　木质燃料能源林　　生物质醇类能源林

（二）问答题

1. 简述能源林营造的原则。

2. 简述能源林营造技术。

3. 简述能源林造林树种应具备的条件。

二、阅读文献题录

1. 窦子骞 . 马克思主义生态思想视域下清洁能源发展研究 [D]. 新乡：河南师范大学，2018.

2. 姜霞，谢涛，张喜 . 林业生物质能源产业发展动态及潜力 [J]. 贵州林业科技，2019, 47(4).

3. 苏雪辉，胡建军 . 杨柳生物质能源林轮伐萌条性状与其生物量相关性研究 [J]. 防护林科技，2019（7）.

4. 李达峰，王艳芳 . 薪炭林造林技术 [J]. 江西农业，2018（18）.

5. 胡宏伟 . 刺槐薪炭林平茬复壮的试验报告 [J]. 现代园艺，2018（6）.

三、标准与法规

1. GB/T 15776—2016　造林技术规程

2. LY/T 1556—2000　公益林与商品林分类技术指标

任务 3　水土保持林营造

◎任务目标

◆ 知识目标

①掌握水土保持林的树种选择原则、配置方法。

②掌握常见水土保持林的营造技术。

◆ 能力目标

具备进行水土保持林造林技术设计和组织指导施工的能力。

◆ 育人目标

学习水土保持治理案例，引导学生树立"生态兴则文明兴""绿水青山就是金山银山""良好生态环境是最普惠的民生福祉"的理念，培养学生的家国情怀，让学生立志努力学习、科学植树、改善生态、服务"三农"，造福于民。

◎实践训练

实训项目 3.1　水土保持林造林技术设计

一、实训目标

掌握水土保持林造林技术设计。

二、实训场所

水土保持林造林基地。

三、实训形式

学生 5~6 人一组，在老师或企业技术员的指导下进行实操训练。

四、实训工具

GPS定位仪，计算器、皮尺、围尺、测高仪、标本夹、土壤袋、土壤养分检测仪、硬度计、酸度计、军工锹、比色板，10% 稀盐酸、指示剂；各种调查记载表、1∶10 000地形图、内业整理统计表，当地造林总体设计、造林技术规程，当地植被、气候、地质、地貌、水文等资料。

五、实训内容与方法

阅读当地造林总体设计、造林技术规程，进行水土保持林造林技术调查，完成一个标准支沟造林技术设计工作。

（一）典型侵蚀沟及综合治理措施调查

对典型侵蚀沟的现状、发展趋势及综合治理措施等进行深入细致的调查研究，掌握其发展变化规律，总结实践经验，为水土保持林造林设计提供依据。

①标准支沟调查。选择一个有代表性的支沟，调查侵蚀沟集水区的地形特点、土壤侵蚀程度、植被状况，已采取的治理措施、治理效果、治理经验及存在的问题。

在支沟沟口、沟底、沟头、沟坡、沟沿等不同部位进行横断面测量，绘制横断面图，对断面不同部位进行地形、土壤、植被等立地条件调查，提出设计措施。

②调查当地现有水土保持林树种，掌握其生长情况，为选择水土保持林树种提供依据。

（二）标准支沟造林技术设计

从固土防冲、控制水土流失、改善生态环境出发，在沟头、沟沿、沟坡、沟底，分别根据地形侵蚀特点配置不同的林种。选择具有防护与经济价值、适应性强、生长快的适生树种。坚持以乡土树种为主，乔、灌、草相结合的原则，因地制宜地选择造林树种。整地措施设计要充分考虑鱼鳞坑、水平沟、反坡梯田等拦土蓄水能力强的整地方式，增加土壤水分，以利于林木生长。如表 4-3-1 为侵蚀沟造林技术设计一览表，供参考。

表4-3-1　侵蚀沟造林技术设计一览表

_____ 县（区、林场）

实施单位	小班号	侵蚀沟类型	造林技术设计									种苗			投资量	其他
			林种	树草种	营造方式	造林时间	初植密度	混交比例	整地方式	整地时间	整地规格	需苗量	苗木规格	用工量		

六、实训报告要求

编写侵蚀沟造林技术设计方案。

◎ 背景知识

3.1 水土保持林的作用

水土保持林：以控制水土流失为主要功能的人工林或天然林。

水土保持林的主要作用是拦截和吸收地表径流，涵养水分，固定土壤使其免受各种侵蚀。

3.1.1 防止水土流失，涵养水分

森林是天然的"绿色水库"。当大雨降落时，林冠和枝叶可截留 20% 以上的雨量，林地上的枯枝落叶和杂草层也能截留并吸收 5%~10% 的雨量。据测定，只要林地内有 1 cm 厚的枯枝落叶层，就可以把地表径流降低到裸地的 1/4 以下，泥沙量减少 94%。

3.1.2 固持和改良土壤

林木通过庞大的根系网罗土体。林木的枯枝落叶层增加了土壤中的有机质，改善了土壤的理化性质，带有根瘤菌的树种还可增加土壤中的氮素。

3.1.3 调节小气候，减轻自然灾害

水土保持林可以有效地降低风速，增加林内空气湿度，减小林内的温度变化率，减少水分蒸发，从而减轻霜冻、干旱等自然灾害的影响。

3.2 水土流失的形式及影响因素

3.2.1 水土流失的形式

1）面蚀

面蚀也称片状侵蚀，指分散的地表径流从地表较为均匀地冲走一层薄土层的现象。面蚀主要发生在没有植被的坡耕地上。面蚀会冲掉土壤中的腐殖质，溶解和流失掉植物需要的可溶性矿质营养元素，减少薄土层，恶化土壤的物理性质，严重危害农业生产。

2）沟蚀

沟蚀也称钩状侵蚀，指集中的水流侵蚀、破坏土壤并形成切入地面的沟壑的土壤侵蚀形态。沟蚀使完整的土地变得支离破碎，使耕地面积日益减小。黄土高原和黄土丘陵地区的千沟万壑就是沟蚀发展的结果；同时沟蚀产生的大量泥沙又是水库淤积、河道阻塞与水利设施被破坏的主要根源。

3）重力侵蚀

重力侵蚀是由于土壤的重力作用产生的土壤侵蚀形态。在自然界，陡坡的稳定性主要在于土体内部的凝聚力和内摩擦力以及其上生长的自然植被的固持作用。当其受到外力破

坏而失去平衡时，土壤就会大量塌落。重力侵蚀的主要形式有陷穴、滑塌、崩塌等。

4）泥石流

泥石流是受重力和水力的综合作用而形成的含有大量固体物质的洪流。泥石流沿沟道流动，具有很大的破坏力，对山区人民生产和生活的危害极大。

3.2.2 影响水土流失的因素

1）自然因素

包括地形、气候、土壤和植被等因素。

（1）地形因素 坡度、坡长、坡形、坡向、分水岭与沟谷底部高差以及沟壑密度等都对水土流失有很大影响。坡度是决定水土流失轻重的最基本因素之一。一般坡度小于3°时不会出现明显的水土流失。坡度越陡，径流的冲力越大，水土流失越严重。坡度增加1倍，土壤总流失量将增加1.8倍。当坡度相同，降雨形成地表径流时，土壤流失量随坡长的增加而增加，坡长增加1倍，土壤流失量将增加1.5~2倍。

（2）气候因素 在气候因素中，直接影响水土流失的是降雨，特别是降雨强度。在短时间内的大量降雨会急剧产生大量地表径流，从而加剧水土流失。另外，雨滴直接冲击地表，击碎土壤团粒结构，形成含有大量泥沙的混浊水流，加剧了径流的冲刷能力。

（3）土壤因素 土壤的结构性越好，土壤的持水量越大，降雨越容易下渗，土壤的抗蚀能力越强。凡是土壤结构性差或黏重的土壤，其透水性比较差，水土流失严重。

（4）植被因素 植被覆盖地表，可截持降雨、分散径流、减小径流速度，水土流失不易发生。一旦植被遭到破坏，就会出现地表径流，造成水土流失。因此保护和增加植被覆盖度，是水土保持工作取得成效的关键因素。

2）社会经济因素

人类不合理的经济活动是引起和加速水土流失的直接原因。如人类滥伐森林、陡坡开垦、过度放牧、顺坡耕作、放火烧山、产草积肥等都会造成水土流失。因此，在水土保持工作中，必须采用林业、农业、牧业和水利综合治理措施，才能全面消除水土流失。

3.3 常见水土保持林的配置与营造

3.3.1 梁峁（分水岭）防护林配置与营造

1）梁峁（分水岭）防护林的配置

营造梁峁防护林的主要目的是控制地表径流的起点，分散地表径流，拦阻雨雪，保护下方农田、果园或牧场以及生产木材，解决群众的燃料、肥料、饲料等问题。梁峁防护林应根据地形、土壤及土地利用情况进行配置。原则上应当沿分水岭配置，随弯就弯，宽度也依梁峁顶部宽度与土地利用情况灵活设计。对尖削的梁峁顶，林带最好设在分水岭的附近，带宽一般不小于 6 m；对浑圆而开阔的梁峁，可以在坡度陡段设置防护林带。如图4-3-1、图 4-3-2 所示。

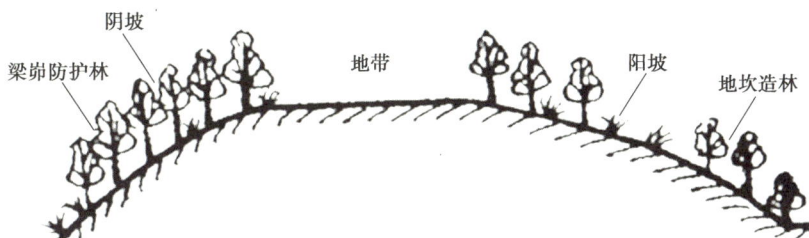

图4-3-1　平缓梁峁造林断面图

图4-3-2　尖削梁峁顶林带配置

2）梁峁防护林的营造技术

①林带宽度：一般为 10~20 m，如果梁峁为荒地，可加宽或全面造林。

②整地：穴状或鱼鳞坑整地，穴宽 45 cm，深 45~60 cm（适用于 1~2 年生苗木）。

③植苗造林：株行距为乔木 1 m×2 m，灌木 0.5 m×1.0 m。

④种植点配置：品字形配置。乔木设置于林带中部，灌木设置于林带两侧。

⑤树种：视立地条件选用白榆、青杨、小叶杨、山杏、柠条、柽柳、旱柳、油松、侧柏等。

3.3.2　坡面防护林的配置与营造

1）坡面防护林的配置

坡面防护林是指在梁峁顶以下，侵蚀沟以上的坡面上营造的森林。其主要作用是调节、吸收地表径流，防止土壤侵蚀。坡面按地形特征分为凸形坡、凹形坡、直形坡和复合型坡面。凸形坡上部径流冲刷较弱，下部径流冲刷较强，故林带设置在中部为宜，以截断径流；应营造乔、灌木混交林，灌木比重应占 60% 以上。凹形坡上部、中上部较陡，水土流失冲刷量大于下部，而下部虽然径流量大，但坡缓流速小、侵蚀量相对较小，可在斜坡上部营造以灌木为主的护坡林带、下部凹陷处营造以果灌为主的混交林；中部径流转折点部位设置林带，如果侵蚀强烈，可全面造林；直形坡侵蚀较轻，分布比较均匀，应营造以乔木为主的乔、灌木混交林。在复合型的斜坡上，林带应设置在地形转折部位。如图4-3-3 所示。

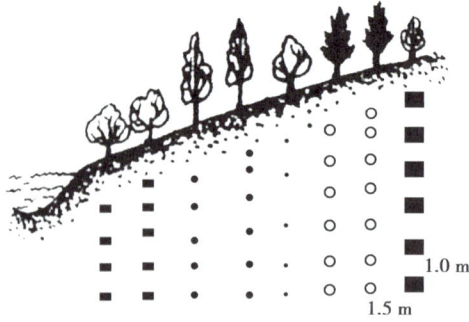

图4-3-3　坡面防护林配置

2）坡面防护林的营造

（1）整地　坡度较缓的坡面，采用鱼鳞坑整地。坑距 1.5 m×2.0 m，品字形排列。地块整齐的坡面，可按等高线挖水平沟造林，沟距 2.0~4.0 m，株距 1.5~2.0 m。坡度较大的坡面，采用水平沟、水平阶、反坡梯田整地造林，水平阶阶距 1.5~2.5 m，株距 0.5~1.0 m；水平沟间距 3.0~3.5 m，沟头间距 0.5~1.0 m。坡度大于 35°且坡面较完整时，可采用水平沟与穴状整地造林相结合的方法，即在坡面上沿等高线相隔 10~20 m 挖断续的水平沟，两沟之间的坡面上按品字形配置坑穴，穴距 1~1.5 m。条件好的阴坡或半阴坡，可采用水平阶与鱼鳞坑整地相结合的整地方法。

（2）树种　选择小叶杨、青杨、旱柳、刺槐、白榆、臭椿、沙枣、柠条、柽柳、紫穗槐等，也可选用河北杨、钻天杨、蜀榆、楸树、山桃、小叶锦鸡儿、油松及栽培果树类。

（3）造林密度　以各种整地规格和要求为基准，也可在沟间或阶间酌量加植灌木。

（4）造林类型　以乔木混交为主。

3.3.3　侵蚀沟（图 4-3-4）防护林的营造

（1）沟头防护林的营造　沟头是坡面径流汇入沟道的集中点。溯源侵蚀直接表现为沟头前进，破坏土地。因此，沟头治理时首先要在距沟头 2~3 m 处修筑封沟埂，在埂与沟头之间栽植 1~2 行灌木。封沟埂上部坡地，结合断续水平沟、小鱼鳞坑整地造林。选择根蘖性强、生长迅速、根系大、固土抗蚀的乔、灌木树种，进行行间混交造林，靠近沟边栽植灌木数行，株行距 0.5 m×1.0m，灌木内侧栽植乔木，株行距 1.0 m×1.5 m。（图 4-3-5）

造林树种可选择青杨、小叶杨、刺槐、旱柳、白榆、柽柳、沙棘、大果榆、刺榆、杞柳、狼牙刺、河北杨、油松等。

（2）沟沿（沟边）防护林的营造

①应视其上方来水量与陡坎的稳定程度配置。如果上方来水量小，陡坎较稳定（已成自然安息角 35°~45°），林带可沿沟边以上 2~3 m 处配置，林带宽度以 5~10 m 为宜；如

果来水量大，且陡坎不稳定，林带可沿陡坎边坡稳定线（根据自然安息角确定）以上2~3 m处设置，林带宽度10~15 m，为了少占耕地，视具体情况可缩小至4~8 m。

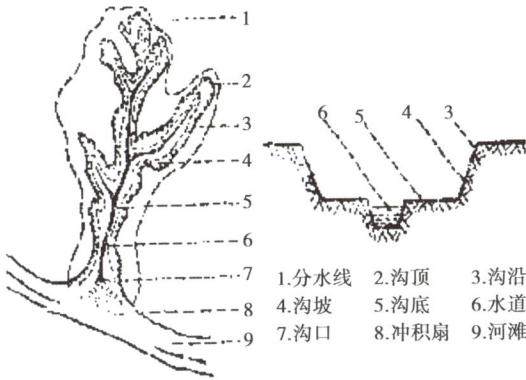

1.分水线	2.沟顶	3.沟沿
4.沟坡	5.沟底	6.水道
7.沟口	8.冲积扇	9.河滩

图4-3-4　侵蚀沟各部位　　　　　图4-3-5　沟头防护林

②沟边线附近土壤干旱时，可配置2~3行耐旱、耐瘠薄、根蘖性强和生长迅速的灌木（如柠条、沙棘、柽柳等），使根系尽快蔓延到侵蚀沟，使沟岸尽快固定，其上侧可采用乔、灌相间的混交方式配置。林带上缘，如接近耕地，应配置1~2行深根性带刺灌木（如柠条、沙棘），可防止林木根系蔓延到田中，又能阻止牲畜毁坏林带。

③当沟边以上地带为大面积农田，应考虑林带与封沟边埂结合。当沟边线以上农田坡度较小时，可采用林木与经济树木混交配置的方式；当沟边线以上农田坡度较大时，可在距沟边1~2 m处培修高、宽各0.5 m的沟边埂，边培埂边压灌木条，并在埂内隔2 m设横档，以预防埂内水流冲毁土埂。在埂外可栽植1行灌木，埂内分段栽植3~5行灌木，内侧种草。整个林带宽度视侵蚀活跃程度，可适当加宽或减窄。灌木株行距为（0.5~1.0）m×（0.5~1.0）m，草类株行距不超过0.5 m×0.5 m，乔木株行距1.5 m×2 m。

灌木树种可选择沙棘、柠条、杞柳、珍珠梅、柽柳、狼牙刺等；草类以紫花苜蓿、草木樨为主；乔木树种可选择刺槐、旱柳、青杨、河北杨、小叶杨、榆、臭椿、杜梨等。条件好的地方可考虑经济树种如桑、枣、梨、杏、文冠果等。（图4-3-6）

（3）沟底防护林的营造　为了拦蓄沟底径流、防止侵蚀沟纵向（沟底下切）侵蚀，促进泥沙淤积，在无长年流水、沟底比较小、下切不严重的支毛沟要全面造林。在土壤条件较好的沟底开阔滩地可集中营造片林或栅状林，或在沟道中间留出水路，水路两侧造林。一般是每隔30~50 m营造30~50 m宽的片林，迎水面设置灌木，株行距为0.5 m×0.5 m~0.5 m×1.0 m，其后为乔木，株行距为1 m×1 m~1 m×2 m。栅状造林即在沟底每隔10~20 m栽植5~10行树木为一栅，株行距为0.5×1.0 m~1.0×1.0 m，一般采用杨柳枝干插栅。在水流湍急、下切侵蚀严重的沟底地段，必须生物措施与工程措施相结合，在距沟头一定距离（1~2倍的沟头高度）设置编篱柳谷坊或土柳谷坊等，在下方水道两侧进行造林。选择根蘖性强、耐水淹、根冠茂密的树种，造林密度可适当加大，多以灌木为主。（图4-3-7）

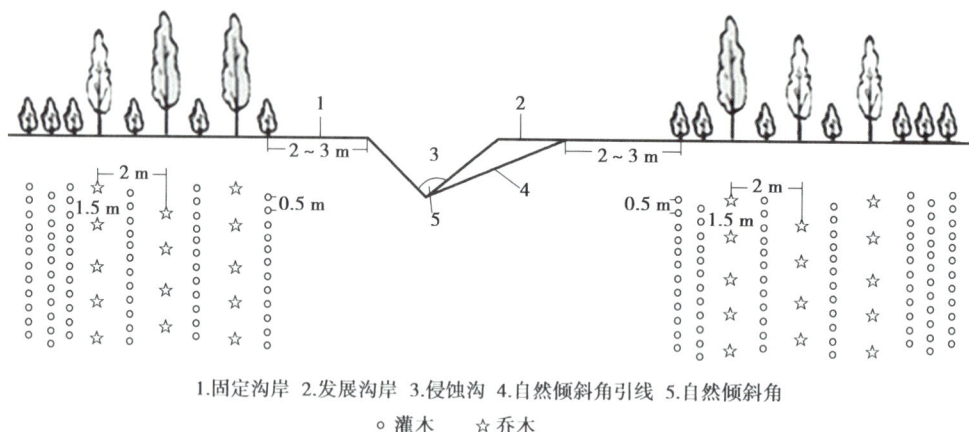

1.固定沟岸　2.发展沟岸　3.侵蚀沟　4.自然倾斜角引线　5.自然倾斜角

○灌木　☆乔木

图4-3-6　沟沿防护林配置

图4-3-7　沟底栅状造林

（4）沟坡防护林的营造　在坡度较缓、面积较小的沟坡上可直接挖鱼鳞坑或穴状坑整地造林；沟坡面积较大时，采用水平阶、反坡梯田或水平沟整地造林。坡度较大、条件较差的沟坡，栽植根蘖性强的灌木树种，如紫穗槐、胡枝子、柠条、沙棘、荆条等；坡度较小、条件较好的沟坡可栽植刺槐、榆、文冠果、板栗、山杏等。对陡峭的沟坡，可先封坡育草，再进行造林。

◎巩固拓展

一、思考与练习题

（一）名词解释

水土保持林　　坡面防护林

（二）填空题

1.影响水土流失的主要因素有（　　　　　）、（　　　　　）、（　　　　　）、（　　　　　）、（　　　　　）及人为活动等。

2.侵蚀沟防护林，按造林部位不同可分为（　　　　　）、（　　　　　）、（　　　　　）和（　　　　　）防护林4种。

（三）问答题

1.简述坡面防护林的配置技术。

2.简述侵蚀沟防护林的营造技术。

二、阅读文献题录

1.李彬.以习总书记讲话精神为指引　推动内蒙古黄河流域水土保持工作再上新台阶［J］.中国水土保持，2020（9）.

2.管黎宏.创新思路　突出重点　高质量推进黄河流域水土保持生态文明建设［J］.中国水土保持，2020（9）.

3.陈文渊.水土保持林的营造技术及措施［J］.黑龙江科学，2018，9（1）.

4.曲海军，何畏，李延强.银中杨在水土保持林营建中的应用［J］.防护林科技，2020（7）.

5.秦勇，赵彤彬，杨艳.庆阳市北部多沙粗沙区水土保持综合治理规划思路浅析［J］.陕西水利，2020（6）.

三、标准与法规

1.LY/T 2595—2016　黄土丘陵沟壑区水土保持林营造技术规程

2.GB/T 18337.3—2001　生态公益林建设技术规程

3.LY/T 1556—2000　公益林与商品林分类技术指标

任务4　防风固沙林营造

◎任务目标

◆ 知识目标

①掌握防风固沙林的树种选择条件。

②熟悉沙地的立地条件及防风固沙林造林模式。

③掌握防风固沙林造林技术。

◆ 能力目标

具备防风固沙林造林技术设计和组织、指导施工的能力。

◆ 育人目标

让学生了解治沙劳模的故事，学习劳模为了实现绿色梦想而艰苦奋斗、迎难而上、锲而不舍，献身沙漠治理的精神。培养学生树立坚定的理想信念，具有家国情怀，努力学习、放飞理想，勇于创新、勇挑重担、求真务实，科学治沙，为民造福。

◎ **实践训练**

实训项目 4.1　防风固沙林造林技术设计

一、实训目标

学会防风固沙林造林技术设计。

二、实训场所

拟造林地。

三、实训形式

学生 5~6 人一组，在老师或企业技术员的指导下进行实操训练。

四、实训工具

GPS 定位仪，计算器、皮尺、围尺、测高仪、标本夹、土壤袋、土壤养分检测仪、硬度计、酸度计、军工锹、比色板、指示剂，各种调查记载表、1∶10 000 地形图、内业整理统计表，当地造林总体设计、造林技术规程等。

五、实训内容与方法

（一）造林作业区选择

依据当地造林总体设计图及附表、年度计划，选择宜林沙荒地（包括流动沙丘，半固定沙丘，固定沙丘，沙丘间滩地以及农田、村屯、牧场四周的沙荒地）。

（二）造林作业区外业调查

先踏查整个造林作业区，选择有代表性的地段，调查记载沙丘类型、沙丘高度、移动形式、沙区土质状况、沙粒机械组成、地下水位和盐渍化程度等。（表 4-4-1）

1. 沙区土壤调查

通过土壤剖面侧重调查沙区流沙的机械组成（沙粒越小，含黏粒和粉粒越多，土壤肥力越高；反之，土壤越瘠薄）、沙层含水率、覆沙厚度、沙地下伏物的性质（沙壤土、黏壤土、盐渍化土、黄土；粗沙、细沙、粉沙、壤质间层等）、丘间低地盐渍化程度等。下伏物是黄土或黏质土的，造林条件较好；下伏物是岩石的，造林条件差。如覆沙厚度达 2 m 以上，则不进行剖面调查记载，侧重调查覆沙层的机械组成、沙层含水率、植被覆盖度、覆沙厚度、母质类型、土壤盐渍化程度等。

表4-4-1　沙区立地因子调查表

小班号	沙丘类型	沙丘高度	移动形式	土质状况	地下水位	丘间低地的盐渍化程度	植物种类

2. 沙区植物调查

沙区植物调查通过线路调查和典型样地调查来完成。要重点调查沙生植物的分布规律及其指示意义，各沙生植物的生活力及繁殖特点，根系分布的深度、幅度及其对造林的影响。凡有固沙作用和影响造林的植物，应绘制其根系的垂直分布和水平分布图。

3. 划分宜林地立地条件类型

在沙区立地因子调查的基础上，划分立地条件类型，为造林技术设计提供依据。

（三）造林技术设计（表 4-4-2）

表4-4-2　造林技术设计一览表

_____ 县（区、林场）

村屯名	小班号	小班面积	造林地类别	立地条件类型	造林技术设计									种苗			抚育措施		用工量	投资量	其他
					林种	树草种	营造方式	造林时间	初植密度	混交比例	整地方式	整地时间	整地规格	需种量	需苗量	苗木规格	抚育时间	抚育次数			

六、实训报告要求

编写防风固沙林造林技术设计方案。

◎ **背景知识**

防风固沙林是指为降低风速、固定流沙、改良沙地性质而营造的防护林。

营造防风固沙林是控制和固定流沙，防止风沙危害，改良沙地性质，变沙漠为农、林、牧业生产基地的经济而有效的措施，是长远的从根本上改造和利用沙地的重要途径。

据我国第五次全国荒漠化和沙化土地监测结果显示，全国荒漠化土地面积达 261.16 万 km²，占国土面积的 27.20%；沙化土地面积达 172.12 万 km²，占国土面积的 17.93%。我国荒漠化土地主要分布于包括内蒙古、宁夏、甘肃、新疆、青海、西藏、陕西、山西、河北、吉林、辽宁和黑龙江等部分地区在内的北方干旱区、半干旱区及部分半湿润地区。

土地荒漠化是气候变化和人类不合理的经济活动等多种因素造成的，是人为因素和自然因素综合作用的结果。防治土地荒漠化，必须以习近平生态文明思想为指导，自觉践行"绿水青山就是金山银山"的理念，严格遵循生态系统的内在机理和规律，自然恢复与人工治理相结合，统筹山水林田湖草沙综合治理，坚持因地制宜、分类施策，全面加快荒漠化防治步伐，打造多元共生的荒漠生态系统。

4.1 风沙运动的基本规律

4.1.1 沙粒运动的形式

当风速达到并超过起沙风速（一般 ≥ 5 m/s）时，地表上的沙粒便开始移动，产生风沙运动，形成风沙流。依据沙粒运动的主要动量来源不同以及风力、颗粒大小和质量的不同，沙粒的运动形式可分为蠕移、跃移和悬移三种基本形式。

1）蠕移

蠕移即滚动，是指粒径为 0.5~2 mm 的较大沙粒不能被风吹起，只能沿地表滚动或滑动。沙粒在风力的直接作用下发生蠕移，或在跃移沙粒的冲击下发生蠕移。蠕移沙粒的运动速度很慢，只有风速的几百分之一。一般蠕移沙量占总输沙量的 1/5。

2）跃移

跃移是沙粒随风浪跳跃运动。粒径为 0.1~0.5 mm 的中沙和细沙被风吹起进入气流以后，从气流中不断取得动量加速前进，并在沙粒自身重量的作用下，以相对于水平线的一个很小的锐角迅速下落，形成不规则的或延长了的抛物线运动，当沙粒落到地面时，由于具有动量，其可以重新反弹或溅起其他沙粒继续跃移。一般跃移沙量占总输沙量的 3/4，跃移高度距地表不超过 2~3 m，多数距地表 10 cm 左右，这是沙粒最主要的运动方式。在风沙运动中，跃移运动是风沙流的主要运动方式，由于跃移沙量多又贴近地表，其危害性大，是防治的重点。

3）悬移

悬移是悬浮于气流中的沙粒运动的形式。粒径＜0.1 mm的粉沙和黏粒，在起沙风的作用下被冲击卷扬到空中，在气流的推动下随风飘扬。一般悬移沙量只占总输沙量的5%。悬移沙的分布高度最低在地面1 m左右，最高可达1 000 m以上。

4.1.2 沙丘的形成

沙丘是沙粒的集合体。当运动中的沙粒速度减弱或遇到障碍物时，就会落下来形成沙堆。随着沙子的堆积，沙堆体积增大，最后发展成沙丘。由于风速与障碍物的不同，沙丘的形态也不同，如新月形沙丘是在单一主风或两个大小不同、风向相反的风力作用下逐渐形成的。沙丘高度多在1～13 m，大多单个存在。一般分布在沙漠、沙地及绿洲附近，移动速度较快，危害较大，是分布最普遍的一种流动沙丘（图4-4-1）。新月形沙丘链一般由3～4个新月形沙丘链接而成，较单个新月形沙丘高，高度多在8 m以上。格状沙丘和格状沙丘链由新月形沙丘链发展而成，这种沙丘在腾格里沙漠中分布最广，丘间低地小而深，治理难度大。沙垄是固定、半固定沙丘中较为常见的沙丘形态。

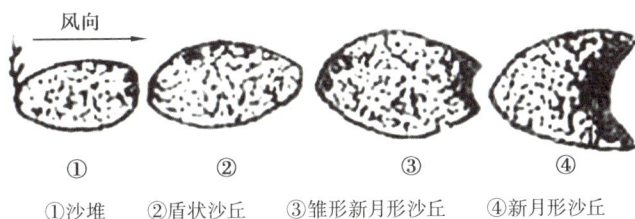

①沙堆　②盾状沙丘　③雏形新月形沙丘　④新月形沙丘

图4-4-1　新月形沙丘的形成

4.1.3 沙丘移动

1）沙丘移动的形式

影响沙丘移动的因素较复杂，与风向、沙丘高度、水分、植被等许多因素有关。沙丘移动方向主要取决于起沙风的合成风向。影响我国沙区沙丘移动的主要为东北风和西北风两大风系。塔克拉玛干沙漠的广大地区及新疆东部、甘肃河西走廊西部等地受东北风的作用，沙丘自东北向西南方向移动，其他地区都是在西北风的作用下向东南方向移动。沙丘移动的方式取决于风向及其变律，一般有3种方式。（图4-4-2）

（1）前进式　是受一个方向的风力作用而形成的向前移动，这种移动方式的沙丘危害最大。如塔克拉玛干沙漠、巴丹吉林沙漠、腾格里沙漠大多受单一的西北风或东北风的作用，沙丘均以这种方式移动。

（2）往复前进式　是在两个方向相反、大小不等的风力作用的情况下形成的，来回摆动而又稍移向风力较强的一个方向的移动。如我国中东部沙区的沙丘，冬季在主风西北风的作用下，沙丘由西北向东南方向移动；夏季则在东南风的影响下，沙丘逆向运动。由于西北风较强，沙丘移动的总趋势是向东南方向移动。

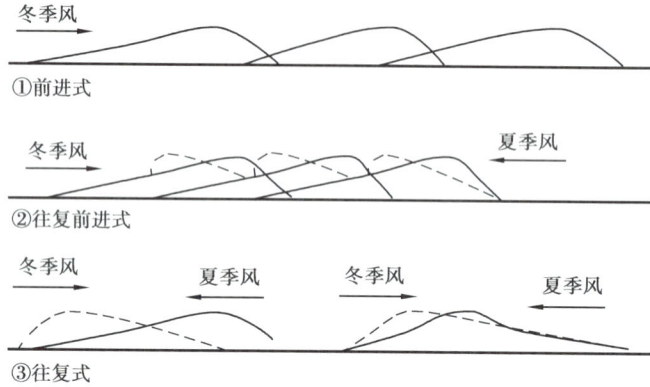

图4-4-2　沙丘移动形式

（3）往复式　是在两个方向相反，但大致相等的风力作用的情况下产生的，沙丘停在原地摆动或稍向前移动，这种情况一般较少。

2）沙丘移动的速度

单个沙丘移动快，沙丘链移动较慢，链子越长移动越慢。在风力相等的条件下，沙丘越高，体积越大，移动越慢；沙丘排列紧密，间距小，移动慢，沙丘排列稀疏，间距大，则移动快；地形平坦、起伏不大，地表光滑、粗糙度小，沙丘移动快，反之，沙丘移动就慢。

4.2　沙区立地条件及立地条件类型划分

4.2.1　沙区立地条件

沙区自然条件严酷、复杂，虽然具备有利于林木生长的充足的光热条件，但存在干旱缺水、风蚀沙埋、土壤瘠薄和含盐量高等许多不利于林木生长的限制因素。因此，沙区造林难度大、技术性强，必须做到"适地、适树、适法"才有可能获得成功。

调查沙区环境特点，除了考虑大范围的气候、土壤条件外，还要考虑局部地区的立地条件，主要包括沙地土质状况、地下水状况、丘间低地的盐渍化程度、沙丘部位、植被覆盖度等因素。

1）气候条件

我国沙区的共同的气候特点如下。

①气候干旱，雨量稀少，蒸发量大。雨量自东向西递减，蒸发量则由东向西递增，年蒸发量达 1 400~3 000 mm。

②热量资源丰富，温差大。全年日照时数一般在 2 500~3 000 h，无霜期为 120~300 d。平均年温差为 30~50 ℃；昼夜温差变化显著，一般在 10~20 ℃。沙地地表温度变化剧烈，夏季中午可达 60~80 ℃，而夜间可降到 10 ℃以下。

③风沙频繁，风力大。常见风速达5~6级，风沙日平均为20~100 d，有的地区达146 d，占全年总天数的40%。

2）沙地土质状况

沙漠地表多为沙丘覆盖，地表高低起伏，一般沙丘高度为10~20 m，最高的沙山可达100~400 m，低矮的沙丘高度在5 m以下。凡流动沙丘和沙粒均有顺风移动的现象。流沙的下伏土壤因地点不同而有很大差别，肥力差别很大，适生树种也不一样。当沙地下伏物为黏质、壤质间层且深度较浅时，土壤肥力较高，保水性能好，可选择乔木树种；当沙地下伏物为基岩、卵石、粗沙时，土壤肥力低，保水性差，只能选择灌木树种。

3）地下水状况

地下水位不超过1 m、水质淡的潮湿沙地上，可以栽植喜湿树种如杨、柳等。水位为1~2 m的湿润沙地上，一般沙生树种均可栽植；水位2~5 m、比较干燥的沙地，应选用耐旱的乔、灌木树种；水位低于5 m的沙地上，只能选择栽植耐旱的沙生灌木。如甘肃民勤沙区，在没有灌溉的条件下，地下水位在5 m以内，沙枣植株生长正常；地下水位达到或超过6 m，沙枣植株发生大片死亡。

4）土壤盐渍化程度

土壤含盐量也是树种生长的限制因素之一。含盐量在0.2%以下时，一般树种均可生长；含盐量为0.2~0.5%，只有比较耐盐的少数树种可以适应，如柽柳、白刺、沙枣、胡杨、酸刺、紫穗槐等耐盐树种；土壤含盐量在0.5%以上时，必须采用改良盐碱地的措施，选用特别耐盐的树种，如柽柳属的短枝柽柳、甘肃柽柳、长穗柽柳等。

5）流动沙丘的部位（图4-4-3）

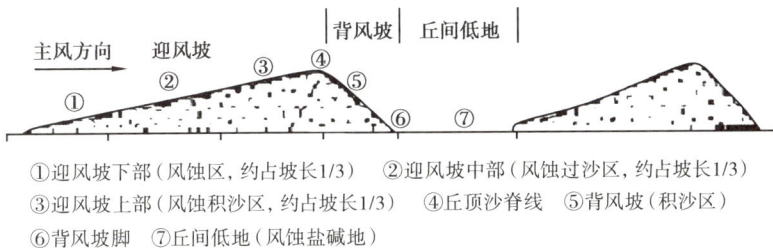

①迎风坡下部（风蚀区，约占坡长1/3）　②迎风坡中部（风蚀过沙区，约占坡长1/3）
③迎风坡上部（风蚀积沙区，约占坡长1/3）　④丘顶沙脊线　⑤背风坡（积沙区）
⑥背风坡脚　⑦丘间低地（风蚀盐碱地）

图4-4-3　流动沙丘各地形部位剖面图

流动沙丘的迎风坡下部、中部、上部、丘顶及背风坡的水分和风蚀沙埋情况，对造林成活率及植物的生长有很大影响。一般中小型沙丘的迎风坡中、下部，风蚀较轻、水分条件好，采用沙障固沙措施后，栽植根系发达、固沙能力强的灌木树种，如梭梭、沙拐枣、沙木蓼、白刺等；迎风坡上部，沙层干燥疏松，不宜造林；背风坡脚，可根据沙丘大小和移动情况留出一定空地后，选择耐沙埋、抗干旱的乔、灌木树种造林。

6）沙地的机械组成

沙地中沙粒的各种粒级的比例，决定着沙地的矿质养分条件、物理性质和水分状况。沙地中细粒越多，沙地肥力越高，保水性越好。细粒沙地在草原地带可以生长乔木；粗粒沙地上树木生长差。

7）植被覆盖度

一般裸露沙地，植被覆盖度小于15%；半固定沙地，植被覆盖度为15%~40%；固定沙地，植被覆盖度大于40%。植被覆盖度越高，立地条件越好，造林种草越易成功。

4.2.2 沙区立地条件类型的划分

划分沙区立地条件类型主要以沙丘高度、植被覆盖度、沙丘间地宽度等为主导因子，同时考虑丘间滩地的盐渍化程度、沙盖土性质、水文等进行立地条件划分。岳永杰、李钢铁、李清雪等依据沙丘高度、植被覆盖度、沙丘间地宽度，运用聚类分析的方法将桑根达来地区划分为2个立地条件类型组，8个立地条件类型。（表4-4-3）

表4-4-3　桑根达来地区立地条件类型表

编号	类型组	类型	高（宽）度/m	覆盖度/%
1	沙丘立地条件类型组	低矮固定、半固定沙丘立地条件类型	< 11	> 15
		中高固定、半固定沙丘立地条件类型	11~19.3	> 15
		高大固定、半固定沙丘立地条件类型	> 19.3	> 15
		低矮流动沙丘立地条件类型	< 11	< 15
		中高流动沙丘立地条件类型	11~19.3	< 15
		高大流动沙丘立地条件类型	> 19.3	< 15
2	丘间地立地条件类型组	狭窄丘间地立地条件类型	< 200	
		开阔丘间地立地条件类型	≥ 200	

贺振平、赵雨兴等以沙丘高度、丘间滩地为主导因子，同时考虑沙地土层厚度、水文、植被以及风蚀等环境状况的差异，把鄂尔多斯西北部地区的沙区划分为3个立地条件类型组，10个立地条件类型。（表4-4-4）

表4-4-4　鄂尔多斯西北部地区沙区立地条件类型

高大沙丘组（Ⅰ）	中小型沙丘组（Ⅱ）	沙丘间滩地组（Ⅲ）
Ⅰ₁沙丘坡底部及周围平缓地带	Ⅱ₁沙丘底部及周围平缓地带	Ⅲ₁无盐渍化覆沙滩地
Ⅰ₂沙丘下部缓坡地带	Ⅱ₂沙丘中下部缓坡地带	Ⅲ₂轻度盐渍化滩地
Ⅰ₃沙丘中部	Ⅱ₃沙丘上部	Ⅲ₃重度盐渍化滩地
Ⅰ₄沙丘上部		

4.3　造林技术

4.3.1　树种选择

防风固沙林造林，树种选择是关键，树种选择正确与否直接关系到造林的成败。树种选择的基本原则是适地适树和因地制宜，以乡土树种为主，选择适合在当地生长，有利于发展农、林、牧、副业生产的优良树种。

（1）乔木树种　应具有耐旱、耐瘠薄、耐风蚀沙埋，生长快，根系发达，分枝多，冠幅大，易繁殖，抗病虫害，改良沙地见效快，经济价值高等优点。北方选择的树种须耐寒，南方选择的树种须耐高温。可选树种有樟子松、胡杨、旱柳、小叶杨、合作杨、榆树、油松等。

（2）灌木树种　要求树种的防风效果好，抗干旱，耐沙埋，枝叶繁茂，萌蘖力强，能改良土壤，有效提供饲料、肥料、薪材，耐平茬，热能高，耐啃食，适口性好。可选树种有沙拐枣、沙柳、花棒、小叶锦鸡儿、紫穗槐、柠条、白刺、沙棘等。

4.3.2　树种组成

从水量平衡的角度看，林木蒸腾耗水是破坏地下水动态平衡的主要原因，乔木树种的蒸腾耗水量大多明显高于灌木树种的。据甘肃省民勤综合治沙试验站研究，沙枣的蒸腾耗水量约为梭梭、沙拐枣、花棒、柠条、白刺的 5~10 倍。对不同树种结构的防风固沙林地水分平衡研究表明，当梭梭纯林密度为梭梭 × 沙拐枣混交林密度的83%的情况下，梭梭纯林林地的土壤含水率仅为梭梭 × 沙拐枣混交林的69%。造林 8~9 年后，梭梭纯林林地的土壤有效水年均储蓄量达到最低。因此，在干旱缺水的沙区，营造防风固沙林要避免树种单一，应营造以灌木为主、乔灌结合的混交林。树种单一，不仅容易导致病虫害蔓延，而且种内竞争激烈，林木容易提前衰败。

在树种组成上，要按各种植物的生态特性合理进行搭配，如固沙先锋植物与旱生植物搭配，深根性植物与浅根性植物搭配，灌木与半灌木搭配，这样植物可以充分利用不同部位和层次的沙地的水分与养分，减少竞争，尽快发挥防护效益。如沙坡头区油蒿、柠条 × 花棒的带间混交，甘肃民勤沙区梭梭 × 沙拐枣的混交，起到了固沙先锋植物与旱生植物互相配合的作用；再如河西走廊临泽地区怪柳属植物与梭梭互相配合，就是深根性植物与浅根性植物配合的典型。这一组合在低矮沙丘上三年可达郁闭，这些混交林生长均优于树种单一的纯林。此外，营造混交林可以减弱病虫害的蔓延，促进土壤水分、养分的充分吸收、利用，使林地土壤更好地起到保墒作用。

4.3.3　造林密度

造林密度要根据造林地的立地条件、树种的生物学特性及人工植被的种类来合理确定。

（1）固定沙地　立地条件较好的固定沙丘与丘间滩地，乔木与灌木的比例为 1 ：2 或 1 ：1；杨树、旱柳、白榆等栽植 300~1 200 株 /hm²，樟子松、侧柏栽植 1 500~4 500 株 /hm²。

（2）流动或半流动沙地　立地条件较差的流动或半流动沙地采用沙障固沙造林，以灌木为主。单行或双行条带式密植，适当加大行带间距离，增加挡风固沙作用。株距 1~1.5 m，行带距 3~6 m，栽植 1 050~3 000 株 /hm²。

（3）丘间低地造林　丘间低地水分尚好，宜营造乔灌混交林，行距 2~2.5 m，乔木株距 1.5~2 m，灌木株距 1~1.5 m。

如表 4-4-5 所示为常用固沙树种造林初植密度。

表4-4-5　常用固沙树种造林初植密度

树种	密度 /（株·hm⁻²）	树种	密度 /（株·hm⁻²）
花棒	1 650~3 300	杨柴	1 950~3 750
梭梭	600~1 650	沙柳	1 650~3 000
沙拐枣	990~1 800	沙蒿	4 995~9 990
柠条	2 550~3 300	酸刺	2 490~9 990
沙枣	1 245~3 330	紫穗槐	2 490~6 675
胡杨	1 245~2 505	樟子松	3 330~5 010

4.3.4　造林季节

（1）春季造林　以春季造林为主，春季土壤比较湿润，土壤的水分蒸发和植物的蒸腾作用也比较低，苗木根系的再生力旺盛，愈合发根快，造林后有利于苗木成活生长。春季造林，宁早勿迟，通常于 3 月中、下旬—4 月中、下旬进行。栽植过晚，芽苞已经开放伸展，枝叶蒸腾的水分量和根系吸收的水分量不能平衡，苗木的成活和生长都会受到影响，对干旱的抵抗能力弱，即使发芽成活，往往在夏季也会死亡。

（2）秋季造林　通常在 10 月中旬—11 月，即苗木刚落叶后进行造林较好。秋季造林，苗木往往因地上部分经较长时间的风沙侵袭、干旱和霜冻，容易干枯死亡。同时，在漫长的干旱、寒冷季节，苗木又易遭受兽害。所以一般树种的植苗造林时间，秋季不如春季好，但秋季采取插条造林时只要有防护措施，反而比春季的造林成活率高。

（3）雨季造林　西北沙区降雨多集中在 7—8 月，各地的雨季开始时间虽有迟有早，但这一时期正值高温期，种子遇连续降雨即迅速发芽生长。雨季造林宜早不宜迟，以夏末秋初为佳，过迟则幼苗当年的木质化程度低，影响越冬。沙蒿、油蒿、籽蒿、花棒、杨柴、柠条、山竹子、梭梭、胡枝子等植物都适合雨季直播造林。

4.3.5　整地

营造乔木林时，在北方的中度、轻度风蚀区和杂草丛生的草滩地、质地较硬的丘间地和固定沙丘等，应于前一年秋末冬初整地，次年春季造林。流动沙丘和半流动沙丘造林不宜整地，以免造成风蚀。重风蚀区可在春季随整地随造林。

营造纯灌木林时，可随整地随造林；营造乔灌混交林与乔木林的整地时间相同。

整地方式宜采用带状犁耕。带向与主风方向垂直，整地带宽 0.6~1.0 m，保留带宽 1 m，整地深度为 20~25 cm，在其上再挖穴栽树。

4.3.6　造林方法

1）植苗造林

（1）穴植法　穴的大小和深浅应根据苗木大小和湿沙层情况而定，深度要达到湿沙层且大于苗木主根长度，宽度大于根幅，一般穴深不小于 50 cm，穴宽约 40 cm。栽时要做到"深栽、踏实、根舒展"。

（2）小坑垂壁栽植法　一般顺坡刨坑，坑深 40~50 cm，上口宽 30~40 cm，底宽约 15 cm，栽时将苗木根系靠垂直壁放正，然后填土踏实。这是沙区栽植针叶树种和灌木常用的方法。

（3）缝植法　适于干沙层比较薄的沙地造林，比穴植法省力省工，苗木根系不太大的均可用此法造林。

2）分殖造林

在土壤水分条件好，地下水位浅或有灌溉条件的沙区，可采用插条造林、插干造林。

（1）插条造林　春季造林，插穗多与地面平齐，不露头；秋季造林，插穗可略深于地面以下 3~5 cm。

插条应从生长健壮、无病虫害的优良母树树冠下部或基部采集，长度要根据树种和沙地的水分状况确定，一般乔木为 40~50 cm，灌木为 20~30 cm，粗度一般为 1~2 cm。在水分条件较差的沙地上，插穗可长 60~70 cm。将插穗上端剪成平口，下端剪成斜口，造林前浸水 5~7 昼夜，每天换水 1~2 次，使其充分吸水，若使用保水剂则效果更好。例如，在河西走廊沙区用沙拐枣扦插造林时，在插穴内紧贴插穗放置 2 节（每节长约 6 cm）用清水浸透的玉米秸秆，这样不仅能促进苗木成活生长，而且成本低。

（2）插干造林　适用于流动沙丘背风坡或平缓沙地的固沙造林。主要采用萌发力强的旱柳或杨树造林。枝干一般用 3~4 年生的粗壮枝，长 2~4 m，粗 4~6 cm，插干长度决定于沙丘的高度，以造林后插干不被沙埋过多为度。为了提高抗旱性和造林成活率，在清明前 10~15 d 砍下枝干，将枝干基部 15~20 cm 浸在水中，每天换水 1 次，等到清明后天气转暖、水温升高时，再把枝干全部浸入深 30~60 cm 的水中泡 10~15 d，每天换水 1 次，待树皮出现白色或浅黄色凸起后，取出枝干栽植。地下水位不到 2 m 的沙地深栽 0.8~1 m；地下水深度大于 2 m 的沙地，深栽 1~1.2 m。随钻孔随插干，用湿土分层填埋，再用锹把捣实。为防止沙埋后出现风蚀，每隔 10 多米再栽 2 行沙柳灌木带，以提高固沙作用。

3）播种造林

适用于平缓沙地和种子萌发力强的树种如沙蒿、白刺、柠条、花棒、沙拐枣等造林。播种前对种子进行处理，如沙蒿的种子太小，将种子与 5~6 倍量的沙子拌匀后撒播，可提高播种的均匀度。柠条的种子、花棒的种子等鼠、兔喜欢吃的种子在播前必须拌农药。沙拐枣的种子又大又轻，容易被风刮走，播种前最好用稀泥浆搅拌后再播。干旱沙区直播造林一般在雨季进行。

4.4 流动沙丘固沙造林模式

4.4.1 丘间低地固沙造林

选择沙丘背风坡的丘间低地，留出一段空地（春季造林离沙丘 3~4 m，秋季造林离沙丘 7~10 m）后种植乔、灌、草，次年在沙丘前移的退沙畔再造林种草，连续 3~4 次，将沙丘拉平。（图 4-4-4）

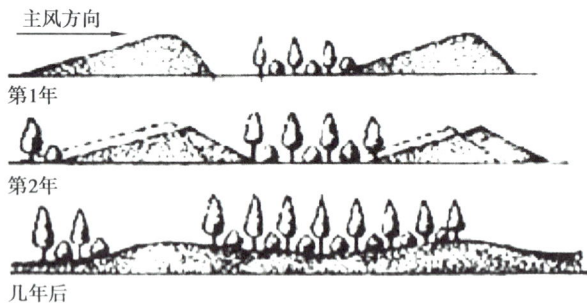

图4-4-4　丘间低地固沙造林

乔、灌、草结合是丘间低地造林治沙的关键。甘肃省河西走廊沙区的经验是第 1 年在丘间低地，春秋两季趁墒深栽植乔、灌木，造林前后都不浇水。林地上由于陆续有从沙丘吹来的流沙覆盖，保住墒情，林木生长良好。2~3 年后，在沙丘前移的退沙畔和迎风坡下部的坡面上，趁墒用大苗深栽造林，这样沙丘逐渐变低，坡面平缓，再在沙面趁墒深栽耐旱灌木，流沙被彻底固定。造林树种根据丘间低地地下水位的高低和土壤盐渍化程度而定。若地下水位较高，则选用白榆、沙枣、柽柳等树种营造乔灌混交林；若地下水位低，土壤水分条件差，则选用花棒、柠条、白刺等耐旱灌木；若土壤盐渍化严重，则选用胡杨、柽柳、白刺等耐盐树种。

4.4.2　前挡后拉固沙造林

前挡即在沙丘背风坡后的丘间低地栽植 10~20 行乔、灌木林带以阻挡沙丘前移；后拉即在沙丘迎风坡下部栽植 30~50 行灌木，固定该部位流沙，并在灌木作用下削平沙丘顶部，起到固定流沙的作用。（图 4-4-5）

图4-4-5　前挡后拉固沙造林

4.4.3　固身削顶固沙造林

在治理 6~7 m 以下的中、小型流动沙丘时，常采用固身削顶的方法，即先在沙丘迎风坡 2/3~3/4 以下坡面上设置行列式黏土沙障。通常黏土沙障的间距为 2~4 m，埂高 15~25 cm，埂底宽 45~75 cm。在沙丘上部或坡陡处应适当缩小间距或采用高大的障埂。在平缓沙地或流动性小的沙丘，可采用低小的障埂。在沙障内营造梭梭、沙拐枣、沙木蓼等灌木混交林，固定沙丘下部（固身），风越过林带后将沙丘中上部逐渐拉平变低，再顺风推进造林，直至占领整个迎风坡。在沙丘迎风坡固沙造林的同时，在丘间低地距背风坡脚留出一段空地，留作沙丘顶部下削前伸的缓冲地段，并在丘间低地选用沙枣、旱柳、榆、花棒、柠条、怪柳等乔灌木树种，营造阻沙林带，使流沙平摊在林内，从而将流沙固定。（图 4-4-6）这是甘肃河西走廊沙区广泛采用的一种固沙技术。

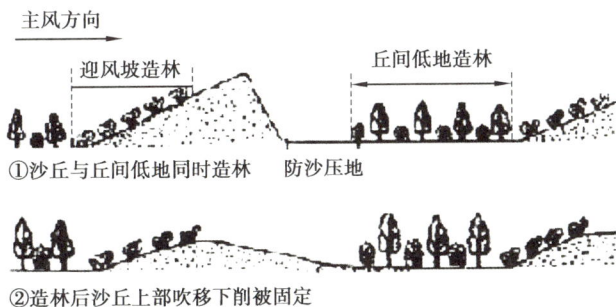

图4-4-6　固身削顶固沙造林

4.4.4　截腰分段，分期造林，固定流沙

治理 8 m 以上高大连绵的沙丘，在一次不能将其固定时，采用截腰分段、分期造林的办法，把沙丘化大为小，变高为低，最终彻底固定流沙。这种方法是先在沙层水分条件较

好的迎风坡中下部设置黏土沙障，障内营造灌木林（梭梭、沙拐枣等），固身削顶。经过几年，沙丘顶部不断前移，逐渐演变成较低的另一沙丘形态，原来的高大沙丘一分为二，再如前法进行第 2 或第 3 次固身削顶，直至沙丘被完全固定。（图4-4-7）

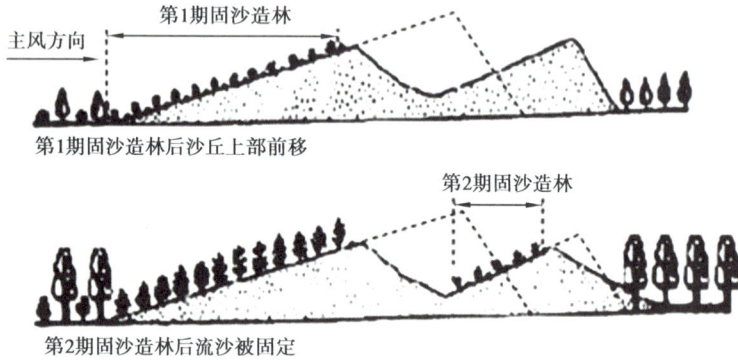

图4-4-7　截腰分段固沙造林

4.4.5　撵沙腾地固沙造林

对高不足 7 m、水分条件好的沙丘，在迎风坡基部犁耕促进风蚀，使沙丘矮化后造林种草。这是内蒙古自治区巴彦淖尔地区采用的一种造林方法。（图4-4-8）

4.4.6　又固又放固沙造林

固定一部分流动沙丘，让另一部分沙丘继续流动的方法。即选择奇数排（或偶数排）沙丘作为需要固定的沙丘，设立沙障或造林，迅速固定沙丘流动，对其余沙丘不采取固定措施，使其迅速移动，直至其移动到被固定的沙丘的位置，扩大平坦丘间低地，再行造林或开辟农田、果园。（图4-4-9）这种方法主要适用于湖盆滩地边缘地带的较小沙丘，移动较快的新月形沙丘或新月形沙丘链。

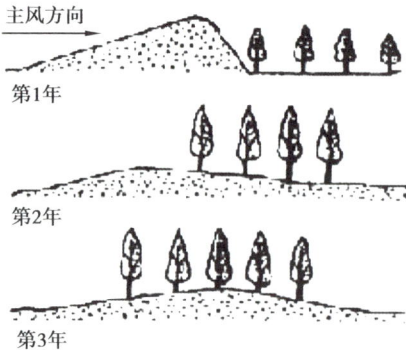

图4-4-8　撵沙腾地固沙造林

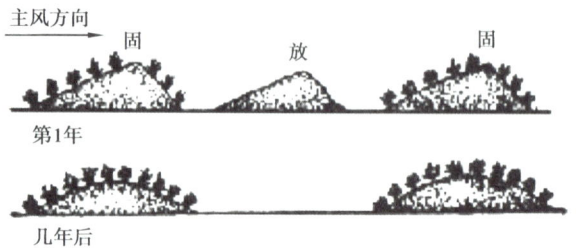

图4-4-9　又固又放固沙造林

4.4.7　环丘造林，固定流沙

在年降水量低于 100 mm、流动沙丘上几乎没有湿沙层的地区，可以采用环丘造林的方法固定流沙。根据甘肃省酒泉市金塔县的经验，其主要技术要点为：对零星散布的流动沙丘，先采用土埋沙丘的办法将其完全固定，然后紧靠沙丘基部周围密植沙拐枣、骆驼刺等耐旱灌木，外围栽植沙枣、杨树等乔木或栽植沙枣、杨树、柳、沙柳、柠条、花棒等乔灌混交林，将沙丘包围于林中，这样即使沙障失效，流沙也只能散布积聚在林地内，不会产生外移危害。

对固沙和造林均不适宜的小片分散起伏沙地，可以采用"聚而歼之"的办法。在下风向的适当位置插设高立式挡沙沙障，把分散的流沙逐渐拦蓄积聚成大沙丘，再土埋沙丘，将沙全部固定，然后环丘造林。

◎巩固拓展

一、思考与练习题

（一）名词解释

防风固沙林　前挡后拉固沙造林

（二）填空题

1.流动沙丘固沙造林模式有（　　　　　）、（　　　　　）、（　　　　　）、（　　　　　）、（　　　　　）、（　　　　　）、（　　　　　）。

2.沙丘的移动形式主要有（　　　　　）、（　　　　　）、（　　　　　）三种。

3.营造防风固沙林必须做到（　　　　　）、（　　　　　）、（　　　　　），才有可能获得成功。

（三）选择题（单选）

1.在干旱缺水的沙区，营造防风固沙林要避免树种单一，应营造以（　　　）为主，乔、灌结合的混交林。

　　A.乔木　　　　　　B.灌木　　　　　　C.草本　　　　　　D.伴生树种

2.防风固沙林造林最关键的限制因子是（　　　）。

　　A.风　　　　　　B.水　　　　　　C.肥　　　　　　D.光

（四）问答题

1.简述沙区的立地条件。

2.简述防风固沙林的营造技术。

二、阅读文献题录

1.邵彬，王冠.躬耕荒漠擘绘"绿色长城"　不负韶华浇铸时代丰碑　记治沙英雄、"人民楷模"国家荣誉称号获得者王有德［J］.中国民族，2020（7）.

2. 耿国彪. 治沙英雄牛玉琴　誓让沙漠变绿洲［J］. 绿色中国，2020（13）.

3. 耿国彪. 王银吉　治沙英雄的大漠传奇［J］. 绿色中国，2018（19）.

4. 赵国军. 辽西地区主要防风固沙林模式及应用. 现代农业科技，2019（14）.

5. 厉静文，刘明虎，郭浩，等. 防风固沙林研究进展［J］. 世界林业研究，2019，32（5）.

6. 冬措毛. 新形势下防沙治沙造林技术的应用探究［J］. 防护林科技，2019（9）.

7. 叶翕林，马少刚. 固沙树种樟子松造林技术［J］. 现代农业科技，2016（23）.

三、标准与法规

1. GB/T 18337.3—2001　生态公益林建设技术规程

2. LY/T 1556—2000　公益林与商品林分类技术指标

任务5　农田牧场防护林营造

◎任务目标

◆ 知识目标

①熟悉农田牧场防护林的林带结构、配置方法。

②掌握农田牧场防护林的栽植方法。

③掌握农田牧场防护林规划设计的原则、方法。

◆ 能力目标

①具备农田牧场防护林规划设计和指导施工作业的能力。

②具有设计农田牧场防护林幼林周年抚育管理计划的综合能力。

◆ 育人目标

引导学生讲好三北故事，弘扬三北精神，树立绿色理念；坚定理想信念、厚植爱国情怀，加强品德修养、增长知识见识，培养奋斗精神，增强综合素质；增强"四个自信"，传承红色基因，立志扎根人民，营造一片森林、保护一方山水，带动一方经济、造福一方百姓，共建一方和谐。

◎ **实践训练**

实训项目 5.1　农田牧场防护林造林技术设计

一、实训目标

学会农田牧场防护林造林技术设计。

二、实训场所

拟造林地。

三、实训形式

学生 5~6 人一组，在老师或企业技术员的指导下进行实操训练。

四、实训工具

1：10 000 或 1：25 000 地形图、近期的航空照片、皮尺或测绳、钢卷尺、罗盘仪或 GPS 定位仪、计算机软件、计算器、铅笔、各种调查记载表等。

五、实训内容与方法

（一）搜集资料

1. 图面资料

地形图、土地利用现状图、土壤分布图、地貌类型图等。

2. 气象资料

从本区或附近的气象台查阅有关的气象因子。

（1）温度因子　年平均气温、极端气温（最高、最低气温），无霜期、年日照时数、最大冻土深度等。

（2）降水因子　年平均降水量、降水强度、降水季节分布，年蒸发量、年平均相对湿度等。

（3）风　年平均风速、主风向、次风向，年大风日数、风暴日数等。

（4）灾害气象因子　霜冻、寒害、旱灾、涝灾等。干热风规律，害风季节，各月的主要害风风向、害风风速，最大害风风速、危害程度等。

3. 土壤资料

土壤种类、分布、特性、生产力高低情况，土壤受风力、水力侵蚀的面积、强度，土壤盐渍化程度，风沙危害情况；现有的农田牧场防护林面积、保护农田面积，林带保护下农田的生产情况等。

4. 植被资料

植被情况、农作物种类等。

5. 水文资料

河流、渠的分布，地下水位，地下水利用程度，水利工程等。

6. 社会经济调查

总人口、农业劳动力，农业总收入、人均收入，粮食平均单产、粮食年总产量，农业机械化程度，农田基本建设情况，农、林、牧业产值比例，农、林、牧业各自所占面积，总土地面积、防护林面积等。

（二）造林作业区选择

依据当地造林总体设计、年度计划，选择需要营造农田牧场防护林的地块。

（三）造林作业区外业调查

①土壤因子调查：土壤种类、土层厚度、土壤质地、土壤结构、土壤酸碱度、土壤干湿度、地下水位深度等。

②植被调查：植物（包括农作物）种类、高度、覆盖度、郁闭度等。

③防护林林带现状调查：林带结构、树种组成、造林方法、管护措施、生长状况、防护效益、病虫害等。

（四）造林技术设计

①林种、主要造林树种、辅佐树种的设计。

②林带结构：造林密度、林带宽度、林带的断面形式、林带行数设计。

③主林带走向、林带的间距、林网形状、网格面积、主林带与副林带衔接处留口长度设计。

④造林年度、造林季节、造林方法、整地方法、整地时间、苗木种类、苗木规格、需苗量等的设计。

⑤抚育管理措施、更新方式，幼林抚育时间、次数、强度设计。

示例如表 4-5-1 所示。

表4-5-1 造林技术设计一览表

_____县（区、林场）

村屯名	小班号	小班面积	造林地类别	立地条件类型	造林技术设计													苗木		抚育措施
					林种	树草种	营造方式	造林时间	初植密度	混交比例	整地方式	整地时间	整地规格	主林带走向	林带行数	林带宽度	林带间距	网格面积	苗木规格	需苗量	

（五）效益预测

预测效益包括经济效益、生态效益、社会效益。

六、实训报告要求

每位学生提交一份农田牧场防护林造林技术设计说明。

◎背景知识

农田牧场防护林是以保护农田、牧场，减轻自然灾害，改善自然环境，保障农、牧业生产条件为主要目的的森林、林木和林地。凡是在农田、牧场周围 100 m 的森林、林木和林地或与沙地接壤 250~500 m 的森林、林木和林地，都可以划定为农田牧场防护林。农田牧场防护林的形式有三种，第一种是农田牧场防护林网；第二种是林农间作；第三种是在农田牧场的间隙地带营造的丛状林或小片林。

5.1　作用

5.1.1　防风作用

农田牧场防护林能改变气流的物理状况。气流在运行过程中，当遇到林带的阻挡，首先由于林带的屏障作用而消耗一部分动能，林带附近风速降低。接着，气流密度加大，迫使一部分气流从林带上方越过，越过林带屏障时，因和树木枝叶摩擦而能量减弱；另一部分气流进入林带，也改变了原来的结构，原来较大的气流被林带的孔隙过滤，分散成许多方向不同、大小不等的小旋涡，它们互相摩擦、撞击并和树干、枝叶摩擦而消耗了能量，从而风力被削弱，风速降低。

林带防风效果的一般规律是：距林带越近，作用越显著。随着距离的增大，林带的防风作用逐渐减小，达到一定距离后，则恢复到原来的风速。林带降低风速的程度和林带的有效防护范围因林带的结构和高度不同而不同。

5.1.2　调节温度

春季林带附近气温比旷野要高约 0.2 ℃，且最高气温也高于旷野，这有利于作物萌动出苗或防止春寒。夏季林带有降温作用，1 m 高处气温比旷野低 0.4 ℃，20 cm 高处气温比旷野低 1.8 ℃。9 月份与春季相似，冬季林带有增温作用。

在风力微弱的晴天，林带提高了林缘附近的最低温度。早晨 5 点，林带向阳面和背阴面温度均比旷野高 1~3 ℃，林带内温度比旷野高 5 ℃。林带提高了向阳面的地表温度，但降低了背阴面的最高地表温度，即减小了背阴面及林带内地表温度的日温差。

5.1.3　调节湿度

（1）林带对蒸发、蒸腾的影响　大量的观测资料表明，林网内土壤的水分蒸发和作物的蒸腾强度比旷野的低，从而改善了农田的水分状况。一般在风速降幅最大的林缘附近，水分蒸发量减少得最多，最多可达 30%。

（2）林带对空气湿度的影响　在林带作用范围内，由于风速和乱流交换强度的减弱，林网内作物蒸腾和土壤蒸发的水分在近地层大气中逗留的时间相应延长，因此近地面的绝对湿度常常高于旷野，相对湿度可增加 2%~3%。

（3）林带对土壤湿度的影响　在林带保护范围内，土壤湿度可显著增加，背风面距离林缘 5 H（H 表示带高）处的土壤湿度可比旷野提高 2%~3%。但在距林带很近的区域内，林带内林木根系从邻近土壤中吸收大量水分以供蒸腾作用，使土壤湿度降低。

5.1.4　防止干热风危害

干热风是一种在春末夏初（5 月下旬—6 月下旬）出现的具有高温低湿特点的又干又热的西南风或南风（气温 ≥ 25 ℃，相对湿度 ≤ 40%，风速 ≥ 4 m/s 的旱风）。因此时正是小麦乳熟灌浆阶段，干热风的出现往往使小麦失水过多，造成青枯或籽粒干秕，产量、质量降低。我国从黄淮平原到河西走廊和南疆盆地，小麦种植面积约 1 400 万 hm²，占全国小麦播种面积的 1/2。受干热风危害的影响，小麦一般要减产 2~3 成，严重的减产 4~5 成。林带防止干热风危害的作用比较显著，因此大力营造农田牧场防护林，积极防治干热风对农作物造成的危害，是促进农牧业高产稳产的重要措施。

5.1.5　改善土壤条件

在林带有效防护范围内风蚀较轻，可防止肥沃的表土被吹走；林带的枯枝、落叶及根茬较多，可改良土壤结构，提高土壤腐殖质含量。

5.2　规划设计

5.2.1　规划设计原则

①坚持为农牧业生产服务的方向，以农牧业总体规划要求为依据。

②坚持以农牧业为主、林业为辅的原则，正确处理好农、林、牧业三者的关系，以及当前利益和长远利益的关系。

③贯彻"因地制宜，因害设防，先易后难，由近及远，全面规划，统筹安排"的原则。对山、田、牧、渠、路、村等要统一规划，点、线、面、网、带、片、乔、灌、草相结合，对风、沙、旱、涝、碱等综合治理。

④在充分发挥林带最大防护效能的前提下，尽量少占耕地。

⑤在造林、营林技术上尽量坚持先进、适用，集约经营，生态优先，生态效益、社会效益和经济效益相统一的原则。

5.2.2　规划设计的内容

1）林带结构

林带结构是指林带树冠所处层次、宽度、纵断面形状、枝叶状况、密度和透光状况等综合情况。根据防护的需求，通常把林带结构划分为 3 种类型，即紧密结构、疏透结构和通风结构。林带结构不同，其防风效果也不同。

（1）有关林带防风作用的几个参数

①林带的有效防护范围。林带对农作物具有显著增产效果的最大距离称为有效防护范围。一般以平均蒸发量降低 20% 以上和平均风速降低 20% 为最低值，作为确定林带有效防护范围的最低指标。林带的有效防护范围以带高（H）的倍数来表示。要设计合理的林带，其有效防护范围一般为 $20H \sim 25H$，最高可达 $30H$。

②透风系数。透风系数指林带背风面林缘 1 m 处林带高度范围内的平均风速（m/s）与无林旷野相同高度范围内的平均风速之比，用十分数表示。这是鉴定林带结构优劣和防风作用大小的重要参数，是一个变数，常随风速、风向的变化而变化。

③疏透度。林带的透光程度。指林带纵断面上的透光孔隙面积与林带纵断面的总面积之比，用百分数或十分数表示。其能反映出林带的密度、枝下高、生长情况等林学特征。

（2）林带结构类型

①紧密结构。林带由乔木、亚乔木和灌木树种组成多层林冠，有叶期枝叶茂密，犹如一堵墙，透风系数小于 0.3，林带较宽，一般宽 10 ~ 20 m，中等风力遇到林带时，基本上不能通过，大部分气流由林带上部绕行。在背风林缘附近常形成静风区或弱风区，风越过林带后很快恢复到旷野风速，防风距离较短，而近距离的防风效果较好。其有效防护范围为 $15H \sim 20H$，最小风速出现在林带背风面 $1H$ 处，仅相当于旷野风速的 10%。（图 4-5-1）

②疏透结构。疏透结构林带由几行乔木、两侧各配的一行灌木组成，林带较窄，透光孔隙上下分布均匀。风遇到林带后被分成两部分，一部分从树干、树枝、树叶的孔隙中穿过，并在背风林缘形成许多小旋涡；另一部分从林带上部绕过，在背风林缘形成一个弱风区。林带透风系数为 0.3 ~ 0.5。在林带背风面可形成一个比较大的弱风区，最低风速出现在林带后距林缘 $3H \sim 5H$ 处，有效防护范围为 $25H$。（图 4-5-2）

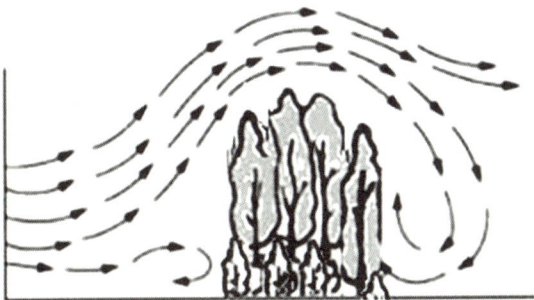

图4-5-1　紧密结构林带

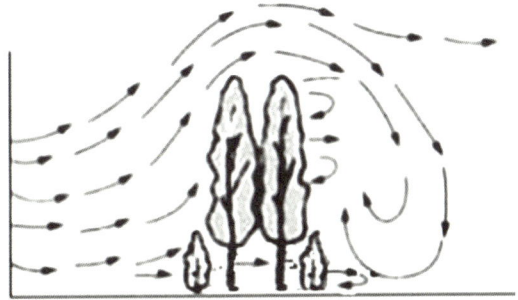

图4-5-2　疏透结构林带

疏透结构林带的有效防护范围较大，林带缓慢而均匀地降低风速，不会造成积沙、积雪和风蚀现象，是一种理想的林带结构。

③通风结构。通风结构林带一般由几行乔木组成，没有下木。其按透光孔隙分布，具有两个明显的层次。一个层次由上部树冠组成，透光孔隙均匀，不透风或透风系数很小；一个层次由下部树干组成，透光孔隙均匀而大，疏透度为 0.4~0.6，透风系数在 0.5 以上，风能顺利通过。林带近距离的防护效果较差，最低风速出现在 $5 H$~$10 H$ 处，其风速恢复得较缓慢，有效防护范围最大，可达 $28 H$。通风结构林带在冬季可使降雪均匀分布在农田地表上，但在林缘附近和林带内容易发生风蚀，适合在风沙危害较轻地区采用。（图 4-5-3）

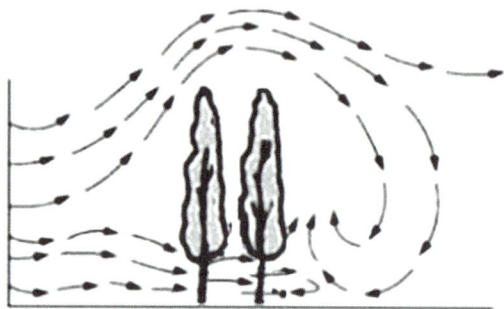

图4-5-3 通风结构林带

2）林带走向

林带走向是指主、副林带配置的方向。

农田牧场防护林由主林带和副林带组成，防治主要害风的林带称为主林带，防护主要害风以外的风的林带叫副林带。

主林带走向应垂直于主要害风方向，副林带走向一般与主林带垂直。（图 4-5-4）

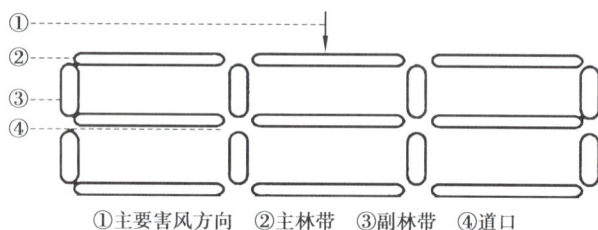

①主要害风方向　②主林带　③副林带　④道口

图4-5-4 主、副林带与道口配置

当主要害风风向比较集中，其他方向的害风频率均很小时，可以不设副林带。

主要害风与次要害风的风向频率均较大，主林带与副林带所起的作用同等重要，林网可设计成正方形；主要害风的风向频率较大而不太集中，主林带方向取垂直于两个频率较大的主要害风方向的平均方向，可以不设副林带；主要害风与次要害风的风向频率均较小，害风方向不集中，主林带与副林带几乎同等重要，而且在两三个或更多方向上害风的风向频率相差无几，可以设计成正方形林网，林带走向可以在相当大的范围内进行调整。

3）林带间距

林带间距是指主林带与主林带、副林带与副林带之间的距离。主林带间距的大小由林带的防护距离和林带的树高决定，一般规律是害风越过林带后不造成危害的距离为主林带的有效防护距离。若疏透结构林带的有效防护范围为 25 H，林带高度为 15~20 m，则主林带间距应为 375~500 m。

副林带间距根据次要害风与当地风沙干旱危害的程度、耕地面积的大小以及机耕条件而定。若次要害风危害较大且当地风沙干旱较重，则副林带间距可小些；在次要害风危害不严重、机耕作业条件好的地区，副林带间距可适当加大。

林带间距不能过大或过小，间距过大则林带间的农田和牧草得不到完全的保护，间距过小则占地、胁地太多，同时影响田地灌溉、农机效率和作物收割等工序的进行。因此，设计时必须根据林带结构的性能、自然灾害情况和土地生产力的高低综合考虑。

在黄土高原地区，带间距离还应根据造林地的环境条件来确定。如灌溉区，速生树种的成林高度可达 15~20 m，当林带的有效防护距离为树高的 20~25 倍时，林带间距可确定为 400 m×400 m 或 500 m×500 m 的正方形网格。在干旱地区，当林带的成林高度为 10 m，有效防护距离为树高的 20~25 倍时，林带间距可确定为 200 m×200 m 或 250 m×250 m 的正方形网格。在坡地农田设置林网，由于迎风坡的风速较大，林带间距应为 100~200 m；若害风特别严重或有特殊要求如营造果园林网，则林带间距可更小些。

我国各地营造农田牧场防护林的主、副林带间距大体上是：东北地区西部与内蒙古东部地区，主林带间距一般为 300~500 m，副林带与主林带间距相同或扩大一倍。苏北地区海岸防护林，主林带间距为 200~300 m，副林带间距为 1 000~2 000 m。豫东地区沙地防护林的主林带间距为 80 m，副林带间距为 125 m。西北地区及新疆沙区防护林一般主林带间距为 150~200 m，副林带间距为 200~400 m。

在牧场配置林带，同等条件下主林带间距和副林带间距应适当加大。

4）林带宽度

林带宽度是指林带两侧边行树木之间的距离，再加上两侧各 1~1.5 m 的林缘宽度。林带宽度是否合理，对林带结构及其防护性能会产生重大影响，它也是是否合理利用土地的一项重要指标。

林带宽度越大，占地比值越大，而林带的有效防护范围和防护效果与林带的宽度并不成正相关，并不是林带越宽，其有效防护范围越大，防护效果越好，而是林带宽度达到一定程度后林带结构会过于紧密，疏透度和透风系数越来越小，林带的防护作用反而会减小。（图 4-5-5）

实践证明，采用"窄林带，小网格"的形式营造农田牧场防护林的效果较好，既可以少占耕地，又可以达到好的防护效果。目前我国大部分地区采用 2~4 行、宽 4~8 m，网

格面积为 $15\sim20\ hm^2$ 的"窄林带，小网格"形式营造农田牧场防护林。

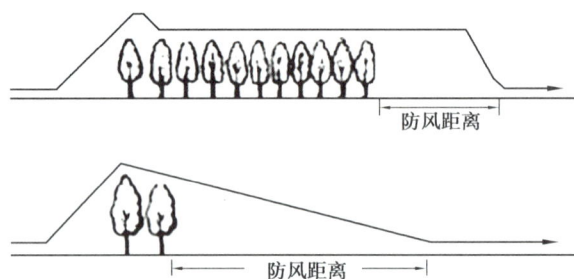

图4-5-5　宽林带和窄林带的防风作用示意图

5）林带横断面

农田牧场防护林由多种树种混交，就构成了不同形状的林带横断面，如由同一级乔木组成的林带，其横断面为矩形；由大乔木和亚乔木组成的林带，其横断面多为波浪形，若大乔木配置在边行，亚乔木配置在中间，则横断面为凹形，反之，若大乔木在中间，亚乔木次之，灌木配置在边行，则横断面为屋脊形。（图 4-5-6）林带横断面的形状不同，其防风作用也不相同。一般来说，矩形和波浪形横断面的林带的防护能力强，其他形状的横断面的林带的防护效果不好。

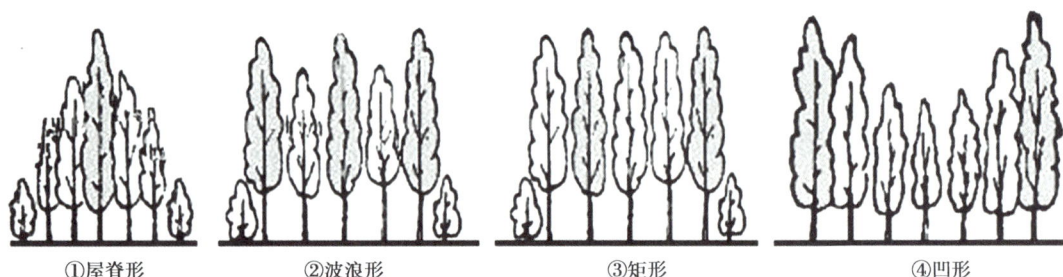

①屋脊形　　　　②波浪形　　　　③矩形　　　　④凹形

图4-5-6　林带横断面形状

6）林网的布局

林网的布局应与农田牧场防护林的综合防护体系规划相协调，山、田、牧、渠、路、村等要统一规划，点、线、面，网、带、片，乔、灌、草相结合，条田、水渠、道路、林带四配套，尽量做到林跟渠、路走，这样少占耕地面积，减少林带胁地的作用。（图 4-5-7、图 4-5-8）。主、副林带交界处应留出 $7\sim10\ m$ 的间距，作为农机具出入的道口。要尽量避免在林带中间开口和断空，以免造成风口，影响防护效益。

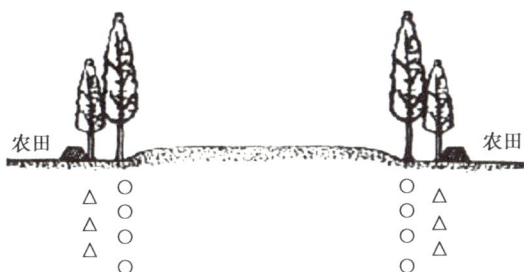

图4-5-7 道路两侧的林带配置

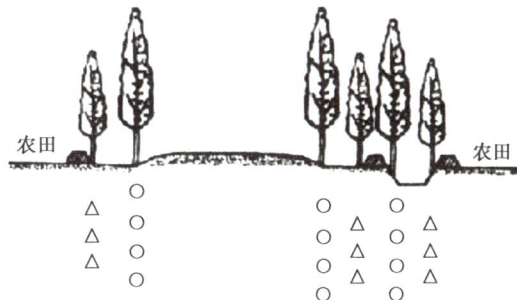

图4-5-8 田、渠、路相间的林带配置

5.3 营造技术

5.3.1 树种的选择

树种的选择，直接关系到农田牧场防护林的生长发育和防护效能的发挥。树种选择不当，防护林的防护效能难以正常发挥，同时会产生各种负面影响，因而需要慎重选择树种。农田牧场防护林树种应具备的条件如下：

①适合当地的立地条件，以乡土树种为主，应提倡树种的多样性。

②具有一定的速生性，生长健壮、稳定，寿命较长。

③树干通直高大，根系分布较深，树冠较窄，侧枝较多且均匀分布于主干上下，有利于形成理想的林带结构。

④具有良好的抗高温、抗寒、抗旱、抗病虫害、耐水湿、耐盐碱等抗逆能力。

⑤繁殖材料的来源广泛，易于繁殖，具有较高的经济价值。

⑥避免选用根蘖性强，具有窜根性和遮阴性的树种，树种应与作物、牧草没有共同的病虫害或不为这些病虫害的中间寄主。各地区常用的农田牧场防护林树种见表4-5-2和表4-5-3，仅供参考。

表4-5-2 农区主要适宜树种表

区域	主要适宜树种
东北区	兴安落叶松、长白落叶松、油松、樟子松、云杉、水曲柳、胡桃楸、赤峰杨、白城杨、健杨、小青杨、群众杨、小黑杨、银中杨
三北区	樟子松、油松、杜松、旱柳、白榆、白蜡、刺槐、大叶榆、臭椿、胡杨、新疆杨、赤峰杨、箭杆杨、银白杨、白城杨、小黑杨、银中杨
黄河区	油松、侧柏、云杉、杜梨、槲树、茶条槭、刺槐、泡桐、臭椿、白榆、大果榆、蒙椴、枣树、垂柳、河北杨、钻天杨、合作杨、小黑杨
北方区	华北落叶松、银杏、桦树、槭树、椴树、楸树、枣树、旱柳、刺槐、槐树、臭椿、白榆、核桃、栾树、毛白杨、青杨、加杨、小美旱杨、沙兰杨
长江区	银杏、榉树、枫杨、樟木、楠木、桤木、香椿、喜树、梓树、漆树

区域	主要适宜树种
南方区	水杉、池杉、黑杨、楸树、枫杨、榆树、槐树、刺槐、乌桕、黄连木、栾树、梧桐、喜树、垂柳、旱柳、银杏、杜仲、毛竹、刚竹、淡竹、木麻黄
热带区	落羽杉、池杉、水松、水杉、木麻黄、窿缘桉、巨尾桉、尾叶桉、柠檬桉、雷林一号桉、赤桉、刚果桉、台湾相思、银合欢、枫杨、蒲葵、刺竹、青皮竹、麻竹

表4-5-3　牧区主要适宜树种表

草原	所含区域	主要适宜树种
森林草原	东北（松嫩）及内蒙古东部	兴安落叶松、长白落叶松、樟子松、油松、白城杨、赤峰杨、小黑杨、银中杨、旱柳、北京杨、白柳、白榆、水曲柳
	华北北部及黄土高原东南部	油松、樟子松、华北落叶松、侧柏、刺槐、臭椿、楸树、青杨、小叶杨、群众杨、小黑杨、北京杨、旱柳、白榆
	新疆山地	新疆落叶松、天山云杉、疣皮桦、白蜡、白榆、大叶榆、青杨、银白杨
干旱草原	内蒙古高原（鄂尔多斯高原）	油松、白榆、旱柳、沙枣、杜梨、小叶杨、青杨、群众杨、箭杆杨
	黄土高原	樟子松、油松、臭椿、刺槐、楸树、小叶杨、群众杨、小黑杨、青杨、旱柳、白榆
	新疆山地	新疆落叶松、天山云杉、疣皮桦、白蜡、白榆、大叶榆、青杨、银白杨
荒漠草原	内蒙古西部（鄂尔多斯盆地中部）	白榆、旱柳、沙枣、胡杨
	黄土高原西部	白榆、枸杞、新疆杨、胡杨
	新疆阿尔泰山前及荒漠区山地	大叶榆、银白杨、新疆杨

5.3.2　林带树种配置

配置林带树种时，边行和中间行的树木的生长速度与其主干高度要基本相同，避免林带出现屋脊形和凹形断面。为了达到理想的林带结构，可在林缘适当配置灌木。常见林带类型有乔木混交、乔灌混交、乔灌果混交和针阔混交4种类型，其中以乔木和灌木混交配置（乔灌混交）的混交效果最好。

5.3.3　造林密度

乔木可采用1 m×2 m～2 m×3 m的株行距，灌木的株距可为1 m。草原地区土壤多缺水，种植密度不宜过大，植株的株行距以2 m×2 m～3 m×4 m为宜。

种植点的配置采用三角形配置方式，可提高防护林的防护效益。

5.3.4　造林整地

造林前必须进行整地，农田牧场防护林的整地与常规造林的整地基本相同，多采用块状整地，有条件的地区可进行大坑整地并施基肥。

5.3.5　栽植方法

1）植苗造林

营造农田牧场防护林时，多采用 3~5 年生的大苗。栽植前可对苗木进行修根、浸水、黏泥浆等，以提高造林成活率。

2）插干造林

插干造林选用较粗的基干或树枝作为造林材料，一般基干或树枝的直径为 3~8 cm，长 2~3 m，2 年生。在定植点挖坑扦插，基干或树枝的下端埋入土中的深度至少为 50 cm。插干造林法是在地下水位较深的干旱地区常用的造林方法，造林成活率较高。

5.3.6　幼林抚育

1）除草松土

在造林后 3 年内要除草松土，第 1 年 3 次，第 2 年 2 次，第 3 年可视情况进行 1~2 次，盐碱地及年降水量 300~500 mm 的半干旱地区，幼林抚育年限还应当延长到第 5~7 年。

第 1~2 年不要全面除草松土，只沿树行带状除草松土，在行间保留 1 条草带，待林带两侧灌木成长起来，能起到固沙作用后，再全面除草松土。

2）幼树培土

在沙质土地带，如有风蚀现象，应及时对幼树进行培土。

3）灌溉

在西北绿洲灌溉农区，除了常年过水渠道两侧的窄林带外，对其他林带必须进行灌溉。春季定植后，应立即灌水 1 次，半月内再灌水 1 次，以后每隔 15~30 d 灌水 1 次；第 2~3 年要继续灌溉 5~6 次；成林后，每年灌溉 3~4 次。在地下水位高的地带，可以减少灌水次数。

4）平茬

对栽植于林带两侧的灌木，应在其幼树根系生长壮大后进行平茬。视树种不同，可 2~4 年平茬 1 次，以促使植株复壮，丛生更多枝条，提高防护效益。

5）修枝

一般防护林带的修枝高度不超过林木全高的 1/3~1/2。无论是通风结构林带，还是疏透结构林带，其适宜疏透度不能超过 0.4。

①在风沙危害严重，以疏透结构林带为主的地区，一般窄林带不能修枝。各地经验证明，4 行或少于 4 行的窄林带只有在不修枝的情况下，才能形成疏透结构及适宜的疏透度。

②在大风较少，以防止干热风为主要目的的地区，为保持林带适度的通风结构，必要

时可适度修枝。

③对紧密结构林带，应通过修枝使其形成疏透结构或适度的通风结构。

6）间伐

在林带过分密集的情况下，可适当进行间伐，间伐后的疏透度不能大于0.4，郁闭度不低于0.7。一般只伐除病虫害木、风折木、枯立木、霸王树、生长过密处的偏冠木、被压木、生长不正常的林木。

5.3.7　减轻林带胁地的措施

由于林带树冠的遮阴作用和地下根系争水争肥，林缘附近的农作物生长发育不良而显著减产的现象称为林带胁地。

林带胁地一般在林带两侧 $1H \sim 2H$，其中影响最大的是 $1H$ 以内，林带胁地程度与林带的树种、树高、林带结构、林带走向、农作物种类、地理条件及农业生产条件等因素有关。减轻林带胁地的措施有：

（1）挖沟断根　对林带以侧根扩展，与附近作物争水争肥的胁地情况，在林带两侧距边行 1 m 处挖沟断根。沟深随林带树种的根系深度而定，一般为 40~50 cm，最深不超过 70 cm，沟宽 30~50 cm。林、路、渠配套的林带，林带两侧的排水沟渠可起到断根的作用。

（2）合理种植农作物　在胁地范围内种植受胁地影响小的农作物，如豆类作物、薯类作物、牧草、蓖麻、瓜菜、中草药等。

（3）合理配置林带和树种　在林带边行配置树冠较窄、枝叶稀疏、发芽展叶较晚、深根性树种，如新疆杨、泡桐、枣树等，可减轻胁地程度。尽量采用"窄林带，小网格"的形式配置林带，也可以减小林带胁地的面积。

5.3.8　林带的更新

随着林带树木逐渐衰老、死亡，林带结构也逐渐变疏松，防护效益也逐渐降低，要保证林带防护效益的持续性，就必须建立新一代林带，以代替自然衰老的林带。林带的更新有全带更新、半带更新、带内更新和带外更新、带间更新、隔带更新共6种方式。

（1）全带更新　将衰老林带一次伐除，在迹地上建立起新一代林带。全带更新，形成的新林带带相整齐、效果较好，在风沙危害较轻地区可采用这种方式。全带更新宜采用植苗造林的方法，如用大苗在林带迹地上造林，可使新林带迅速成林，发挥防护作用。

（2）半带更新　将衰老林带一侧的数行植株伐除，然后采用植苗造林法，在采伐迹地上建立新一代林带，待其郁闭发挥防护作用后，再在另一侧进行保留林带的更新。半带更新适用于风沙比较严重的地区，特别适用于宽林带的更新。

（3）带内更新　在林带内原有树木行间或伐除部分树木后的空隙进行造林，并逐步实现对全部林带的更新。这种更新方式既不占耕地，又可以使林带连续发挥作用，但是新林带不整齐，在一定时期内影响林带的防护作用。这种方式适合用于宽林带的更新。

（4）带外更新　在林带的一侧（最好是阴面）按林带设计宽度整地，营造新林带，待新林带郁闭后，再伐除老林带。这种方式占地较多，只适用于窄林带的更新或者地广人稀的非集约地区林带的更新。

（5）带间更新　即在两条老林带之间营造一条新林带，成林后再将老林带伐除，然后在迹地上再更新，使大网格变成小网格。这种方式适用于间距较大的林网的更新。

（6）隔带更新　在一定区域内，每隔1~2带伐除一带，进行林带的更新。新林带能够发挥防护作用后，再伐除保留的老林带，从而实现林带更新。这种方式适用于间距较小的林网的更新。

◎巩固拓展

一、思考与练习题

（一）名词解释

农田牧场防护林　　主林带　　林带间距　　林带宽度　　林带结构　　疏透度

（二）填空题

1.农田牧场防护林的主林带走向应与（　　　　　　），副林带走向一般与（　　　　　　）。

2.农田牧场防护林的林带横断面形状主要有（　　　　　）、（　　　　　）、（　　　　　）和（　　　　　）共四种，其中（　　　　　）和（　　　　　）的防风作用大，防护效果好，是理想的林带横断面形状。

3.农田牧场防护林的幼林抚育管理措施主要包括（　　　　　）、（　　　　　）、（　　　　　）、（　　　　　）、（　　　　　）、（　　　　　）等。

4.减轻林带胁地的措施主要有（　　　　　）、（　　　　　）、（　　　　　）。

5.疏透结构林带的有效防护范围为（　　　　　）。

6.紧密结构林带的最小风速出现在（　　　　　）。

7.在风沙危害较严重的地区，适合做农田牧场防护林的林带结构类型是（　　　　　）。

（三）选择题（单选）

1.疏透结构林带的最低风速出现在林带后距林缘3H~5H处，有效防护范围为（　　　　　）。

　　A. 25H　　　　　　B. 15H　　　　　　C. 20H　　　　　　D. 12H

2.农田牧场防护林应选择的主要树种是（　　　　）。

A. 树冠大的　　　　　B. 抗风能力强的　　　　C. 根蘖性强的　　　　D. 材质好的

（四）问答题

1.简述农田牧场防护林规划设计的内容。

2.简述疏透结构、通风结构、紧密结构林带的特点。

3.怎样选择农田牧场防护林树种？

二、阅读文献题录

1.陈婉.《三北防护林体系建设40年综合评价报告》发布　三大效益有机结合　生态效应显著［J］.环境经济，2019（1）.

2.安琪.三北工程四十年——崛起的绿色长城［J］.国土绿化，2018（11）.

3.马玉海.三北工程促发展　兴隆林业铸辉煌［J］.河北林业，2018（10）.

4.代娜.农田防护林更新方式和更新顺序浅析［J］.防护林科技，2020（8）.

5.胡海波，贾西川.我国平原农区林带胁地效应及其控制措施研究进展［J］.南京林业大学学报（自然科学版），2021，45（2）.

6.肖巍.章古台地区农田防护林对风蚀的影响［J］.防护林科技，2020（7）.

7.杨越，杨依天，武智勇，等.冀北坝上地区农田防护林防风固沙效应研究［J］.西北林学院学报，2020，35（4）.

三、标准与法规

1.GB/T 18337.3—2001　生态公益林建设技术规程

2.LY/T 1556—2000　公益林与商品林分类技术指标

任务6　海岸防护林营造

◎任务目标

◆ 知识目标

①了解海岸防护林体系类型。

②掌握海岸防护林营造的技术要点。

◆ 能力目标

具备海岸防护林造林技术设计和组织指导施工的能力。

◆ **育人目标**

引导学生学习谷文昌同志忠诚于党、信念坚定，深入群众，敢于担当，真抓实干，克己奉公，清廉无私，领导东山人民植树造林、根治风沙，改变东山生态环境的功绩。弘扬谷文昌精神，就是培养学生坚定理想信念，树立社会主义核心价值观，做到初心不改、求真务实，为绿色生态文明尽心、尽力、尽责。

◎**实践训练**

实训项目 6.1 海岸防护林造林技术设计

一、实训目标

学会海岸防护林造林技术设计。

二、实训场所

拟造林地。

三、实训形式

学生 5~6 人一组，在老师或企业技术员指导下进行实操训练。

四、实训工具

GPS 定位仪，计算器、皮尺、围尺、测高仪、标本夹、土壤袋、土壤养分检测仪、硬度计、酸度计、军工锹、比色板、指示剂，各种调查记载表、1∶10 000 地形图、内业整理统计表，当地造林总体设计、造林技术规程等。

五、实训内容与方法

（一）造林作业区选择

依据当地造林总体设计图及附表、年度计划，选择造林作业区。

（二）造林作业区外业调查

先踏查整个造林作业区，选择有代表性的地段，调查记载造林地的立地条件类型。

（三）造林技术设计（表 4-6-1）

表4-6-1　造林技术设计一览表

_____ 县（区、林场）

村屯名	小班号	小班面积	海岸防护林体系类型	立地条件类型	造林技术设计												苗木		抚育措施
					海岸防护林体系配置	林带类型	树种	造林方式	造林时间	初植密度	混交比例	整地方式	整地时间	整地规格	林带行数	林带宽度	苗木规格	需苗量	

六、实训报告要求

编写海岸防护林造林技术设计方案。

◎ 背景知识

海岸防护林是指沿海以防护为主要目的的森林或林带。

6.1　营造海岸防护林的必要性

我国海域宽广辽阔，海疆纵跨温带、亚热带和热带 3 个气候带。海岸防护林是我国生态建设的重要内容，是海啸和风暴潮等自然灾害防御体系的重要组成部分。加强海岸防护林体系建设，全力推动海岸防护林体系快速健康发展，为我国万里海疆构筑结构合理、功能完善的绿色屏障，是保障我国生态安全的迫切需要。

6.2　海岸防护林体系工程建设分区

6.2.1　工程建设区域

全国海岸防护林体系工程建设区域包括辽宁、天津、河北、山东、江苏、上海、浙江、福建、广东、广西、海南 11 个省（区、市）的 261 个县（市、区）。

6.2.2　类型区划分

根据我国沿海地带的地貌特征、土壤类型和气候条件，将我国海岸防护林体系工程建设区域划分为沙质海岸为主的台地丘陵防风固沙、水土保持治理类型区，泥质海岸为主的平原风、潮、旱、涝、盐、碱治理类型区，岩质海岸为主的山地丘陵水土保持、水源涵养治理类型区共 3 个类型区〔包括 12 个自然区，详见《海岸防护林体系工程建设技术规程》（LY/T 1763—2008）〕。

6.3 海岸防护林体系构成与配置

6.3.1 海岸防护林体系构成

以海岸基干林带、海岸消浪林带为主，与纵深防护林等有机配合，共同构成海岸防护林体系。

海岸防护林体系类型如下。

（1）泥质海岸防护林体系　从海岸带适宜造林的地方起向内陆延伸，形成以海岸消浪林带、海岸基干林带为主，与纵深防护林等相结合的综合防护林体系。

（2）沙质海岸防护林体系　从海滩适宜造林的地方起向内陆延伸，形成以海岸基干林带为主，与纵深防护林等相结合的综合防护林体系。

（3）岩质海岸防护林体系　从最高潮位线起向内陆延伸，形成以海岸基干林带为主，与纵深防护林等相结合的综合防护林体系。

6.3.2 海岸防护林体系配置

海岸防护林体系配置根据"全面规划、因地制宜、因害设防、生态优先"的原则，突出各类型区的主体防护功能，合理布局，优化林种、树种结构，增强综合防护功能，提高抵御灾害的能力。下面介绍海岸基干林带、海岸消浪林带配置。

（1）海岸基干林带　林带的走向应与海岸线一致。林带宽度视地形地貌、土壤类型和潜在危害程度而定。在泥质岸段，林带宽度不少于 200 m。在沙质岸段，林带宽度不少于 300 m，具备条件的地段可加宽到 500 m。在岩质岸段，自临海第一座山的山脊以下，向海坡面的宜林地段应全部植树造林。

树种选择：泥质海岸选择耐盐碱、抗风折、耐涝、易繁殖的树种；沙质海岸选择抗风沙、耐瘠薄、根系发达、固土能力强的树种；岩质海岸选择抗干旱、耐瘠薄、固土护坡能力强的树种。

（2）海岸消浪林带　林带可采用篱式、丛状、团块状或行状等配置方式。按照"因害设防、因地制宜、适地适树"的原则，根据造林地的立地条件和树种特性营造混交林带，形成合理的林带结构。

树种选择：红树林选择抗污染、根系发达、自我更新能力强，防浪促淤、固岸护堤能力强的乔灌木红树植物。柽柳林以乡土树种为主，适当引进耐水浸、耐盐碱、抵御风暴和固岸护堤能力强的其他树种。

6.4 造林技术

6.4.1 造林密度

1) 海岸基干林带

根据树种特性、立地条件、防护功能和经营水平确定适宜的造林密度。

2) 海岸消浪林带

红树林执行国家有关红树林建设技术的规定。

柽柳林植苗造林密度为 10 000~20 000 丛 /hm²，插条造林密度为 20 000~30 000 丛 / hm²。

6.4.2 整地

1) 泥质海岸整地

应在雨季前完成整地。一般可采用全面整地、开沟整地、大穴整地、小畦整地，对低洼盐碱地和重盐碱地宜采用台田或条田整地。在低洼盐碱地应先修筑台（条）田，台（条）田面宽 50~100 m，沟深 1.5~2.0 m，台（条）田长度与沟宽要便于排涝洗盐；然后再按设计进行穴状或带状整地。在重盐碱地应先设立防潮堤，开挖主干河道，修建排水系统，然后修筑台（条）田。一般条田宽 50 m，长 100 m；条田沟深 1.5 m 以上，支沟深 3 m 以上。面积较小的地块宜采用台田起垄（垄高 30~50 cm）或修筑窄幅台田整地（一般排水沟深 1.5 m，台田面宽 15~20 m）。

2) 沙质海岸整地

①穴状整地：整地规格可根据造林苗木大小确定，一般为（0.5~1.0）m×（0.5~1.0）m×（0.5~1.0）m。

②带状整地：带宽 1.0 m，深 0.6~1.0 m，带长因地而异。

③条田整地：对地势较低、地下水位较高的沿海风沙地，应实行条田整地。一般条田面宽 50 m，长约 100 m；条田沟深 1.5 m 以上，支沟深 3 m 以上。

3) 岩质海岸整地

禁止采用全面整地的方法。具体视立地条件、树种特性等情况确定是否整地；可选择适宜方法进行局部整地。

6.4.3 造林方法

1) 植苗造林

①苗木种类与规格：裸根苗，选用Ⅰ、Ⅱ级苗木；在沿海瘠薄荒山、风沙地宜采用容器苗造林。

②栽植方法：穴植法，在秋季或春季截干栽植，栽后踏实，保墒。雨季应及时排涝。

2）插条造林

土壤湿润的地方可以在冬、春或雨季扦插。选1年生直径约1 cm的健壮萌条，截成30 cm长的插穗，竖直插入整好的穴中，每穴呈品字形或正方形插条3~4根，株距30 cm左右。

3）播种造林

在土层浅薄、坡度陡峭、岩石裸露的宜林地可采用播种造林。春季或夏季均可造林，宜在大雨后1~2 d内播种。出苗前如遇大雨冲埋，应进行补播。

6.5　抚育保护

6.5.1　培土扶正

在造林后1~2年内（特别是当年），每次台风或大雨后，对栽植的幼树应及时进行培土扶正等工作，以防幼树歪斜倒伏，促进其正常生长。

6.5.2　封禁管理

造林初期，植被稀少，幼树扎根浅，林地要实行封禁管理。一般在造林前3年，应严禁人、畜进入林间，严禁割草、挖草根、玩火、放牧等活动，以促进杂草、植被与幼树繁茂共生，保护幼树健康生长。

6.5.3　适时抚育间伐

幼林郁闭后直至成林前，对栽植密度大的幼林一般应进行3~4次抚育间伐，以防主干徒长纤细、枝下高过长和树冠狭小。适时间伐既可促使幼林高、径正常增长，又能防止风害倒木现象发生，改善幼林的生长条件。

6.5.4　更新采伐

采取带状皆伐更新、隔带皆伐更新、逐带皆伐更新等方法及时抚育。

①带状皆伐更新：即先在海岸基干林带的内侧营造新的林带，当新林带郁闭并长到一定高度，具备防风固沙作用时，再伐去前沿林带。

②隔带皆伐更新：即按林带排列顺序进行隔带采伐，当采伐的地方的新造幼林郁闭并达到一定高度时，再伐去留下的各条林带进行更新。这种方法适用于小网格林带的更新。

③半带皆伐更新：即将每条林带先砍去一半进行更新，当新林郁闭并长到一定高度时，再伐去留下的一半进行更新。这种方法适用于宽度较大林带的更新。

◎巩固拓展

一、思考与练习题

（一）名词解释

海岸防护林　　海岸基干林带　　海岸防护林体系

（二）填空题

1.海岸防护林体系类型包括（　　　　　）、（　　　　　）和（　　　　　）。

2.海岸防护林营造应坚持（　　　　　）、（　　　　　）和（　　　　　）三大效益相结合的原则。

3.海岸防护林体系配置要根据"全面规划、（　　　　　）、（　　　　　）、（　　　　　）优先"的原则，在划分类型区的基础上，突出各类型区的主体防护功能，（　　　　　），（　　　　　）、（　　　　　），增强综合防护功能，提高抵御灾害的能力。

（三）问答题

怎样科学营造和抚育海岸防护林？

二、阅读文献题录

1.陈贤滨.新时代弘扬谷文昌精神的路径探讨［N］.闽南日报，2020-12-07（5）.

2.宋凌迁.谷文昌精神的文化传统及时代价值［J］.浙江理工大学学报（社会科学版），2020，44（5）.

3.吴亚萍.东台市沿海绿色走廊土壤治理与植被营建技术［J］.林业科技通讯，2021（4）.

4.周凌辉.福清市海岸防护林体系规划建设研究［D］.福州：福建农林大学，2019.

5.张云飞.深入学习贯彻习近平生态文明思想［OL］.中国社会科学网，2018-05-21.

6.黄承梁.习近平新时代生态文明建设思想的核心价值［J］.行政管理改革，2018（2）.

7.王金胜.学习宣传贯彻习近平生态文明思想［N］.大众日报，2018-06-13（11）.

三、标准与法规

1.GB/T 18337.3—2001　生态公益林建设技术规程

2.LY/T 1556—2000　公益林与商品林分类技术指标

3.LY/T 1763—2008　海岸防护林体系工程建设技术规范

4.LY/T 2972—2018　困难立地红树林造林技术规程

5.LY/T 1938—2011　红树林建设技术规程

6.GB/T 15163—2018　封山（沙）育林技术规程

7.GB/T 15776—2016　造林技术规程

项目五　主要树种营造

本项目兼顾我国南北方地区主要用材林、防护林、经济林、能源林树种的造林技术介绍。通过学习本项目，大家应掌握本地区主要造林树种的生物学、生态学特性及其造林技术，能够根据造林目的、社会需求、立地条件为造林地选择适宜的造林树种，掌握具体树种的造林技术及抚育管理措施设计。

任务1　主要用材林、防护林树种造林技术

◎任务目标

◆ 知识目标

掌握本地区主要用材林、防护林树种的生物学、生态学特性，造林技术。

◆ 能力目标

①能够根据造林目的、社会需求、立地条件为造林地选择适宜的造林树种。

②掌握具体树种造林技术及抚育管理措施的设计。

◆ 育人目标

引导学生弘扬"大树精神"，学习"大树品格"——大树扎根基层，不畏严寒（干旱），不动根基，务实进取，积极向上，团结协作，吸碳吐氧、遮风挡沙，改善环境、材尽其用、造福人类。以德化育，培养学生不畏艰苦，崇德向善、诚实守信，默默耕耘、爱岗敬业，尊重生命、热爱劳动，服务祖国、服务社会、服务人民，无私奉献的优良品德。

◎实践训练

实训项目1.1　本地区主要用材林、防护林树种造林技术设计

一、实训目标

掌握本地区主要用材林、防护林树种的生物学、生态学特性，学会造林技术设计。

二、实训场所

森林营造实训室、阅览室等。

三、实训形式

学生 5~6 人一组，在老师或企业技术员的指导下进行实操训练。

四、实训工具

1∶10 000 或 1∶25 000 地形图、土地利用现状图、土壤分布图、地貌类型图、气象资料、土壤资料等。

五、实训内容与方法

①本地区主要造林树种、适生条件、主要造林技术调查。

②本地区主要用材林、防护林树种造林技术设计。

如表 5-1-1 所示。

表5-1-1　本地区主要用材林、防护林树种造林技术设计

_____ 县（区、林场）

树种	生物学特性	生态学特性	立地条件						造林技术										抚育措施				种苗		
			坡度	坡向	坡位	海拔	土壤质地	土壤pH值	林种	造林面积	树种组成	混交比例	造林方式	造林时间	初植密度	整地方式	整地时间	整地规格	抚育次数	抚育时间	施肥种类	施肥数量	需种量	苗木规格	需苗量

六、实训报告要求

编制一份本地区主要用材林或防护林树种造林设计表。

◎ 背景知识

1.1　落叶松造林技术

落叶松（*Larix* spp.）是松科落叶松属的落叶乔木，是优良的速生用材树种。木材重而坚实，抗压及抗弯曲强度较大；耐腐朽、耐水湿，广泛用于建筑、枕木、桥梁、车船、矿柱、电杆制造等，还是较好的制浆造纸原料。

落叶松寿命长、抗性强、生长快，在适生区广泛栽培。我国东北三省营造了大量的人工林，现有人工林中落叶松约占 50% 以上。落叶松树势高大挺拔，冠形整齐美观，根系发达，抗烟能力强，是一个良好的用材林、防护林和风景林树种。落叶松树皮含单宁 8%~16%，树干中含树脂，均可提炼利用。

1.1.1　林学特性

1）分布范围

落叶松分布范围广，由东北到西南，从秦岭到阿尔泰山都有落叶松纯林和混交林。日本落叶松、长白落叶松、兴安落叶松分布在东北地区，波氏落叶松分布在西北地区和西南地区，华北落叶松分布在华北地区，新疆落叶松分布在新疆地区。

2）主要品种类型

我国落叶松有 12 个种，分布范围很广，其中广为栽培的主要有日本落叶松、长白落叶松、兴安落叶松、华北落叶松、新疆落叶松、波氏落叶松共 6 个种。

3）生物学特性

落叶松生长速度快，其速生性在幼年期已有明显表现。造林后，除第 1 年是缓苗期外，第 2 年植株即旺盛生长，年高生长量可达 60~70 cm。落叶松人工林高生长及直径生长高峰出现在第 4~10 年，21~28 年生时落叶松即可达到数量成熟。

落叶松的生长期长，春季萌动早，秋季停止生长晚，8 月末—9 月初才形成顶芽。日本落叶松比其他落叶松的生长期更长、生长速度快、抗病性强，很少感染早期落叶病。

落叶松的树干通直圆满，自然整枝良好，但为了提高干材质量，在人工林中应及时将枯死枝打掉。其根系可塑性大。在湿润、肥沃、深厚的土壤中，Ⅰ级侧根可贴地表生长，吸收根分布在表土内，形成稠密的根系网，主根深长；在土层浅薄或水分过多时，往往形成浅根性树种，不定根发达；在干旱条件下主根较深，侧根不甚发达。

4）生态学特性

落叶松是寒温带及温带树种，喜光性强，耐低温寒冷，对土壤水分、养分条件的适应范围广，但在湿润、疏松、肥沃、排水良好的中性或微酸性土壤上生长最好，在干旱瘠薄的土壤上生长缓慢。

1.1.2　造林技术

1）育苗

落叶松以播种育苗为主，适宜春季早播，也可秋播；采用条播或撒播。播种量为 75~112 kg/hm²，产苗量可达 250 万~300 万株/hm²。

2）造林

（1）造林地的选择　落叶松在结构良好、深厚、肥沃、湿润的沙壤土、壤土及河谷冲积土上生长较好；在过于干旱贫瘠的陡坡上部、冲风地段、泥炭沼泽地、过湿的黏土地段生长不良。速生丰产用材林要求坡度小于 15°，土层厚度达到厚土层以上。对落叶松，不宜林冠下造林。

（2）整地方式　因造林地类型不同而异。在植被稀少、水土流失严重的地区可进行小鱼鳞坑整地；在杂草繁茂、灌丛较多的地方可先割带，然后在带中间进行穴状整地；在疏林地及低价值林地，应将造林地残存的树木全部清理后再整地造林。

（3）造林密度　落叶松在各地区的适宜造林密度见表5-1-2。

表5-1-2　各地区落叶松适宜造林密度

地区	造林密度/（株·hm^{-2}）	
	生态公益林	商品林
东北区	2 400 ~ 3 300	2 400 ~ 5 000
华北中原区	2 000 ~ 2 500	2 400 ~ 5 000
中南华东区	1 500 ~ 2 000	2 400 ~ 5 000
长江中上游地区	1 500 ~ 2 000	2 400 ~ 5 000
三北风沙区	2 400 ~ 3 300	2 400 ~ 5 000

（4）种植点配置　采取长方形或正方形配置。

（5）造林季节和造林方法　一般春季造林，由于落叶松放叶早，春季造林宜早，土壤化冻15~20 cm即可造林。多采用植苗造林法，以2年生移植苗为好。以穴植法为主，有冻拔害的地区可采用缝植法。

（6）树种组成　适宜与落叶松混交的树种有水曲柳、榆树、椴树、桦树、色木槭、赤杨等。混交方式以带状混交为主，也可块状混交。小面积造林可造纯林。

落叶松与椴树、榆树、水曲柳混交，混交比例为6∶4；落叶松与桦树、赤杨混交，混交比例为6∶2。

（7）抚育管理　幼林抚育宜持续3~5年，一般用材林为3年，各年抚育次数为"2—2—1"；速生丰产用材林为4~5年，各年抚育次数为"2—2—1—1"。落叶松用材林在15~20年生开始进行抚育间伐，间伐后郁闭度应不低于0.6。

1.2　油松造林技术

油松（*Pinus tabulaeformis* Carr.）为松科松属常绿乔木，高达25 m，胸径可达1 m以上。油松分布广，适应性强，根系发达，枝叶繁茂，是用材林、防护林和城乡绿化的重要树种；木材坚实、耐腐朽，是优良的建筑、电杆、枕木、矿柱用材；富含松脂，是提炼松香、松节油和芳香油的主要树种。

油松种内变异很大，甘肃存在的变种黑皮油松（*Pinus tabulaeformis* var. *mukdensis* Uyeki）为常绿乔木，树皮为黑灰色，厚达5 cm；两年生小枝为灰褐色或深灰色，混生于油松林中。

1.2.1　林学特性

1）分布范围

油松的分布范围很广，北至内蒙古的阴山；西至宁夏贺兰山，青海祁连山、大通河、湟水流域一带；南至川甘两省接壤地区，陕西秦岭、黄龙山，河南伏牛山，山西太行山、吕梁山，河北燕山；西南达四川，东达山东沂蒙山及长白山区西部。

油松的垂直分布因所在地立地条件而异。油松在华北地区分布于海拔 1 900 m 以下的区域，在青海则分布到海拔约 2 700 m。

2）生物学特性

油松的生长速度中等，幼年期生长缓慢，一般 2 年生苗高 15~20 cm，第 3 年开始长侧枝，从第 5 年起开始加速高生长，年高生长量平均达 16 cm，可维持 20~30 年。油松的高生长集中在春季，每年 4 月上旬芽开始膨大，5 月上旬生长迅速，5 月下旬或 6 月初停止生长，形成新顶芽，生长期约 60 d。15~20 年可长成椽材，30~40 年能长成檩材。

油松根系发达，主根明显，侧根的伸展范围较广，其新根主要从较细的须根腋间分生，在水分充足的情况下，造林后 5 d 就能长出新根。

3）生态学特性

油松属温带树种，抗寒能力较强，能耐 –25 ℃ 的低温，最适生长地区的年平均气温为 6~12 ℃，年降水量为 500~1 000 mm，但在年降水量为 300 mm 左右的地方也能正常生长。油松是喜光性强的树种，但 1~2 年生幼苗耐庇荫，4~5 年生以上的幼树则要求光照充足，若过度庇荫，幼树常生长不良甚至枯死。

油松耐旱、耐瘠薄，不耐水湿和盐碱，适宜在中性和微酸性的土壤上生长；在通气、排水不良的黏重土壤上生长缓慢，枝叶稀疏，早期干梢。

1.2.2　造林技术

1）育苗

油松常采用播种育苗，多采用条播法，播幅为 3~7 cm，行距 20 cm 左右，播种量为 225~300 kg/hm²，产苗量为 225 万~300 万株/hm²。一般 2 年出圃，要求苗高 15 cm 以上，地径 0.4 cm 以上。

2）造林

（1）造林地的选择　油松造林要注意地形及小气候的变化。造林地应随海拔的不同而不同。如西北地区，在低山丘陵（800 m 以下），宜选择阴坡、半阴坡；在中高山地（800~1 800 m）宜选择半阴坡、半阳坡。只要土层深厚、土质疏松，山坡上部和山脊梁峁也可造林。在海拔较高的地段，林木在土层深厚的阳坡生长优于在阴坡。油松在冲风梁峁坡、红黏土地区、低洼盐碱地不适宜造林。

培育油松速生丰产用材林，应选择地势比较平缓、土壤深厚肥沃、排水通气良好的造林地。在较干旱的低山丘陵和西北黄土地区，一般选择土壤深厚肥沃的阴坡、半阴坡造林。

（2）整地方式　根据造林地立地条件，可采用鱼鳞坑、穴状、水平沟整地。在地形破碎、地势陡峭的土石质山地，采用鱼鳞坑整地，一般坑长径 1~1.2 m，短径 60~80 cm，深 50~60 cm，鱼鳞坑沿等高线呈品字形排列。土层深厚的平缓坡或沙地，采用穴状整地，一般穴径 50 cm × 50 cm，深 50 cm。黄土丘陵区采用水平沟整地，一般沟长 3~4 m，上口宽 70~80 cm，底宽 50~60 cm，深 50~60 cm，沟间距为 1~2 m，上下水平距离为 3~5 m，水平沟在坡上呈品字形排列。

整地在造林前 2~3 个月进行，在立地条件较好的地段可随整地随造林。

（3）造林季节和造林方法　春、秋两季均可进行。春季造林应在土壤解冻后，树木萌芽前的 3 月上旬—4 月中旬进行。秋季造林应在土壤封冻前，树木停止生长后开始，土壤封冻前结束。以穴植法为主，要求穴大根舒，深浅适宜，踩实。

（4）造林密度　合理的造林密度应以林木能适时郁闭成林为宜，以幼树生长发育正常为标准。油松幼年时生长较慢，干形不够通直，侧枝较粗壮，应适当密植，造林密度为 3 330~6 660 株 / hm²，株行距为 1.0 m × 1.5 m~1.5 m × 2.0 m。造林密度过小，则难以郁闭成林，也不利于培育通直良材；造林密度超过 6 660 株 / hm²，则成本过高，增加经济负担，需过早间伐。

（5）种植点配置　长方形或品字形配置。

（6）树种组成　天然林中，油松常与栎类（辽东栎、麻栎、蒙古栎、槲栎等）、山杨、桦木、杜梨及其他杂灌木混生；人工林中，与油松混交的树种有栎类、山杨、小叶杨、青杨、元宝枫、侧柏、紫穗槐、沙棘、刺槐、落叶松、华山松等。油松与刺槐不能任意混交，只能在郁闭度不超过 0.4 的刺槐林中混交。油松与其他树种以带状或块状混交为宜。行带混交适用于油松与具有一定耐荫性的树种如元宝枫、侧柏及一些灌木树种混交，油松成带状，伴生树种成行状。

（7）抚育管理　造林后，连续 3~5 年适时松土除草、扩穴培土、施肥，有条件时灌水，幼树超出杂草层即可停止。及时防治病虫害；冬季采取树干涂白法防止冻害，确保苗木安全越冬。

油松侧枝粗壮，高生长优势不很突出，需要人工修枝，一般在 8~10 年后开始轻度修枝，修枝强度要适当，切忌修剪过量，影响植株生长。树高 2~4 m 时，树冠保持树高的 2/3；树高 4~8 m 时，树冠保持树高的 1/2；树高 8 m 以上时，树冠保持树高的 1/3 以上。修枝季节以冬季为好。

1.3　华山松造林技术

华山松（*Pinus armandii* Franch.）为松科松属常绿乔木，树高可达 35 m，胸径可达 1 m，树体高大挺拔，冠形优美，为优良的用材林、绿化树种。华山松的木材性能优良，可作建筑、家具、胶合板等用材，也适宜作枕木、桥梁、电杆用材等。其树干可割取树脂，树皮可提取栲胶，针叶可提炼芳香油，种子可食用也可榨油。

1.3.1　林学特性

1）分布范围

华山松主产于我国中部至西南部高山，包括陕西南部秦岭（东起华山，西至辛家山，海拔 1 500~2 000 m），甘肃南部（洮河及白龙江流域）、四川、湖北西部、贵州中部及西北部、云南及西藏雅鲁藏布江下游海拔 1 000~3 300 m 的地带，青海（垂直分布到海拔约 3 000 m）。江西庐山、浙江杭州等地也有栽培。

2）生物学特性

华山松生长迅速，根系较浅，主根不明显，侧根、须根发达，具菌根。华山松的年生长发育过程因地区不同而有差异。以滇中地区为例，2 月底（平均日温约 10 ℃）顶芽开始萌动，3 月份为抽梢时期，4 月初高生长即趋停滞，然后逐渐形成新的顶芽；枝上的叶芽于 4 月中旬开始膨大，4 月下旬出叶，至 6 月上旬叶长成。

3）生态学特性

华山松为喜光树种，幼苗稍耐庇荫，能在林冠下更新，气候不过于干燥时能在全光下生长，幼树对光照的要求随年龄增大而增强。喜温和、凉爽、湿润的气候条件，其自然分布区年平均气温多在 15 ℃以下，年降水量为 600~1 500 mm，年平均相对湿度大于 70%。华山松的耐寒性较强，能耐 –31 ℃的绝对低温；不耐炎热，在高温季节长的地方生长不良；喜排水良好，能在多种土壤上生长，但最适宜生长在排水良好、土层较深厚、湿润、疏松的中性或微酸性壤土上；不耐瘠薄，不耐盐碱；在阴坡和半阴坡生长良好。

1.3.2　造林技术

1）育苗

常采用播种育苗。华山松种皮厚、发芽慢，宜早播。甘肃陇东、关山一带多在 4 月上中旬播种。为促进发芽，可进行温水浸种催芽处理。以条播为好，条距 20 cm，播幅 10~15 cm，覆土厚 2~3 cm。播种量为 1 500~1 875 kg/ hm^2，1 年生苗产量可达 300 万~375 万株 / hm^2。

2）造林

（1）造林地的选择　华山松在干燥瘠薄的多石坡地生长不良，不耐水涝和盐碱，不适宜在这些地方造林。华山松在幼林期喜阴凉、湿润环境。造林地应选择适宜的海拔，如陕西渭北海拔在 1 000~1 600 m，甘肃六盘山海拔在 1 800~2 500 m；坡向以阴坡、半阴坡为主；选择土层深厚肥沃、湿润、排水良好的中性土壤。

（2）整地方式　采用带状或块状整地。整地宽度为 50~70 cm，深为 25~35 cm。

（3）造林密度　造林密度以 2 505~3 330 株 / hm² 为宜，株行距为 1.5 m×2 m~2 m×2 m。

（4）种植点配置　长方形或品字形配置。

（5）造林方法

①植苗造林。宜用 1~2 年生苗，早春土壤解冻后立即栽植，也可在雨季进行。

②直播造林。直播造林对立地条件要求较高，应注意温凉小气候和水分条件。在庇荫条件、鸟兽危害较轻的阴坡、半阴坡可直播造林。春季直播可在 4 月中下旬进行，如土壤墒情好，可浸种催芽处理种子，促进种子早发芽、早出土，还可减轻鸟兽危害。雨季也可直播，这时温度高，种子发芽、出土快。播前进行穴状整地，穴径为 30~40 cm，穴深 15~20 cm，每穴播 4~6 粒种子。

（6）树种组成　根据华山松天然混交情况，其可与桦树、侧柏、椴树、槭树、杨树等阔叶树种以行间或带状、块状混交。针、阔比一般为 6∶2 和 4∶2，如 6 行华山松、2 行阔叶树。

（7）抚育管理　造林第 1 年，需要割除穴周围的杂草，2~4 年生时要松土除草，并扩大穴面，一般连续抚育 3~4 年，每年 1~2 次。随着幼树生长，其对光照的要求日益强烈，应砍去幼树周围的灌丛，以免幼树受压抑而影响生长。据调查，生长在灌丛及山杨林冠下的华山松，生长十分衰弱。因此，对处于其他疏林（冠）或灌丛遮光下的华山松幼林，需要进行透光抚育，以增加光照，促进其生长。

1.4　樟子松造林技术

樟子松（*Pinus sylvestris* var. *mongolica* L.）为松科松属常绿乔木，树干通直，生长快，材质优良，用途广泛，是我国北方地区重要的速生用材林树种，也是半干旱风沙草原区营造防风固沙林、农田牧场防护林、水土保持林和四旁绿化的优良树种之一。

1.4.1　林学特性

1）分布范围

在我国，樟子松天然分布于大兴安岭北部（北纬 50°以北）和呼伦贝尔草原东南部，是我国东北、华北地区北部和西北地区主要造林树种。

2）生物学特性

樟子松生长迅速，成材快，人工造林5~6年后高生长加快，一般年高生长量可达50~70 cm，比相同条件下的油松生长快。甘肃省张掖地区林业科学研究所营造的樟子松林，10年生树高达4 m以上，最高达6.5 m，胸径8 cm（最大14 cm）。内蒙古自治区科尔沁左翼后旗伊胡塔林场在沙地营造的同龄松、杨混交林，12年生樟子松树高4.54 m，胸径7.65 cm，而杨树高仅为1.44 m。山西省河曲县营造的松柏混交林，10年生樟子松的平均树高为油松的143.6%，为侧柏的126.3%；平均胸径为油松的212%，为侧柏的235%。

在樟子松中心产区，自然分布区内樟子松人工林40年林分年平均生长量＞8 m³/hm²；在一般产区，自然分布区内樟子松人工林40年林分年平均生长量≥6.8 m³/hm²；在引种区，非自然分布区内引种历史达30年以上的樟子松人工林，其40年林分年平均生长量≥6 m³/hm²。（生长量包括间伐材积）

3）生态学特性

樟子松喜光性强，不耐庇荫，抗寒性强，耐旱、耐瘠薄，耐寒，能耐 −50~−40 ℃的低温，耐高温；对土壤要求不严，在风积沙土、砾质粗沙土、沙壤土、黑钙土、栗钙土、淋溶黑土、白浆土上都能正常生长，在土层深厚、肥沃、排水良好的土壤上生长良好。

1.4.2　造林技术

1）育苗

采取播种育苗法，播种量因种子的优良度而异，Ⅰ级种子为52.5 kg/hm²，Ⅱ级种子为60 kg/hm²，Ⅲ级种子为75 kg/hm²。

2）造林

（1）造林地的选择　樟子松可在山地砾质土、粗骨土、黄土丘陵区母质上发育的多种土壤、平川沙荒地、风积沙梁以及其他土壤瘠薄的地段上造林，但不宜在黏重的水湿地以及排水不良的积水地造林。营造樟子松速生丰产用材林宜选择土层深厚、肥沃、排水良好、通透性好的Ⅰ、Ⅱ类立地。

（2）整地方式　整地方式根据立地条件而定。条件好的地方可进行穴状整地，穴径30 cm×30 cm或50 cm×50 cm，穴深30~35 cm。坡度较缓的地方，可进行带状整地，带宽1 m，深30~35 cm，长度不限。地形破碎的地方可进行鱼鳞坑整地，长径80 cm，短径60 cm，深30~40 cm。培育樟子松速生丰产用材林可用大穴整地，规格为50 cm×50 cm×50 cm。

（3）造林密度　培育樟子松大径级用材林，株行距2 m×1.5 m~2 m×2 m，造林密度为2 500~3 300株/hm²；培育樟子松中小径级用材林，株行距2 m×1.5 m~1.5 m×1.5 m，造林密度为 3 300~4 400 株 /hm²。

（4）树种组成　营造樟子松混交林，能减少樟子松纯林引起的地力衰退、土壤酸化等一系列问题，防止森林火灾和病虫害的发生等。适宜与樟子松混交的树种有落叶松、红皮云杉、红松等针叶树种，以及水曲柳、椴树等阔叶树种。可设计带状混交或块状混交，混交比例设计为 6 : 1 或 7 : 1。

（5）造林季节　对樟子松，在早春土壤返浆期顶浆造林为好，有利于提高樟子松造林成活率。造林时应先阳坡，后阴坡。也可秋季造林，秋季造林应在树木停止生长后开始，土壤封冻前结束。容器苗可在雨季造林。

①春季造林。具体的造林时间根据各地气候及土壤解冻时间确定。华北地区低山、平原在 3 月中旬—4 月上旬；东北地区中南部在 4 月上旬—4 月中下旬，北部在 4 月下旬—5 月中旬；西北地区黄土高原东南部在 3 月上旬—3 月下旬，西北部在 3 月中旬—4 月上旬；新疆北部在 3 月下旬—4 月上旬，南部在 3 月上旬—3 月下旬。

②雨季造林。雨季造林的时间一般为 7 月上旬—8 月上中旬，主要是容器苗造林。切勿在樟子松抽新梢后的高生长旺盛期造林。雨季栽植要掌握雨情，以降 1~2 场透雨、出现连续阴天时为最好时机，雨季栽植切忌栽后等雨。

③秋季造林。华北、东北、西北地区可在树木开始落叶至土壤结冻前进行秋季造林。在陕北地区，9 月下旬—10 月上旬是樟子松造林的最好时机，而在山西原雁北地区为 10 月中下旬—11 月上中旬。

（6）种苗规格　营造樟子松速生丰产用材林，宜选择苗木地径在 0.45 cm 以上、苗高 15 cm 以上、根系长度不低于 20 cm、大于 5 cm 长 I 级侧根不少于 15 条的 2 年生樟子松移植 I 级苗。

（7）栽植方法　以穴植法为主，要求穴大、根舒，栽正扶直、踏实。造林地土壤比较干旱时也可采用小坑靠壁栽植法。沙地也可用缝植法，湿土不离坑以保墒，减少挖土和回填土工序。栽植时注意保护好苗木根系。

（8）抚育管理　造林后 15~20 d 要扶苗、培土、踩实。在气候寒冷、干旱、多风地区造林，除个别植被茂密的阴坡外，造林后前两年，在土壤封冻前要进行埋土防寒处理。翌年土壤解冻后分 2 次撤去覆土，第 1 次撤去 1/2 防寒土，第 2 次撤净，不可露出苗根，撤土要在无风天进行。

造林后 1~4 年，每年春、秋季要进行扩穴、割灌、割草、施肥，有条件时灌水。春季第 1 次抚育应扩穴 70 cm，新扩穴四周土壤应回填至穴面，培土至苗根颈以上 2 cm 处。每年秋季进行带状或块状割灌、割草，将以苗木为中心的 1 m 区域内的灌、草割除，茬高不超过 10 cm，保证苗行内通风透光。

常年进行病虫害预测预报工作，及时控制病虫鼠害的发生，加强孢锈病、枯梢病、松毛虫害、鼠害等的综合防治。每隔 2 年施放 1 次防病虫药用烟雾剂，防止病虫害大量发生，及时清除病、腐木。

在下木和非目的树种繁茂的造林地，造林 5~6 年后要及时进行透光伐。幼树下部出现 2~3 轮枯死枝或濒死枝时应进行修枝，间隔 5~8 年后进行第 2 次修枝。

1.5　侧柏造林技术

侧柏［*Platycladus orientalis*（L.）Franco］是柏科侧柏属常绿乔木，是我国干旱地区主要的造林树种。侧柏树势雄伟美观，是重要的风景林树种；萌芽力强，耐修剪，适应性强，是良好的园林绿化树种；木材致密坚硬，有香味，不翘不裂，耐腐朽，可供建筑，车船、家具制造以及细木工、雕刻、文具制作等使用，是珍贵的用材林树种。侧柏的叶、枝、根、树皮和种子均可入药，种子含油量约 22%，可榨油，供制肥皂或食用。

1.5.1　林学特性

1）分布范围

侧柏在我国分布很广，全国各地都有栽培。内蒙古南部、吉林、辽宁、河北、山西、山东、江苏、浙江、福建、安徽、江西、河南、陕西、甘肃、四川、云南、贵州、湖北、湖南、广东北部及广西北部等均有分布或栽培，黄河及淮河流域为集中分布区。垂直分布规律：在吉林为海拔 250 m 以下；在河北、山东、山西等地达海拔 1 000~1 200 m；在河南、陕西等地达海拔 1 500 m；在云南中部及西北部达海拔 3 300 m。

2）生物学特性

侧柏生长缓慢，但高生长持续期长，生命周期长，寿命可达千年以上。根系分布浅，水平伸展，侧根发达，根幅为冠幅的 1~1.5 倍。萌芽力较强，侧枝浓密，树冠较窄。

3）生态学特性

侧柏的适应性强，耐旱、耐瘠薄、耐轻度盐碱，适宜在石灰岩山地生长，在沙地和平原防护林中生长较好，是我国北方干旱山地的先锋造林树种。

侧柏属温带树种，能适应干冷及暖湿气候，在年降水量 300~1 600 mm、年平均气温 8~16 ℃的气候条件下能正常生长，能耐 −35 ℃的绝对低温。但其在迎风地生长不良，抗烟力较差。

侧柏为喜光树种，幼苗和幼树耐庇荫，在郁闭度 0.8 的林地上天然更新良好，20 年后需光量增大。

侧柏对土壤要求不严，在向阳、干燥、瘠薄的山坡和石缝中均能生长，在石灰岩、花岗岩等山地都可以造林；对土壤酸碱度的适应范围广，适生于中性土壤，在酸性及微碱性土壤上也能正常生长；抗盐碱力较强，在含盐量 0.2% 左右的土壤上生长良好。侧柏的耐水湿能力较弱，在地下水位过高或排水不良的低洼地上生长易烂根死亡。

1.5.2 造林技术

1）育苗

采取播种育苗法，采用条播，播幅 5~10 cm，行距 10~20 cm，覆土厚度为 2 cm；采用垄播时，每垄播单行或双行，覆土厚度为 1.5~2.0 cm。播种量为 150 kg/hm² 左右。侧柏幼苗喜侧方庇荫，群生生长较好，一般不间苗，每 1 m 长土地留苗 100 株左右。在苗期要注意防治立枯病、地老虎等病虫害。

为庭园、城市和四旁绿化培养健壮大苗要进行移植，移植适宜在 2—4 月中旬土壤解冻后或秋季 10—11 月进行，也可在雨季移植。移植密度根据培养年限而定。移植后培育 1 年，株行距 10 cm×20 cm；培育 2 年，株行距 20 cm×40 cm；培育 3 年，株行距 30 cm×60 cm。一般 2 年生移植苗高可达 50~70 cm，地径达 0.6 cm。

2）造林

（1）造林地的选择　侧柏在低山或中山海拔 1 000 m 以下的阳坡、半阳坡，石质山地干燥、瘠薄的地方，轻盐碱地和沙地，均可造林。在地下水位过高或排水不良的低洼地，空气污染严重、烟尘较大地区不宜栽植侧柏。

（2）整地方式　侧柏造林可采用穴状整地、鱼鳞坑整地、水平沟整地和水平阶整地。具体方法可根据当地的气候条件和立地条件确定。

（3）造林密度　详见表5-1-3。

（4）树种组成　侧柏需要侧方庇荫，营造混交林不仅可以促进树木高生长，增加水土保持作用，对红蜘蛛及侧柏毒蛾等虫害也有隔离作用，因此提倡营造侧柏混交林。侧柏与油松混交效果较好。混交方法可采用带状混交或行间混交，混交比为 1∶1、2∶1 或 3∶1。

表5-1-3　各地区侧柏适宜造林密度

地区	造林密度 /（株·hm⁻²）	
	生态公益林	商品林
东北区	2 500 ~ 5 000	2 500 ~ 5 000
华北中原区	3 000 ~ 3 500	4 350 ~ 6 000
中南华东区	3 500 ~ 6 000	4 350 ~ 6 000
长江上中游地区	1 667	1 111

续表

地区	造林密度 / (株·hm^{-2})	
	生态公益林	商品林
黄河上中游地区	1 111	1 200
三北风沙区	1 111	1 200

（5）造林季节和造林方法　侧柏植苗造林在春、秋、雨三季都可，主要取决于土壤的水分条件。侧柏在雨季造林易成活。具体做法是：用 1.5~2.5 年生苗栽植，掌握雨情，随起苗随造林，当日栽完。注意适当深栽、埋实。

侧柏采用容器苗造林，其造林成活率可达 100%。

侧柏播种造林多在雨季进行，宜选阴坡、半阴坡的造林地；种子只浸种，不催芽；采取块状整地，坑穴规格为 30 cm×30 cm，每个坑穴播种子 30~50 粒，播后覆土镇压，注意防鸟害。也可在雨季进行飞播造林，效果较好。

（6）抚育管理　侧柏生长缓慢，造林后生长易受杂草压制，在造林后的 2~3 年内应加强松土除草工作，同时禁止放牧，防止牲畜造成破坏。侧柏易萌生侧枝，一般在造林 5 年后，于秋末或春初进行修枝，修枝强度为树高的 1/3，做到不劈不裂，以后每 2~3 年修枝 1 次。侧柏生长缓慢，如果造林的初植密度较小，可适当间作。

1.6　红松造林技术

红松（*Pinus koraiensis* Sieb.et Zucc.），又名果松、朝鲜松和海松，为松科松属的常绿高大乔木。红松是我国东北地区珍贵的用材树种和果林树种，以优良的材质、独特的价值驰名中外。红松的木材质地轻软，易加工，有光泽、美观，且不易开裂翘曲，广泛用于建筑、交通、矿山、机械、造纸以及国防工业等领域。红松还可以提供大量的副产品，如树脂、松针、树皮等，具有较高的经济价值。红松的花粉可以入药，有润肺、益气、除风、止血、美容等功效。红松的种子俗称松子，含有丰富的油脂、蛋白质，营养价值很高，不仅是滋补品，而且可以榨油，具有极高的经济价值，已成为我国重要的出口产品。

1.6.1　林学特性

1）主要品种类型

粗皮红松（*Pinus koraiensis* f. *pachidermis*）：树皮为暗灰褐色，呈长方形大块深裂，裂块边缘整齐，长 15~25 cm，树皮厚 1.3~2.3 cm，树干分叉多，胸径生长较快，发育成熟期早，结实量大。

细皮红松（*Pinus koraiensis* f. *leptodermis*）：树皮光滑而薄，暗红色，呈鱼鳞状或长

条状开裂，裂片小而浅，边缘细碎、不整齐，树干分叉较少。

2）分布范围

红松是山地树种，在世界上分布不广，我国东北地区是红松自然分布区的中心地带，在该地区红松数量最多，其次是俄罗斯、朝鲜和韩国，再次是日本。

在我国，红松分布于长白山、完达山和小兴安岭，其西北界在黑龙江省黑河市胜山林场（北纬 49°28′，东经 126°40′）；东北界在黑龙江省饶河县（北纬 46°48′，东经 134°）；西界在黑龙江省德都以北的五大连池附近（东经 126°10′）；西南界在辽宁省抚顺、本溪一带（北纬 41°20′，东经 124°）；南界在辽宁省宽甸县（北纬 40°45′）；最北界是小兴安岭的北坡，黑龙江省孙吴县东南的毛兰顶子（北纬 49°20′）。

红松在我国分布区内有明显的垂直分布规律：在北纬 41°~43°30′ 的长白山地区，垂直分布高度为海拔 500~1 200 m，单株可达海拔 1 600 m；在北纬 44°~46°50′ 的张广才岭地区，垂直分布高度为海拔 500~900 m，单株可达海拔 1 200 m；在北纬 47°~48°20′ 的小兴安岭地区，垂直分布高度为海拔 300~600 m，散生红松可达海拔 800 m。

我国红松的人工栽植历史已有百余年，而成片营造红松林始于 20 世纪 30 年代。目前，红松人工林遍布红松自然分布区。在自然分布区以外的山东半岛、泰山、北京以及内蒙古昭乌达盟旺业林场等地，人们进行了红松栽培实验，例如 1960 年红松被引种到山东泰山，在海拔 1 300 m 的泰山北坡造林获得成功。

3）生物学特性

红松人工林的高生长在幼龄期较缓慢，但在 10 年生后便显著加快，年生长量为 30 cm 左右，立地条件好的地块可达 50~60 cm，14~30 年生时生长最迅速。其胸径生长一般在 6~8 年前缓慢，速生期为 10~30 年，最旺盛期出现在 12~18 年，年生长量可达 1.0~1.2 cm。材积生长在 12~14 年生开始出现速生期，30 年生左右的红松人工林的材积总生长量便可接近或超过同龄的落叶松人工林。

红松在生长发育过程中常出现分叉现象，过早分叉影响木材的质量和产量（特别是人工林）。红松为浅根性树种，主根不发达，侧根向水平方向展开，有利于吸收养分；但因根系较浅，若疏伐不当则常引起大量树木风倒，造成损失。

4）生态学特性

红松是在温带湿润气候条件下生长的树种。它的适应能力不及落叶松、樟子松，对气候条件的要求较严，是其分布的限制因子。红松对光照的适应范围较广，在一定的庇荫或全光条件下均能生长，但各生长发育阶段的耐荫能力不同，随年龄增长，需光量逐年增多。红松要求温和、凉爽的气候条件，对气温的适应性较强，可忍耐 −53 ℃ 的低温，分布区的年较差达 80 ℃。

红松喜湿润气候，分布区的年降水量在 500~600 mm，由南向北递减。湿度对红松生长的影响较大，空气相对湿度在 70% 以上生长较好，在 50% 以下生长不良。红松自然分布区的土壤多为山地棕色针叶林土，局部有灰化现象。在土壤肥沃、通气良好，土层深厚、pH 值为 5.5~6.5 的山坡地带生长得最好。红松不耐瘠薄、水湿，也不耐旱和盐碱。

1.6.2　造林技术

1）育苗

红松主要采用播种育苗，多在春季播种，播种量为 2 700~3 750 kg/hm²，选择土壤湿润、肥沃、排水良好、微酸性的沙壤土。

2）造林

（1）造林地的选择　红松造林地以排水良好的缓坡、斜坡为宜，斜坡又以阴坡为好。在低平地（排水不良或有季节性积水的地方），树林不仅易受冻拔害，而且正常生长受影响。陡坡（特别是向阳的陡坡）的土壤干旱、瘠薄，红松生长不良。

造林地的土壤以湿润、肥沃、土层较厚的山地暗棕壤土或棕壤土为佳。黑土层（腐殖质层）厚度应在 10 cm 以上，土层厚度应不小于 40 cm，质地以壤土为最好，黑土层有机质含量在 5% 以上的暗棕壤土和棕壤土的土壤 pH 值为 5.5~6.5。

（2）林地清理方法与整地方式　应根据造林地的立地条件和植被情况（即造林地种类），因地制宜地采取相应的林地清理方法和整地方式。割带是林地清理的重要方法。割带应在伏天（7月）进行，带的方向以横山或斜山为好。

在采伐迹地、荒山荒地上，要全面割除蒿草灌木。在疏林、灌木林可带状割除灌木和散生木，根据造林密度确定割除带的宽度，割除带要宽，保留带要窄。

在东北林区，营造红松林时最常用的整地方法主要有 3 种：暗穴整地、块状整地和带状整地，以前两种应用较广泛。暗穴整地适用于杂草少，土壤疏松、肥沃的新采伐迹地。块状整地适用于杂草较多、土壤较紧实的新采伐迹地、疏林地或灌木坡。带状整地适用于杂草繁茂、草根盘结度大、土壤较黏重紧实的老采伐迹地、火烧迹地、疏林地和荒草坡。

栽植点配置成长方形或正方形。进行块状整地时，栽植穴规格为 60 cm×60 cm×30 cm。整地以造林前一年的雨季前或秋季进行为宜。

（3）造林季节和造林方法　红松造林可用植苗造林或直播造林，以植苗造林为主。目前生产上多用 2~4 年生的壮苗进行造林，以春季为主，尤以早春"顶浆"造林的效果最好。栽植方法有穴植法（明穴）和缝植法（暗穴）两种。

直播造林在鼠类危害轻或有条件采取防鼠措施时可应用。直播用的种子以经夏越冬露天埋藏法（隔年埋藏）处理的为好。

（4）造林密度　红松的适宜造林密度为 3 300~4 400 株 /hm²。在栽针保（引）阔的情况下，其造林密度可减少到 2 000~2 500 株 /hm²，并适当加大行距，以利于人工天然混交林的形成。

（5）树种组成　提倡营造红松混交林。适宜与红松混交的乔木树种有落叶松、水曲柳、紫椴、桦树、春榆、裂叶榆、花曲柳、赤杨、胡桃楸、黄波罗等。混交方法应以窄带状和小块状混交为主，针、阔叶树种混交比例一般为 6 ：2、4 ：2。

（6）抚育管理

①幼林抚育。红松在幼年期生长较慢，根系再生能力弱，因此植苗造林后必须及时进行抚育。抚育措施包括除草（割草）、割灌、伐除上层木等。一般要连续抚育 3~5 年，每年 1~2 次。

10 年生以上的红松幼林，应根据林木生长和林地情况，本着"挨着别挤着，护着别盖着"的原则，用"脱掉衬衣穿大褂，摘掉帽子露脑瓜"的方法，适时进行抚育。

②成林抚育。成林抚育包括修枝和间伐。红松修枝可从幼林郁闭后，树干下部出现 2~3 轮枯枝时开始，一直进行到枝下高超过 9 m 为止。修枝强度不宜过大。

红松人工林的间伐主要采用下层抚育法。红松间伐的开始年限一般为造林后 15 年左右，间伐间隔期为 5~8 年。间伐强度为 30%~50%（按间伐木的株数计算），因林龄、林分生长情况和造林目的的不同而异。

1.7　白皮松造林技术

白皮松（*Pinus bungeana* Zucc.ex Endl）又名三针松、白果松等，是松科松属常绿乔木。其高可达 30 m，胸径可达 2 m，我国特产，是华北、西北南部地区的乡土树种，在辽宁南部、北京、河北、山东、江苏各地均有栽培。白皮松苍翠挺拔，树冠圆满多姿，树干成鳞片状剥落，树皮斑斓，对二氧化硫及烟尘污染有较强的抗性，是优良的园林绿化树种，也是栽植地域很广的树种。

1.7.1　林学特性

1）分布范围

在我国，松属中白皮松的分布范围略小于油松，其分布区域跨山西、陕西、河南、湖北、四川、甘肃 6 省。纬度变化范围在北纬 30° 52′~38° 15′，经度变化范围在东经 104° 15′~113° 50′。其水平分布区域很广，跨暖温带、北亚热带和中亚热带，分布区域内自然条件差异很大。整个分布区域呈东北至西南走向，区域内分布很不平衡，表现出明显的不连续性。垂直分布海拔一般为 1 000~1 600 m，最高可达 1 800 m，最低 500 m。

2）生物学特性

白皮松的种子发芽势弱，种源不足，幼苗期生长缓慢（1年生苗高3~5 cm，2年生苗高10 cm左右，4~5年生苗高35~50 cm，10年生苗高达1 m），侧根不易分生，移栽成活率低。白皮松的生长速度受立地条件影响，在土层深厚肥沃、矿质元素丰富、光照充足的条件下生长速度很快。其具有深根性，寿命长，可存活数百年之久。

3）生态学特性

白皮松喜光，幼树较耐荫，在深厚肥沃的钙质土或黄土（pH值为6~8）上生长良好，耐瘠薄。其天然分布在酸性石山上，也适生于石灰岩地区；喜较干冷的气候，耐低温，在–30 ℃的干冷地区仍能生长，对高温高湿不适应。

1.7.2　造林技术

1）育苗

白皮松以播种育苗为主，一般在土壤解冻后10 d，当土壤地表温度达到10 ℃以上后进行。条播或撒播，播种量为1 005~1 500 kg/hm²。

2）造林

（1）造林地的选择　根据白皮松的天然分布范围和长期的自然生长习性，尽量选择含有石灰岩的土壤作造林地。

（2）整地方式　平原和丘陵地区采用穴状整地，穴径50~60 cm，株行距2 m×1.5 m，干旱、半干旱地区的丘陵和山地采用带状（水平阶、水平沟、反坡梯田）整地或鱼鳞坑整地，带状整地的带宽在60 cm以上，带长根据地形确定，不能过长，每隔一定距离应保留0.5~1.0 m带长的自然植被；鱼鳞坑的长径为0.8~1.0 m，短径不小于0.6 m。

（3）造林密度　白皮松生长缓慢，郁闭成林时间长，造林密度应根据立地条件和培育目的来确定。如营造白皮松与其他针叶树种的混交林，初植密度以3 300株/hm²左右为宜；株行距2 m×1.5 m。如果营造白皮松纯林，初植密度以4 950株/hm²左右为宜，株行距1.2 m×1.7 m。

（4）造林季节和造林方法　在北方地区以春季造林为主，一般以早春土壤化冻后，气温比较稳定时为宜。造林方法以植苗造林为主。选择3~5年生顶芽饱满、无损伤、无病虫害的壮苗，栽植前用泥浆蘸根，将苗木放入穴中，确保栽植深浅适当、根系舒展，分层覆土并踏实，最后用石片、地膜等覆盖保墒。

（5）树种组成　白皮松可与侧柏隔行栽植，行向为南北走向。

（6）抚育管理　雨季要进行扩穴、除草松土，根据具体情况确定锄草次数；遇到干旱天气应适时浇水。

1.8 水杉造林技术

水杉（*Metasequoia glyptostroboides* Hu et W.C.Cheng），杉科水杉属落叶大乔木。我国特产，世界著名的孑遗植物，被誉为植物界的"活化石"。水杉是著名的园林绿化观赏树木，也是荒山造林的良好树种，适应性强，生长迅速，在幼龄阶段每年高生长量达 1 m 以上。水杉的经济价值很高，其心材紫红，材质细密轻软，是造船、修造建筑（如桥梁）、制作农具和家具的良材，还是质地优良的造纸原料。

1.8.1 林学特性

1）分布范围

水杉天然分布在我国重庆（石柱）、湖北（利川）、湖南（龙山）三地边境的小范围内。水杉的人工栽培范围：在我国，北至辽宁南部、陕西延安，南达两广（广东、广西）及云贵高原，东临东海、黄海之滨及台湾地区，西至四川盆地都有栽培，特别是在长江流域中、下游各省栽培甚广。水杉生长较快，育苗、造林规模逐年扩大，在我国有的地区已蔚然成林；在国外，北至丹麦的哥本哈根、俄罗斯的圣彼得堡及美国的阿拉斯加州，南达阿根廷、印度尼西亚，地跨欧、亚、美三洲，共 50 多个国家和地区已引种栽培。

2）生物学特性

水杉的树干通直挺拔，树高可达 35 m，树皮剥落成薄片，侧生小枝对生；叶线形扁平，相互成对，冬季与无冬芽小侧枝同时脱落；单性球花，雌雄同株；枝叶扶疏，树形秀丽。

3）生态学特性

水杉为喜光性强的速生树种，适应性较强，喜湿润，宜生长在气候温和、夏秋季多雨的地区，有酸性黄壤土的山坡、山间、沟谷及河流两岸。水杉耐寒性强，适生年均温度为 12~20 ℃，绝对最低温度大于 –18.7 ℃。水杉要求土壤湿润，在轻盐碱地可以生长；较耐水湿，但不能长期滞水。

1.8.2 造林技术

1）育苗

水杉可采用播种育苗、扦插育苗。

（1）播种育苗 水杉种粒细小，幼苗柔弱，忌旱怕涝，圃地应选择地势平坦、排水方便、疏松的沙壤土。春季撒播或条播（行距 25 cm），播种量约为 15 kg/hm^2。

（2）扦插育苗 水杉扦插育苗根据扦插时间可分为硬枝扦插和嫩枝扦插。

①硬枝扦插。春季，选 1~3 年生母树采集插穗或从采穗圃采集种条，也可用 1 年生苗干及其侧枝作插穗。扦插前可用 50 mg/kg 的萘乙酸浸泡插穗下端 2 cm 处 20~24 h，或用 500 mg/kg 的萘乙酸快浸 3~5 s。株距 8~12 cm、行距 18 cm 或株距 7~10 cm、行距 20 cm。

扦插深度为 7~8 cm。当年苗高 50~90 cm，地径 0.8~1.2 cm 时可以出圃造林。

②嫩枝扦插。5 月下旬—6 月上旬，气温在 25~28 ℃ 时扦插育苗。扦插深度为 4~6 cm，扦插后 20~25 d 即可生根。

2）造林

（1）造林地的选择　选择平原、山地及丘陵坡地的中下部、坡麓及沟谷、河流两边。要求土层深厚、肥沃。

（2）整地方式　在江、湖滩地采用带状整地，整地宽度约 100 cm，深度为 20~25 cm；在沟谷、山洼、较湿润的山麓缓坡及丘陵岗地采用块状整地，栽植穴规格不小于 60 cm×60 cm×50 cm。

（3）造林密度　一般为 1 665~2 505 株/hm^2。

（4）造林季节　造林从晚秋到初春均可。

（5）苗木规格　一般以 2~3 年生、高径比 50：1 左右为好。

（6）造林方法　采取植苗造林，苗木应随起随栽，避免过度失水。对经过长途运输的苗木，可将其根部浸于流水中使之充分吸水，再栽植。

（7）抚育管理

①幼林抚育。栽植当年抚育 1~2 次或 2 次以上，进行除草松土；第 2、第 3 年每年抚育 1~2 次，第 4 年如幼林尚未郁闭，继续抚育 1 次；逐年扩大抚育面积。除草松土不可损伤植株地上部分和根系，松土宜浅，不超过 10 cm。

②成林抚育。

a. 修枝。栽植后第 3 年开始修枝，修枝高度为树干高的 1/3。

b. 间伐抚育。林木下层枝条出现枯死时，可进行间伐，以下层间伐为主。第 1 次间伐强度（按间伐木的株数计算）为 25%~35%，第 2 次为 20%~30%，间伐后林分郁闭度不小于 0.6，间伐间隔期为 4~6 年，保留 600~1 125 株/hm^2，保持到主伐。

c. 主伐期。速生丰产用材林为 15 年，一般林分为 20~25 年。

1.9　杉木造林技术

杉木［*Cunninghamia lanceolata*（Lamb.）Hook.］是杉木科杉木属常绿乔木树种，树高可达 30 m，胸径可达 2.5~3 m，为我国南方特有的优良速生用材树种，栽培区域遍及南方 17 个省份，约有 1 000 多年的栽培历史。杉木生长快、产量高、材质好、用途广，干形通直圆满，木材纹理通直，结构均匀，材质轻韧，强度适中，气味芳香，抗虫、耐腐，广泛用于修造建筑、桥梁、船、电杆、家具及其他器具等方面，是群众喜爱的造林树种之一，是我国重要而普遍的商品用材。

1.9.1　林学特性

1）分布范围

杉木广泛分布于我国南方各省，黔东南、湘西南、桂北、粤北、赣南、闽北、浙南等地区是杉木的中心产区。其栽培范围原限于东经101°30′~121°53′，北纬21°41′~34°03′；现有所扩大，云南西部的腾冲、山东的昆嵛山成为杉木的新产区。

杉木垂直分布幅度相当大，在中心产区主要分布在海拔1 000 m以下的丘陵山地；在我国南部及西部山区分布较高，如在云南东部的会泽可达海拔2 900 m；在我国东部及北部分布较低，一般在海拔800 m以下。

2）生物学特性

杉木生长快，生长量大，浅根型树种，没有明显的主根，侧根、须根发达，再生能力强，但穿透力弱，根系集中分布在土壤表层。杉木树干通直，萌芽能力强。杉木生长2~4年为幼树期，5~15年为速生期，15~25年为干材期，25~30年后为成熟期。

3）生态学特性

（1）气候　杉木是亚热带树种，喜温、喜湿、怕风、怕旱，生长期长。分布区内年平均气温为15~23 ℃，1月平均气温为1~12 ℃，极端最低气温为−17 ℃，年降水量800~2 000 mm。温暖湿润，降雨丰富，空气湿度大，风小、雾多，是最适宜杉木生长的气候环境。

（2）光照　杉木是较喜光的树种，郁闭的林冠下没有天然更新。幼苗耐荫，幼树稍耐荫，进入速生阶段要求光照充足。

（3）土壤　对土壤的要求比一般树种高，喜肥沃、土层深厚、湿润、排水良好的酸性土壤，不耐盐碱。土壤质地以中壤土至重壤土最好，轻黏壤土稍差，黏土不利于杉木生长。土壤结构以团粒状为宜，尤以空隙多而疏松、有机质含量较多的土壤最为理想。

（4）地形　地形影响小气候和土壤特性，与杉木生长的关系密切。种植杉木应选背风、水湿条件较好的山洼、山谷、山坡中下部、阴坡等地，这些地段的土层较深厚、土质肥沃、湿润，且日照短、风小、温差小、湿度大，有利于杉木生长，其干形高大而通直。在山顶、山脊、阳坡或山坡上部，日照长、温差大、湿度低、风力强、土壤肥力差，杉木生长最差。在山岭连绵的群山区，坡向、坡位对气候、土壤的影响较小，不论在阴坡、阳坡，杉木都能生长。

1.9.2　造林技术

1）育苗

对杉木通常采用播种育苗，多数用条播，播种量为75 kg/hm²。杉木苗有喜阴、喜湿、易患病的特点，要特别注意做好遮阴、灌溉和防病工作。也可采用扦插育苗，扦插育苗应用幼树的萌芽条，以保证杉木优良的遗传品质。

2）造林

（1）造林地的选择　营造丰产林以Ⅰ类立地为主，条件较好的Ⅱ类立地亦可。一般林做到适地适树即可。（表5-1-4）

表5-1-4　杉木造林地选择

产区	海拔与地貌	母岩	立地条件类型
Ⅰ类立地	武夷山以东海拔100～600 m，个别地方海拔800 m的丘陵山地；武夷山以西、雪峰山与武陵山以东，雁荡山以西、幕阜山以东，以及南岭海拔300～800 m的低山丘陵；四川、贵州及湖北西南部海拔500～1 000 m的低山；云南东南部海拔1 000～1 700 m的中山	页岩、板岩、片岩、千枚岩、砂页岩、花岗岩、正长岩、片麻岩及流纹岩等	A. 分布于山脚、谷底及洼地，土层1 m以上，腐殖质40 cm以上（相当于地位指数20以上） B. 分布同A，土层1 m以上，腐殖质25～40 cm（相当于地位指数18） C. 分布于山坡中部以下，土层80 cm以上，腐殖质15～25 cm；山脚、洼地和腐殖质10～25 cm（相当于地位指数16）
Ⅱ类立地	杉木北带海拔300～800 m，杉木南带海拔300～700 m的低山丘陵；杉木中带海拔300～500 m（海拔500 m指四川、贵州和湖北西南部）以下的丘陵地区，以及四川、贵州、湖北西南部、云南东北部海拔1 000～1 500 m的中山	页岩、板岩、片岩、千枚岩、砂页岩、花岗岩、正长岩、片麻岩及流纹岩等	D. 分布于阴坡下部、阳坡山麓、谷底及洼地，土层1 m以上，腐殖质25 cm以上（相当于杉木南带、中带地位指数16，北带地位指数14） E. 分布于阴坡中部以下、阳坡山麓、谷底及洼地，土层70 cm以上，腐殖质10～15 cm（相当于杉木南带、中带地位指数14，北带地位指数12）

（2）整地方式　因地制宜，全面考虑植被、母岩、土壤、地形等条件和水土保持等要求。一般采用块状或带状沿等高线整地。对土壤质地较疏松、立地质量中等的造林地，可采用块状整地，坑穴规格不小于40 cm×40 cm×30 cm，带状整地则沿等高线按带宽70～100 cm、深20 cm整地，栽植穴底径不小于30 cm，深不小于25 cm。

（3）造林季节和造林方法　造林季节一般以1—2月为好，冬季干旱的地方也可采取雨季造林。杉木可用植苗造林，适当深栽（深度可达苗高的1/3～1/2），根系舒展，分层覆土压实，上覆松土。

（4）造林密度　根据培育目标、立地条件和经济状况，一般Ⅰ类立地培育大径材，造林密度为1 600～2 000株/hm²，株行距2 m×2.5 m～2.5 m×2.5 m；中径材，造林密度为1 667～2 500株/hm²，株行距2 m×2 m～2 m×3 m；中小径材，造林密度为2 500～3 000株/hm²，株行距2 m×1.67 m～2 m×2 m。

（5）种植点配置　长方形或三角形配置。

（6）树种组成　适宜与杉木混交的树种有栲木、枫香、杨梅、红豆树、拟赤杨、光皮桦、栲、楠木、木荷、檫树、毛竹等。混交方式多采用星状混交、带状混交、行带混交和块状混交，混交比例以 7：3 和 8：2 为宜。

（7）抚育管理　杉木幼林抚育工作主要有松土除草、除萌条和施肥。

松土除草持续 3~4 年，第 1~2 年每年 2 次，第 3~4 年每年 1~2 次，松土深度约为 10 cm。

有条件的地方应进行施肥，尤其是对速生丰产用材林。据研究资料显示，地位指数 16 以上的立地，可采取埋青或施基肥等方式为幼林施肥。幼林施磷肥，肥效最大，其次为钾肥；成林施氮肥，肥效最大，其次为磷肥。

杉木一般生长 20~25 年主伐，若培育大径材则主伐期可适当延长。郁闭度达 0.8 以上时（8~10 年生）第一次间伐，间隔期为 3~5 年，间伐后郁闭度应不低于 0.6。

1.10　马尾松造林技术

马尾松（*Pinus massoniana* Lamb.）是松科松属常绿乔木。其木材在建筑用材方面的性能比不上杉木，但其抗压、抗弯性能及硬度超过杉木，广泛用于制作坑木、枕木，修造桥梁等建筑，是较好的用材树种。

马尾松的木材及枝叶富含松脂，极易燃烧，发火力强，是良好的薪材；木材纤维含量高、长度大，是造纸的优质原料。

马尾松耐旱、耐瘠薄，是荒山造林的先锋树种。若山区森林植被遭到破坏，在恢复山区生态平衡工程中，马尾松有着特殊的地位和重大的作用。

1.10.1　林学特性

1）分布范围

马尾松是亚热带的适生树种，在我国是分布最广、数量最多的松科植物。北至淮河、秦岭以南，南至广东、广西南部，东到台湾，西到四川，马尾松广泛分布于全国 15 个省（区、市），垂直分布一般在海拔 800 m 以下，南部和西南部则在海拔 1 200 m 以下。

2）生物学特性

马尾松为深根型树种，树干通直，极少分杈，但分枝较多。

3）生态学特性

（1）气候　马尾松生长要求温暖湿润的气候，年平均气温在 13~22 ℃，在年降水量 800 mm 以上的地带生长良好，在最低气温为 –15 ℃以下的地带其生长常受抑制。

（2）光照　马尾松喜光，要求造林地阳光充足。

（3）土壤　马尾松对土壤要求不严，能耐旱、耐瘠薄，在黏土、沙土、砾质土、乱石缝里都能生长，但在保水力强、土层厚的沙质壤土上生长最好。其喜酸性土壤，怕盐碱、怕水湿，在钙质石灰岩风化的土壤上往往生长不良。

1.10.2　造林技术

1）育苗

对马尾松通常采用播种育苗，多用条播法，播种量为 75 kg/hm²。马尾松苗易患病，要做好防病工作；应大力提倡采用容器育苗。

2）造林

（1）造林地的选择　营造丰产林按如表 5-1-5 所示的条件选择造林地。一般林做到适地适树即可。

表5-1-5　马尾松造林地选择

项目	立地条件	
	Ⅰ类产区	Ⅱ类产区
海拔与地貌	马尾松中带：南岭山地、雪峰山地、武陵山地、武夷山地及其以东、以南海拔 300～600 m，部分地区至海拔 800 m 或 1 000 m 的低山、高丘，湖北西南部（包括武陵山地）、四川盆地边缘东南部海拔最高 1 100 m 以下的低中山、低山 马尾松南带：海拔 350～750 m 的低山、高丘，部分地区海拔可稍低些 选地以低山、高丘地貌为主	马尾松中带：南岭山地以北江南丘陵地区海拔 200～500 m，贵州山区海拔 800～1 200 m，四川盆地周围海拔 300～1 000 m 的低中山和高丘，即 1 亚区 马尾松北带：海拔 200～500 m 的丘陵、岗地，即 2 亚区
母岩	页岩、砂页岩、长石石英砂岩、板岩、千枚岩、片麻岩、花岗岩、凝灰岩类	页岩、砂页岩、长石石英砂岩、板岩、玄武岩、片麻岩、花岗岩、流纹岩、凝灰岩和第四纪黏土类、碳酸岩类（其上土壤为淋溶后的中性至酸性土）
土壤	① pH 值：4.5～6.5；②土层厚度：山地 60 cm 以上，丘陵 80 cm 以上；③黑土层：山地 15 cm 以上，丘陵 10 cm 以上（黑土层不明显者以土层厚度为主）；④质地：以沙壤土至中黏土、重壤质至轻壤质为最佳；⑤石砾：20% 以下；⑥紧实度：较疏松至稍紧实，水、气通透性良好；⑦侵蚀度：无、中度及中度以上侵蚀	
局部地形	①坡位：山地及丘陵坡地的中部至下部及坡麓、台地，忌积水和排水不畅地形；②坡向：阳坡、半阳坡、半阴坡及平缓坡地；③坡度：小于 35°	
生境湿度	润型及潮型	
植被	蒿草、杂灌丛、次生阔叶疏林地，前作杉木、阔叶树种等采伐迹地	
地位指数	16 及 16 以上	1 亚区　14 及 14 以上 2 亚区　12 及 12 以上
立地条件类型	A.优良立地：低山、高丘、山坡下部、坡麓、阳坡、半阳坡；土层厚 1 m 以上，黑土层 20 cm 以上；轻壤质至轻黏质，疏松或较疏松，水、气通透性良好（相当于地位指数 18 及 18 以上） B.适宜立地：低中山、低山、高丘及山间丘陵、山坡中部；土层厚 60 cm 以上；重壤土至中黏土，稍紧，水、气通透性中等（相当于地位指数 16 及 16 以上）	A.优良立地：低山、高丘及山间丘陵、坡地下部和中下部；土层厚 80 cm 以上，黑土层 15 cm 以上；壤质至轻黏质，疏松或较疏松，水、气通透性良好（相当于地位指数 16 及 16 以上） B.适宜立地：低山、山前丘陵及丘陵坡中部、台地、岗地；土层厚 80 cm 以上，黑土层 10 cm 以上；重壤至中黏质，稍紧，水、气通透性中等（相当于 1 亚区地位指数 14 及 14 以上；2 亚区地位指数 12 及 12 以上）

（2）整地方式　15°以下的坡地可全面整地，15°～25°的坡地进行带状整地，大于25°的坡地进行块状整地。

（3）造林季节和造林方法　春季造林，宜早不宜迟。对马尾松以植苗造林为主，尤其是营造速生丰产用材林，也可播种造林。

（4）造林密度　在马尾松各产区生产中、小径材时，造林密度为 3 600～6 750 株 /hm²。Ⅰ类产区优良立地培育大径材时造林密度为 2 500～4 500 株 /hm²。

（5）树种组成　适宜与马尾松混交的树种有红栲、楠木、大叶栎及各种耐荫阔叶树种等。混交方式多采用带状混交、行带混交和块状混交，混交比例以 7：3 和 8：2 为宜。

（6）抚育管理　马尾松幼林抚育工作主要有松土除草、修枝和施肥。松土除草在第 1～2 年每年 2 次，第 3～4 年每年 1～2 次，松土深度为 10 cm，如为块状整地可适当扩穴。幼林郁闭后开始修枝，小于 10 生的树木，其树冠高度为树高的 2/3，10～15 年生的树木，其树冠高度为树高的 1/2～2/3。有条件的地方应进行施肥，尤其对速生丰产用材林。

马尾松一般生长 20～30 年时主伐，若培育大径材则主伐期可适当延长。郁闭度达 0.9 以上时（8～10 年生）第一次间伐，间隔期为 4～5 年，间伐后郁闭度应不低于 0.7。对中龄林（20 年生），Ⅰ类产区保留 1 425～1 650 株 /hm²；Ⅱ类产区 1 亚区保留 1 800～2 100 株 /hm²，2 亚区保留 2 175～2 625 株 /hm²。采脂一般在主伐前 2～3 年方可进行。

1.11　国外松造林技术

湿地松（*Pinus elliottii* Engelm.）、火炬松（*Pinus taeda* L.）和加勒比松（*Pinus caribaea* Morelet.）统称国外松，近年国外又培育出湿地松与加勒比松的优良杂交种，均为松科松属常绿乔木。国外松生长速度快，树干通直，木材强度大，是建筑、枕木、坑木、纤维板、造纸的理想用材，也是重要的采脂树种。与马尾松相比，国外松前期生长快、成材早、病虫少、适应性广，是重要的用材林树种。

1.11.1　林学特性

1）分布范围

湿地松原产美国东南部，水平分布约在北纬28°10′～36°，垂直分布一般在海拔 600 m 以下。目前我国湿地松栽培地区的最北界到山东省平邑县和陕西省汉中，最南界到海南省的陵水黎族自治县。在陕西省汉中，湿地松栽培地的海拔高达 800 m，比马尾松的分布范围广。

火炬松原产美国东南部，约在北纬 28°～39°21′，其分布范围比湿地松广。

洪都拉斯加勒比松分布于北纬 12°～18°地区；古巴加勒比松分布于北纬 22°～23°地区；巴哈马加勒比松分布于北纬 24°～27°地区。在我国，加勒比松主要是广东、广西和海南等地有引种栽培。

2）生物学特性

国外松均是常绿乔木，深根型树种，前期生长比马尾松快。

3）生态学特性

（1）气候　湿地松、火炬松对气候的要求与马尾相似，而且耐寒性更强。湿地松耐 –18 ℃的最低气温，要求年平均气温为 15.3～21.87 ℃；火炬松耐 –23 ℃的最低气温，要求年平均气温为 13～19 ℃。加勒比松对温度的要求较高，年平均气温要求为 21～27 ℃。

（2）光照　湿地松、火炬松、加勒比松都是喜光树种，极不耐荫。

（3）土壤　国外松对土壤的要求与马尾松相似。湿地松稍耐水湿和盐碱；火炬松和加勒比松对土壤的要求稍高。

1.11.2　造林技术

1）育苗

国外松的育苗方法与马尾松相同，但种子需用温度为 60～70 ℃的水浸种。

2）造林

国外松的造林季节、造林方法与马尾松基本相同，造林密度为 1 665～2 500 株 /hm²。

3）抚育管理

国外松幼林抚育管理与马尾松相同。

国外松一般生长 20～25 年主伐，培育大径材时主伐期可适当延长。郁闭度达 0.8 以上时（8～10 年生）第一次间伐，间伐 1～2 次，间隔期为 4～5 年，间伐后郁闭度应不低于 0.6。第 2 次间伐后保留造林密度为约 1 000 株 /hm² 至主伐。

1.12　杨树造林技术

杨树（*Populus* spp.）是杨柳科杨属树种的统称。杨树品种类型多，栽培面积和范围大，是世界主要用材和生态防护树种之一，是我国重要的速生用材林、防护林和四旁绿化树种之一。其干形通直、材质轻软，是建筑，家具、胶合板生产，造纸工业的重要原料。

杨树在世界上共有 100 余种，我国约有 53 种。根据树皮、枝条、叶、芽等性状特征，分为白杨派、青杨派、黑杨派、大叶杨派和胡杨派 5 个派系。

1.12.1　林学特性

1）分布范围

杨树原产于北半球温带地区，是世界上分布最广、适应性最强的树种。其主要分布在欧洲、亚洲、北美洲及地中海沿岸等广大地区，垂直分布可达海拔 3 800 m。杨树在我国主要分布在北纬 25°～50°，东经 80°～134° 的广大地区，以东北、华北、西南、西北地区的资源较多。

2）生物学特性

杨树为高大落叶乔木，适应性广，生长速度快，轮伐期短。杨树以 3~5 年生的生长量最大，其次为 6~7 年生的。杨树一般 6~10 年开始开花结实，15~20 年前高生长旺盛，之后高生长速度减缓，而胸径生长旺盛。杨树属深根性树种，根系垂直分布深达 4 m，主要集中在 10~90 cm 深的土层内，占根系总量的 80.2%。杨树的生长速度快，造林后能迅速郁闭，不耐庇荫，因此如营造速生丰产用材林，应当加大株行距，使其迅速生长。

杨树的萌芽和萌蘖能力都很强，容易形成不定根和不定芽，十分容易进行无性繁殖。

3）生态学特性

杨树喜光、喜温暖、喜气、喜肥，需水量大。

（1）光照　杨树要求较强的光照条件，在生长期间光照时间应不少于 1 400 h。杨树非常喜光，若其侧方或上方遮阴，其生长和发育就会受压抑，因此在设计栽植密度和确定间伐强度时，要注意满足杨树对光照条件的需求，光能不足时杨树会表现出明显的分化现象，影响单位面积产量。

（2）温度　杨树喜欢温暖的气候条件，不抗寒，对早霜和晚霜敏感。我国江淮地区的温度条件对南方型杨树的生长是适宜的，但如果再向北推移，北方的最低温度将是限制杨树栽培范围的关键因子。北方秋冬季节和早春季节的温差变化大，在寒流影响下天气忽冷忽暖，霜害和寒流造成急剧的季节变温，会对南方起源的无性系杨树造成致命伤害。

（3）氧气　杨树的根系呼吸率高，对氧气的需求量大，因此土壤具有良好的透气性是杨树生长的必要条件，最理想的土壤是沙壤土。在黏重的土壤上栽培杨树，要注意深翻耕作，打碎土壤表层，改善其结构。杨树根系也可借溶于地下流动水中的氧气进行呼吸，滞留的死水或土壤孔隙中的水含量过高时，会抑制根系呼吸并影响树木生长，有效的办法是开挖深沟排水并松土，增加土壤的透气性。

（4）水分　杨树属于需水量大的树种，土壤湿度是影响杨树生长的最重要因素之一。杨树对土壤水分的供应条件是十分敏感的，在生长季节，若土壤干旱，土壤含水率下降到 10% 以下，杨树的生长就会变缓直至停止。

栽植杨树的理想地点是河流、渠道两岸湿润的立地，或者是地下水位（1~2 m）适中的平原地区。深栽应使杨树的根部尽量靠近地下水位；反之，若地下水位距地表近，则必须开沟排水，使水位降低到 50 cm 以下，以增加土壤的透气性，使根系得以发育。在杨树的生长季节，降水的分布往往是不均匀的，常不能满足树木正常生长的需要，在有条件的地方进行灌溉，可以收到良好的效果。

（5）土壤肥力　杨树生长迅速，消耗的营养物质较多，对土壤肥力的反应灵敏；杨树是喜氮、喜钙的树种，只有在肥沃的土壤上才能发挥其速生特性，因此水、肥管理是杨树栽培的两项重要措施。

1.12.2　造林技术

1）育苗

杨树可采用播种育苗或营养繁殖育苗。

（1）播种育苗　我国各地分布的杨树种类很多，除少数单性（如沙兰杨、意大利214杨只有雌株）或雌株极少（如毛白杨）的杨树难以采种繁殖外，其他杨树都能采种育苗。夏播应尽量早播，最迟不要晚于6月中旬；播种量为 $7.5 \sim 11.25 \, kg/hm^2$。

（2）营养繁殖育苗　适用于采种困难的杨树品种以及各种杂交种，以保持母本的优良特性。营养繁殖育苗包括插条育苗、埋条、分蘖、组织培养繁殖育苗。

2）造林

（1）造林地的选择　一般选择在地势较平坦、地下水位较高的沙壤土上造林，在山谷河滩、江河冲积土上也可以造林。培育杨树速生丰产用材林时，造林地土壤必须水、肥条件良好，土层厚度大于 1 m。对其他土壤，如果条件允许，应当进行土壤改良后再造林。

（2）林地清理方法　造林地清理方法有全面清理、带状清理、块状清理三种，可根据造林地的天然植被状况、采伐剩余物数量和散布情况、造林方式及经济条件的不同分别选用。

（3）整地方式　在地势平坦的造林地可用机械进行全面整地或带状整地；岗地或低山地区可进行带状整地，然后挖穴。营造杨树速生丰产用材林的整地规格为 $100 \, cm \times 100 \, cm \times 80 \, cm$，一般造林整地规格为 $50 \, cm \times 50 \, cm \times 40 \, cm$。

（4）造林季节　以春季造林为主，一般在立春后的2—3月，冬季的11—12月也可造林。

（5）苗木规格　造林所需苗木应使用Ⅰ、Ⅱ级苗木。

（6）造林密度　杨树的造林密度应依据经营目的、立地条件、品种、混交方式、抚育管理和树木生长发育阶段的不同而异。培育大径材，采用 $6 \, m \times 7 \, m$、$7 \, m \times 7 \, m$、$8 \, m \times 8 \, m$ 的株行距；培育中径材，采用 $4 \, m \times 5 \, m$、$5 \, m \times 6 \, m$ 的株行距；培育小径材，采用 $3 \, m \times 3 \, m$、$3 \, m \times 4 \, m$、$4 \, m \times 4 \, m$ 的株行距。

（7）种植点配置　可采用正方形、长方形、品字形等配置方式。

（8）造林方法　以植苗造林为主，也可插条造林、插干造林。

①植苗造林。在干旱、多风的地区应截干造林；水分条件较好、土壤湿润的地区，也可带干造林。

杨树栽植采用大穴深栽法，一般穴深不能小于 80 cm。栽植前用清水浸泡苗根 2~3 d，最长不超过 1 周，若浸泡时间较长则要及时换水。也可用泥浆蘸根，即按照 1∶10∶30 的比例将磷肥、细黄土、水搅成泥浆状，栽前将苗木根系在泥浆中浸蘸一下。

栽植时穴中施基肥，施肥量应根据土壤条件、苗木大小、栽培方法等确定。一般每穴施有机肥 20~30 kg、磷肥 0.5~1 kg、钾肥 0.1~0.2 kg，将肥料与表土混拌均匀并施入穴中，上覆表土后栽植，将苗放入穴中央，扶直苗干，舒展根系，先填表土后填心土，边填土边踩实，使根、土结合紧密。在有条件的地区，为了提高幼树成活率、促进幼树生长，穴内填土 2/3 时可浇足定根水，填土基本结束时浇透水。

②插条造林。在水、肥条件好和苗木缺乏地区可采用插条造林。春季在杨树发芽前，土壤解冻后进行，秋季在 11 月左右进行。选择直径 1.5~2.0 cm、1~2 年生的枝条，剪去侧枝，剪成长 30~40 cm 的插穗，按照一定的株行距进行扦插，然后将土踏实。插条深度为插穗上部 2~3 cm，其余部分全部插入土中。如果土壤较干，可用细土覆盖插穗上切口；也可在插条前，用塑料薄膜封好插穗上切口或用石蜡速蘸插穗的上切口（即蜡封），以防止插穗水分过度散失，然后进行插条造林。

③插干造林。所用苗干可打捆，就近利用河、湖、渠、塘水浸泡，基部入水深度应占苗干高的 1/2，最少不低于 1 m。浸泡时间要保证最短 3 d，最长 2 个月。插干造林时一般用直径 4~5 cm、长 1.2 m 的钢钎打洞，洞的深度一般为 60~80 cm，大苗的洞深 1 m。插干前一定要用稀泥浆灌洞或直接用水灌洞。插干时轻摇苗干，使洞土松动，与苗木密接。插干后就近铲土封实、填实洞口。

（9）树种组成　杨树以营造混交林为好。根据各地经验，杨树与紫穗槐、杨树与刺槐、毛白杨与侧柏、小叶杨与沙棘混交效果好。

（10）抚育管理

①幼林抚育。苗木栽植结束后一般连续抚育 3 年，各年抚育次数为 2—2—1，即前两年每年抚育 2 次，第三年抚育 1 次，抚育时间分别为 5—6 月和 8—9 月。主要抚育措施有松土除草、施肥、浇水、补植、抹芽、修枝、树干涂白、防治病虫害等，以保护苗木，促进其生根、发芽，直至成活。

a. 施肥。造林后于每年的 5—6 月杨树生长速生期追施氮肥 2 次，每年施肥量折合氮 3.5~7 kg/667m² （相当于尿素 7.5~15 kg/667 m² 或碳酸氢铵 25~50 kg/667 m²）。造林当年可少施、晚施肥，幼林郁闭后可适当多施肥，注意氮、磷、钾肥的配比。

b. 松土除草。林分郁闭前每年要除草 2~3 次，实行林农间作时可与农作物的管理结合进行。林分郁闭后，可视杂草生长情况适当减少除草次数。杨树要求土壤的通气性良好，松土能改善土壤的通气状况，有利于根系发育和对水分、养分的吸收。林农间作期可不专门为林地松土；停止间作后每年至少要对林地松土 1~2 次，以防止林地土壤板结，可在秋末冬初结合翻压落叶一起进行，或在杨树生长季节结合除草进行。

②成林抚育。

a. 修枝。为培养良好的干形和无节良材，提高杨树的商品用材价值，达到速生、丰产、高效的目的，造林 2~3 年后要进行合理修枝。修枝有生长季修枝和冬季修枝。以落叶后冬季修枝为主，树干中部以下的萌生枝条要全部疏除。生长季修枝，树木的伤口愈合快，萌生的徒长枝少。修枝后树冠高度应为树高的 1/3~1/2，其下萌生的枝条应全部修除。

b. 间伐。杨树用材林应在造林后 4~5 年进行第一次间伐，9~10 年进行第二次间伐。

1.13　刺槐造林技术

刺槐（*Robina pseudoacacia* L.）为豆科刺槐属落叶乔木，原产美国东部，20 世纪初从欧洲引入我国山东省，目前是我国主栽树种之一。刺槐是速生用材树种，木材坚硬，顺纹抗压力强，耐水湿，耐腐朽，抗冲击强度大，可作矿柱、建筑、枕木、车辆、工具手柄、船等用材；刺槐根系庞大、枝叶浓密、根具根瘤，是良好的水土保持树种和改良土壤树种；刺槐花是上等蜜源，叶可作饲料和肥料，枝桠是上等的薪炭材。

1.13.1　林学特性

1）分布范围

刺槐是全世界温带及北亚热带引种栽培最为广泛的树种之一。刺槐在我国的栽培范围很广，黄河中下游、淮河流域是刺槐成片栽植的集中区。从垂直分布看，其在海拔 2 000 m 以下都可栽植，以 400~1 200 m 的地带生长最好。

2）生物学特性

刺槐为速生树种，高生长高峰一般出现在第 2~4 年，速生期为第 4~8 年；胸径生长速生期为 4~10 年或更长；其材积速生期在 10 年以后。刺槐侧枝发达，顶端优势弱，主枝常被侧枝取代，树干不直；根系发达，具有根瘤，能固氮，萌蘖能力强。

3）生态学特性

刺槐为温带喜光树种，在年平均温度 8~14 ℃、年降水量为 500~900 mm 的地域生长发育良好。刺槐虽耐旱、耐瘠薄，但在土层薄、水分条件差的立地生长不良；怕风，不耐水湿，稍耐盐碱。

1.13.2　造林技术

1）育苗

刺槐以播种育苗为主，也可插根、插条、嫁接育苗。

2）造林

（1）造林地的选择　对立地条件要求不严，在适生地区的山地和各种类型的沙地、轻盐碱地都可以栽植刺槐。在山地可以营造水土保持林，也可营造用材林；营造用材林时，应选土层在40 cm以上的土壤，冲风口、山顶不适宜营造用材林。立地条件差的地方可发展能源林；盐碱地造林一般可在土壤含盐量0.2%以下的地区，刺槐有改良盐碱地的功能。刺槐怕水淹，一般雨季地下水位1 m以上和有积水的地区不宜种植刺槐。

（2）整地方式　石质山地可采用水平阶整地，黄土地区可采用带状整地或块状整地，整地深度为30~50 cm。营造能源林和水土保持林可用块状整地。

（3）造林季节和造林方法　刺槐在我国北方山地造林，以春季或秋季造林为主。在春季干旱、降水少的地区，最好在秋季上冻前一个月进行截干造林；在春季土壤水分条件好的地区，可在当年春季或前一年秋季进行截干造林。沙地造林有两种情况，若沙丘流动不大，可春季或秋季截干造林；若沙丘流动较大，适宜春季截干造林。

（4）造林密度　刺槐侧枝发达、树干不直，造林时可适当加大造林密度，然后用合适的配置方式控制侧枝，如采用1 m×3 m、2 m×3 m、1 m×4 m等株行距。如培育大径材，可在4~5年生时进行间伐。若营造能源林，株行距为1 m×1.5 m或1 m×2 m。

（5）抚育管理

①幼林抚育。造林后要及时松土除草。截干造林后，当萌条长20 cm左右时，选留2~3个健壮萌条，将其余萌条除去，当萌条长30 cm左右时选留一株，同时培土。

②成林抚育。刺槐的分枝能力很强，往往形成树干低矮、枝杈过多的"小老树"，因此必须对树木进行整形、修枝等工作。

1.14　泡桐造林技术

泡桐（*Paulownia* spp.）为玄参科泡桐属落叶乔木，是我国特产的速生用材树种。其木材质地优良，用途广；叶、花、果、皮均可入药，叶、花可作饲料和肥料；种子含油，可制肥皂。

1.14.1　林学特性

1）主要类型及分布范围

泡桐目前已确定的有9个种和2个变种。其在我国分布很广，北自辽宁南部、河北、山西、陕西南部，南至广东、广西，东起台湾，西至云南、贵州、四川，除黑龙江、吉林、内蒙古、宁夏、青海、新疆、西藏外的广大区域均有栽培。兰考泡桐（*Paulownia. elongata* S. Y. Hu）以河南为中心，集中分布在河南东部平原地区和山东西南部；楸叶泡桐（*Paulownia. catalpifolia* Gong Tong）分布于河南、山东、河北、山西、陕西等地，以山东东部、中部和河南西北部的丘陵、浅山分布较多；毛泡桐［*Paulownia. tomentosa*（Thunb.）Steud.］和光泡桐常伴生在一起，但光泡桐的栽培数量不多；白花泡桐［*Paulownia. fortunei*（Seem.）Hemsl.］主要分布在长江流域以南各地和台湾；四川泡桐（*Paulownia. forgesii* Franch.）主要分布在湖北西部及云南、贵州和四川；台湾泡桐（*Paulownia. kawakamii* Ito）主要分布在浙江、台湾、福建、广东、广西、江西等地。

泡桐的垂直分布一般在海拔 500 m 以下，其中四川泡桐可分布到海拔 2 400 m。

2）生物学特性

泡桐树冠扩展，叶大枝疏，不耐庇荫，一般在林内不能天然更新，在野生状态下多为散生。在平原地区，泡桐多栽于四旁地或农桐间作。在营造泡桐片林时，不能栽植得太密，否则林分郁闭早，抑制枝叶生长和树冠扩展。泡桐顶芽生长势极弱，冬季受冻干枯，次年春由腋芽萌发抽枝，形成换头现象。

3）生态学特性

泡桐对气候的适应范围很广，在气温 38 ℃以上生长受阻，在极端低温 -25～-20 ℃时易受冻害。泡桐的耐旱性较强，在山西、陕西年降水量 400～500 mm 的地区仍生长良好。泡桐的耐寒性因种类不同而有差异。楸叶泡桐、毛泡桐和光泡桐的耐寒性较强，兰考泡桐次之。泡桐不宜栽植在强风袭击的风口或山脊处。

泡桐是强喜光树种，对土壤肥力、土层厚度和疏松程度非常敏感。只有在土壤疏松、加强水肥管理的条件下，泡桐才能充分发挥其速生特性。泡桐在黏重的土壤上生长不良，土壤 pH 值以 6.0～7.5 为好，pH 值在 8.5 以上时，生长受抑制。其林地不能积水，否则会造成死亡或严重根瘤。

1.14.2　造林技术

1）育苗

泡桐的育苗方法主要有播种育苗和埋根育苗。

（1）播种育苗　泡桐种子纤小、幼苗嫩弱，育苗地要求床面平整、土壤细碎。苗床宜采用高床或高垄，结合作床，施足底肥，并进行土壤消毒。播种前苗床要灌足底水，将种子与细沙或草木灰拌匀，条播或撒播。条距 30～40 cm，播幅 5～10 cm，播种量为 11.25～15 kg/hm^2。播后覆土以微见种子为宜，再用草或塑料地膜覆盖。

（2）埋根育苗　种根最好用 1～2 年生苗木出圃后留下的根或修剪下的根，也可选择生长健壮、无病虫害的大树，在距树干 1 m 以外的地方挖取根。埋根以在春季 2 月下旬—3 月上中旬为宜，也可在 11—12 月土壤结冻以前埋根。种根长 15～20 cm、大头粗 2 cm 左右的，其成活率和苗木生长情况较好。埋根方法有直埋、斜埋和平埋共三种，以直埋为好。

按一定株行距（0.8 m × 1.0 m 或 1.0 m × 1.0 m），将种根大头朝上直立穴内，使其上端与地面平齐，随后填土踏实，顶部封 1 个碗大（直径约 15 cm）的土包，以防冻保墒。根径 0.5 ~ 1.0 cm 的细根和分不清上、下头的根条可浅沟平埋。

2）造林

（1）造林地的选择　泡桐喜光、喜肥、喜土层深厚且排水良好的土壤，同时怕盐碱、怕水淹，造林地最好选择土壤湿润肥沃、地下水位低、排水良好、无风害的壤土或沙壤土的四旁地或缓坡。

（2）整地方式　四旁植树一般是随整地随栽植，大多采用穴状整地；在农桐间作的农耕地上，经过全面整地和施肥后挖穴栽植。

（3）造林密度　以林为主，造林密度为 390 株 / hm²，株行距 5 m × 5 m；林粮并重，造林密度为 195 株 / hm²，株行距 5 m × 10 m；以粮为主，造林密度为 90 株 / hm²，株行距 4 m × 30 m。路旁、渠旁成行栽植时，单行株距以 3 ~ 5 m 为好；双行栽植时株行距 3 m × 3 m 或 3 m × 5 m，品字形排列；村旁、宅旁可采用带状或块状栽植，株行距 3 m × 3 m 或 4 m × 4 m，5 ~ 6 年后进行间伐。

（4）造林季节和造林方法　泡桐造林从秋季落叶后到翌年发芽前均可进行，一般以 2 月下旬—3 月中旬为宜。所用苗木为 1 年生苗或 2 年根 1 年干的平茬苗，一般苗高在 4 m 以上，地径在 5 cm 以上。为了提高造林成活率和培育通直高大的树干，可采用截干造林的办法。泡桐不宜栽植得太深，以埋至离根颈处 10 ~ 15 cm 为好。

（5）抚育管理　造林后每年进行松土除草、施肥。在早春修去树干 1/3 ~ 1/2 以下的侧枝。泡桐在幼年时期易受冻害和日灼危害，可将其树干涂白或在其树干上捆上草把，以预防寒害。

1.15　水曲柳造林技术

水曲柳（*Fraxinus mandshurica* Rupr.）为木樨科白蜡属落叶大乔木。水曲柳树高可达 25 m，最高达 30 m，胸径达 60 ~ 80 cm。其适应性强，材质好，用途广，经济价值高，与黄波罗、核桃楸并称东北"三大硬阔"，是我国东北林区主要珍贵用材树种之一。

水曲柳的树干通直、圆满，材质重硬、力学强度大并富有弹性，纹理通直、耐腐、耐水湿、韧性大，是胶合板、航空、室内装修、机械制造、车辆船舶、民用工业配件、军工生产等用材。水曲柳树形高大、树姿美观，也是园林及四旁绿化的重要树种，但因春季出叶晚、秋季落叶早，树冠修剪后恢复期长等，在城乡街道绿化中不宜大量使用，多作为庭院绿化的点缀树种。水曲柳多用于营造大径特种用材林。

1.15.1 林学特性

1)分布范围

水曲柳分布于小兴安岭南坡,经完达山延伸到长白山和燕山山地。在小兴安岭南坡,水曲柳主要分布于海拔700 m以下的谷地和坡地,垂直分布最高可达海拔1 500 m。在谷地或阔叶红松林内,水曲柳与黄波罗、核桃楸等混生,在有的地方也可形成小面积纯林。

2)生物学特性

水曲柳的生长期较短,在小兴安岭为100 d左右。一般在5月下旬—6月初放叶;高生长旺盛期在6月下旬—7月下旬,约40 d,8月下旬封顶;其胸径生长旺盛期在7月中旬—8月上旬,9月上旬停止生长。

水曲柳在造林后3~4年内生长缓慢,树高年生长量为20~50 cm,5~6年后高生长加快,年高生长量为60~80 cm,有的高达1 m。在硬阔叶林中,树龄可达250年。

水曲柳的侧根发达,多分布在深30 cm以内的土层中,主根的可塑性较大。根茎的萌蘖能力强,可进行萌芽更新。冬季砍伐后,立春可萌发5~10个萌芽条,当年高生长量可达1 m,比人工幼林初期的年高生长量大3~5倍。

3)生态学特性

水曲柳对光照的适应幅度较大,幼年时中等耐荫,成年后喜光;能耐-40 ℃的严寒,但幼中龄期易遭受晚霜伤害;喜湿润、喜钙;稍耐盐碱,在pH值为8.4、含盐量为0.1%~0.15%的盐碱地上也能生长,但在季节性积水或排水不良的地块栽植常生长不良或死亡。

1.15.2 造林技术

1)育苗

水曲柳采用播种育苗。水曲柳的种子休眠期长,可采用隔年埋藏法催芽(冬季—秋季—冬季隔年埋藏法催芽或夏季—秋季—冬季—春季隔年埋藏法催芽),处理时间为240~270 d;也可以采用室内混沙堆藏催芽法,一般处理时间为10周。采用条播或撒播,播种量约为112.5~150 kg/hm^2。

2)造林

(1)造林地的选择 选择山脚缓坡,在土层深厚、肥沃、湿润的壤土和沙壤土上栽植。沼泽地,重碱地,过于瘠薄、干旱、排水不良的地方不宜栽植。

(2)整地方式 整地最好在雨季前。可采用全面整地或穴状整地。整地后可种植一年农作物,以促进土壤熟化,提高土壤肥力,减少杂草。在灌木丛密集的坡地,采用斜山带清理林地,进行穴状整地。

（3）造林季节与造林方法　春季以植苗造林、穴植法栽植为主。在水、肥条件比较好的地方可进行直播造林，每穴播种 10 粒左右，翌年每穴保留 1 株健壮的幼苗。

（4）造林密度　水柳曲的树冠较窄，幼林初期生长较慢，小径材用途广，可间伐，因此造林密度以 4 440~6 660 株 / hm^2 为宜。

（5）树种组成　根据黑龙江的生产经验，水曲柳与兴安岭落叶松混交比较适宜，采取带状混交，一般带宽约 5 行为宜，在坡地也可采用块状混交。

（6）抚育管理

幼林抚育年限一般应为 4~5 年。抚育次数为 2—2—1—1 或 2—2—1—1—1，可根据立地条件和杂草的繁茂程度增加或减少抚育年限。

因水曲柳的幼林郁闭较晚，也可进行林粮间作。间种作物应以不妨碍幼树生长和有利于改良土壤的豆类作物为主，不能选择高秆、密生、蔓生和块根类作物。

1.16　桉树造林技术

桉树（*Eucalyptus* spp.）是桃金娘科桉属植物的总称，为热带、亚热带著名的速生树种。其树干通直、纹理细密，坚实耐腐，可作枕木、电杆、矿柱、桥梁、建筑、家具及薪炭等用材；桉叶含 0.2%~3.5% 的挥发性芳香油，在香料及医药工业方面用途很广；其木材纤维是造纸及人造板的重要原料；桉树常绿，枝繁叶茂，是净化空气、城镇四旁绿化的好树种。

1.16.1　林学特性

1）主要品种

我国自 1890 年从意大利引进桉树品种，共引进过 300 多种桉树，其中进行过育苗、造林的有 211 种，已用于生产性造林的有 20 多种。现主要栽培品种有尾叶桉、尾巨桉、巨尾桉、尾圆桉、尾赤桉、巨桉、邓恩桉、大花序桉、柳窿桉、蓝桉、直干桉、雷林一号桉、赤桉等。

2）分布范围

桉树原产于澳洲，我国南方 16 个省（区）现有栽植，主要栽培地有广东、广西、福建、江西、四川、云南，多栽植于低丘、台地。

3）生物学特性

桉树为常绿乔木，深根性树种。现栽培的桉树树干通直，生长迅速，5~7 年可主伐利用，多数品种萌芽力强，可萌芽更新。

4）生态学特性

（1）气候　桉树是热带、亚热带树种，喜温暖、湿润的气候，不耐低温，多数品种要求年平均气温为 15 ℃以上，1 月平均气温为 7 ℃以上，现主要栽培种多数要求最低气

温在 –5 ℃以上，少数种（如邓恩桉、赤桉、尾圆桉、尾赤桉）耐寒性强一些。桉树在年降水量 1 000 mm 以上的地区生长良好，在年降水量少于 500 mm 的地区也能正常生长。一般宽叶型桉树较耐寒、喜湿润，而窄叶型桉树则喜热、耐旱。

（2）光照　桉树为喜光树种，极不耐荫。

（3）土壤　桉树要求生长在土层深厚、疏松、湿润、排水良好的酸性土壤上。土层浅薄、石砾含量大的石质土和盐质土则不宜桉树生长。

1.16.2　造林技术

1）育苗

桉树造林主要用实生容器苗和扦插容器苗。

培育实生容器苗，首先在精细整地的苗床上密集撒播种子，精细管理，苗高约 5 cm 时移到容器中继续培育约 3 个月。育苗过程中要根据桉树苗喜湿、易病的特点加强管理。

培育扦插容器苗是在容器中进行扦插育苗。关键技术有两点：一是从组织培养苗的苗干上采集半木质化一级侧枝；二是使用生根促进剂促进枝条长根。

育苗时接种菌根菌不仅能促进苗木生长，而且造林后能显著提高材积生长量。

2）造林

（1）造林地的选择　桉树种类很多，应根据桉树种类选择合适的造林地。一般应选择气候温暖、降雨丰富、阳光充足，土层深厚、肥沃、湿润、疏松、排水好的酸性土壤，石砾含量 30% 以下、土层厚 80 cm 以上。地形应选择平原、台地、丘陵，坡向选择阳坡、半阳坡，避免选择阴坡。

（2）整地方式　坡度小于 15°，采用机械带垦，带的走向与等高线平行，带宽 150 cm，深 30~50 cm；或采用机械挖穴，穴面宽 60 cm，穴底宽 40 cm，穴深 40 cm。坡度 15° 以上的山地，采用人工挖穴或人工带垦的整地方式，人工挖穴，其穴面宽 60 cm，穴底宽 40 cm，穴深 40 cm 以上；人工带垦，其带宽 60~80 cm、深 30~40 cm，带的走向与等高线平行。

（3）造林季节和造林方法　桉树一年四季均可造林，但以 5 月前植苗造林为好，又以 2 月前后植苗造林最好。

（4）造林密度　桉树的造林密度为 1 250~2 000 株（穴）/hm²，株行距为 1.5 m×3 m、2 m×3 m、2 m×4 m。

地势平坦的林地，行向为东西向；坡度较大的丘陵山地，行向与等高线平行；在台风多发地区，行向与害风方向垂直。

（5）抚育管理　松土除草宜第 1 年 2 次，第 2~3 年 1 次或不松土除草，松土深度为 10 cm，如为块状整地的应适当扩穴。施肥通常于第 1 年一次性施，氮肥为 200 kg/hm²，磷肥为 150 kg/hm²，钾肥为 100 kg/hm²。种植当年的 5—7 月注意防范白蚁和蟋蟀为害苗干。

1.17　毛竹造林技术

毛竹（*Phyllostachys pubescens* Mazelex H.de Lehaie），禾本科竹亚科刚竹属，又名"楠竹""孟宗竹"。毛竹生长快、成材早、产量高、用途广，是竹类中经济价值最高的竹种，其材质坚韧，富有弹性，抗压和抗拉强度大，是建筑、农用、制造家具和生活用品的优良用材；竹材纤维细长，是优良的造纸原料；鞭、根、蔸、枝、箨等具有极高的工艺加工价值；竹笋味道鲜美，既可鲜食，又可加工成各种笋制品，风味独特、营养丰富，畅销国内外；毛竹终年常绿，是优良的庭院绿化观赏树。

1.17.1　林学特性

1）分布范围

毛竹是我国分布最广、面积最大、经济效益最佳的竹种。其水平分布东起福建南部、台湾西部低山丘陵，西至云南东北部和四川盆地南缘，南至两广地区（广东、广西）中部，北到安徽北部、河南南部，相当于北纬 23° 30′、东经 102° ~122°。毛竹主产区为浙江、江西、福建、湖南等地。其垂直分布范围大，海拔从几十米到 1 000 m 以上，主要分布在海拔 800 m 以下的低山丘陵，最高可达海拔 1 500 m。

2）生物学特性

毛竹为散生竹，地下茎单轴散生，具有横向生长的竹鞭。竹散生直立，高大端直，高一般为 6~16 m，最高可达 20 m 以上，其生长可分为 3 个阶段，即竹笋的形成和生长阶段、竹笋出土幼竹生长阶段和成竹生长阶段，从竹笋发育成完整竹株，到完成高径生长只需 2 个月。地下茎即竹鞭，分布在土壤上层，既是储存和输导养分的主要器官，又具有强大的分生繁殖能力。竹鞭生长靠尖端鞭梢生长实现，鞭梢具有极强的穿透力，且有趋肥向暖性，在土壤中横向起伏生长。竹鞭的生长期一般为 5~6 个月，并和发笋长竹交替进行，其寿命可达 10 年，1~6 年幼壮龄阶段抽鞭发笋能力强。

3）生态学特性

毛竹喜温暖、湿润气候。在其分布范围内年平均气温为 15~22 ℃，1 月平均气温为 2~10 ℃，7 月平均气温为 25~30 ℃。毛竹要求生长季长，年生长期在 310 d 以上；年降水量 800~1 800 mm，相对湿度一般应大于 70%，水分是限制毛竹生长和分布的最主要因子；对土壤要求高，适宜在土层深厚、富含有机质和矿质元素、疏松透气、水分充足、pH 值为 4.5~7.0 的山地红壤、黄壤土上栽培。

1.17.2 造林技术

1）育苗

毛竹可采用无性繁殖育苗或实生育苗。

2）造林

（1）造林地的选择 毛竹造林可选择交通方便、水源充足，海拔 800 m 以下的山谷、山麓、山腰，土层深厚、富含有机质、疏松透气、水分充足、pH 值为 4.5~7.0、排水良好的沙壤土。

（2）整地方式 造林前一年的秋冬季进行，全面整地适用于平坦的地方，机耕或全面深翻 20 cm，按所需株行距定点挖穴。带状整地适用于坡度较陡的地方，带宽 1.5~2 m，将土深翻 20 cm，按所需株行距挖穴。块状整地应按所需株行距及穴规格挖穴，如用母竹造林和移鞭造林，穴规格为 100 cm×50 cm×40 cm；如用竹苗造林，穴规格为 50 cm×50 cm×40 cm。

（3）造林季节与造林方法 11 月—翌年 2 月的早春是毛竹的最佳造林季节。造林方法有移母竹造林、实生苗造林、埋竹鞭造林等，以移母竹造林法在生产上应用最广。

①移母竹造林。选择 2~3 年生、直径 3~4 cm 的健壮母竹，沿母竹枝生长方向确定来鞭和去鞭，在来鞭 30 cm 和去鞭 60 cm 处砍断，将母竹连竹鞭和宿土一并挖起，切断竹梢并留 2~3 盘枝叶，竹枝留 2~3 个节，用稻草将竹鞭和宿土包扎好，再运往造林地。种植时竹鞭向山坡的水平方向伸展，覆土 15 cm，踩实，表面覆盖松土。

为了扩大种源，可挖取用毛竹实生苗造林的小母竹造林，采用直径 1~3 cm 的母竹，挖取来鞭 15 cm、去鞭 30 cm，留 1~2 盘枝叶。

②实生苗造林。选用 1~2 年生实生苗，带土成丛挖起，剪去部分枝叶，将小苗按每 4~5 株为一小丛分好，用稻草包扎好根部，运往造林地。种植时将竹苗放进穴内，覆土 6~8 cm，踩实，表面盖松土。

③埋竹鞭造林。选择深黄色、有光泽、有鞭芽的健壮竹鞭，将其带土挖起，切成 1 m 长，用稻草包扎好，保湿运往造林地。种植时将竹鞭平放入穴内，鞭芽朝向两侧，覆土 15 cm，踩实，表面盖松土。

（4）抚育管理

①幼林抚育。对新造竹林进行封禁、除去弱笋、去梢、防治病虫害等养护措施，以及松土除草、合理施肥、科学套种等，以提高土壤肥力，促进幼竹提早成林。

②成林抚育。

a. 护笋养竹。科学选挖竹笋，做到不挖鞭笋、冬笋，及时挖细弱笋，保护春笋，年年留笋养竹，培育合理的竹林结构。

b.劈杂割灌、松土。培育丰产毛竹林，每年宜进行1~2次劈杂割灌，同时进行深翻松土，分别在5月和9月进行。根据地形和培育目的采用全面深翻、带状或块状深翻，翻土深度为20~30 cm。

c.合理施肥。丰产毛竹林一年应施4次肥，分别在2月、5—6月、9月、11—12月施肥，肥料可选速效肥、复合肥、土杂肥等。

d.科学采伐。以竹林永续利用为目的，采伐量应根据伐前密度和立竹密度确定，保持立竹密度为3 000~3 600株/hm²。采伐时间在竹林休眠期，采伐3度以上毛竹，主要采伐5度以上老龄竹和有病虫危害的竹株、过密竹株。伐后合理的竹龄组成为1度、2度、3度各占30%，4度占10%。

1.18 栎类造林技术

栎类（*Quercus* spp.）是指壳斗科栎属树种的总称。栎属树种的种类很多，多为重要的硬阔叶用材树种，如麻栎、栓皮栎、小叶栎、蒙古栎等的木材质地坚硬、纹理美观、耐磨损，是建筑，制造车船、枕木、农具等以及纺织工业的良好用材，其枝干也是优良的薪炭材，小径材可用来培植香菇和木耳；种仁可作饲料或提制淀粉；树皮、壳斗可提取栲胶。麻栎、蒙古栎等的叶子可饲养柞蚕，栓皮栎的树皮为木栓，是软木工业的主要原料。此外，栎类的树皮耐火，不易燃烧，常用于防火。

1.18.1 林学特性

1）主要树种与分布范围

栎类的主要造林树种有麻栎、栓皮栎、青冈栎、蒙古栎、槲栎等。栎类的种类多，分布遍及我国南北各地，垂直分布最高可达海拔2 200 m，在海拔800 m以下生长较好。

2）生物学特性

栎类是深根性树种，主根明显，根系发达；具有很强的萌芽力，生长速度适中，最初5年生长缓慢，5年后生长逐渐加快。

3）生态学特性

栎类的适应性较强，对气候的要求随树种而不同；一般能耐低温，蒙古栎是我国栎类中最耐寒的树种，能耐-50 ℃的低温；喜光，但幼林能耐侧方庇荫，不耐上方庇荫，在侧方庇荫下生长良好。栎类在微酸、微碱或石灰质的土壤上均能生长，耐旱、耐瘠薄，但以在土层深厚、湿润、肥沃的壤土上生长好。

1.18.2 造林技术

1）育苗

栎类采取播种育苗。选择地势高燥、平坦，有排灌条件的沙壤土作圃地，深耕细作，施足基肥。播种期根据地区情况而定，采取冬播或春播，以春播较多。宜条播，条距为15~20 cm，播种量为 2 250~3 000 kg/hm^2，产苗量为 $15 \times 10^4 \sim 3 \times 10^5$ 株/hm^2。1 年生苗高 30~40 cm、地径 0.6~1 cm 即可出圃造林。

2）造林

（1）整地方法 整地方式有全面整地、带状整地、块状整地、鱼鳞坑整地等，可因地制宜。

（2）造林方法 栎类采取植苗造林和播种造林。

植苗造林在冬季、春季皆可进行，初植密度一般为 333 株/667 m^2，株行距 1 m × 2 m。栽植栎类多用穴植，穴深和穴径一般为 30~40 cm，苗木的主根可保留 20~25 cm，多余部分可以剪去。栽时要求深浅适宜、根系舒展，踩实，根颈处低于地表 2~3 cm。栎类也可采取截干栽植。

直播造林在华北和西北地区广泛采用。春秋两季均可造林，秋播可省去种实储藏工序，但种实可能遭受晚霜和兽害。山东等省多采用穴状整地，穴径和穴深各为 30 cm，每穴均匀播种 5~6 粒，覆土厚度为 6~8 cm，造林密度为 4 500~6 000 株/hm^2。

（3）树种组成 栎类适宜的混交树种有油松、侧柏、马尾松、黑松等，如山东省泰山林场在海拔 700 m 处的松栎混交林，10 年生的麻栎主干通直、生长旺盛，平均树高达 4.5 m。混交以行间混交、带状混交为好。

（4）幼林抚育 栎类在造林初期生长缓慢，必须加强松土除草等抚育管理，一般每年抚育 2~3 次，到林分郁闭为止。播种造林的穴内数株幼苗丛生，必须适时间苗。间苗的时间、强度和次数因立地条件而异，立地条件好，幼苗生长快，则间苗时间宜早，强度宜大，次数宜少；立地条件差，幼苗生长慢，则间苗时间宜迟，强度不宜大，可进行 2~3 次间苗，历经 3~4 年，最后每穴保留 1 株壮苗。

1.19 檫树造林技术

檫树（*Sassafras tzumu* Hemsl.）为我国南方速生用材树种，树干高大通直，材质坚韧致密，纹理美观，不翘不裂，富有弹性，抗压力强，不受虫蛀，抗腐性强，有芳香，耐水湿。

1.19.1 林学特性

1）分布范围

檫树属中亚热带树种，主要分布在我国长江流域以南地区。其水平分布东起江苏南部、浙江西北部、福建北部，南至广东、广西，西至云南、贵州、四川，北至安徽和湖北南部。其垂直分布一般在海拔 800 m 以下的山区或丘陵地区，在主峰高的群山中海拔可达 1 500～1 800 m，多系天然散生林。

2）生物学特性

檫树为深根性树种，萌芽力强，自然整枝明显，在气温高、阳光直射时树皮易发生日灼。

根据湖南长沙丘陵地区 17 年生檫树的树干解析材料，可知人工林的生长发育过程是：高生长盛期为第 3～5 年，树高年平均生长量一般可达 2 m，最高可达 4 m，材积生长盛期为第 6～10 年，材积连年生长量一般达 0.02～0.03 m³，最大可达 0.06 m³，10 年后材积连年生长量逐渐下降，大部分树木开始结实。

3）生态学特性

檫树喜温暖、湿润、雨量充沛的气候，适生于年平均温度为 12～20 ℃，年降水量在 1 000 mm 以上，夏季炎热多雨、冬季不很严寒的地区，在土层深厚、疏松、肥沃、排水良好的酸性沙质壤土上生长快、长势好。檫树的幼苗、幼树对霜冻很敏感，常因霜冻而枯梢，开花结实过程中怕低温。檫树为喜光树种，幼苗耐庇荫，2 年生后对光的要求逐渐加强。其根系喜好通气，怕积水。

1.19.2 造林技术

1）育苗

檫树采取播种育苗。圃地宜选择地势高燥，疏松、肥沃、微酸性的沙质壤土。适宜条播，条距 20～25 cm，播种量为 4～6 kg/hm²。1 年生苗高 1 m 以上、地径 1.2 cm 以上即可出圃造林。

2）造林

（1）造林地的选择　檫树对造林地的要求较高，适宜在山腹以下或丘陵地区，土层深厚、肥沃、排水良好、酸性或微酸性的林地上造林。排水不良的洼地、干燥瘠薄的山地、烈日直射的西南坡和当风的山坡，均不宜选用。

（2）整地方式　随立地条件而异，坡度平缓可采用全垦加大穴整地，在雨量较多、坡度 20° 以上的地方可采用块状或带状整地。一般株行距为 2 m×3 m 或 3 m×3 m。

（3）造林季节和造林方法　檫树在冬、春季均可造林，一般以实生苗造林为主，在干旱或有冻害的地区可利用檫树萌芽力强的特点，采用截干造林，造林效果良好。

（4）树种组成　营造混交林，既能充分发挥檫树的优良特性，又能促进混交树种生长，还能减轻檫树纯林的日灼危害。可以与檫树混交的树种有樟树、柳杉、马尾松、金钱松等。南方各地多以檫树和杉木混交。由于檫树人工林的发展历史较短，混交造林技术还在不断探索。

（5）幼林抚育 檫树幼林生长迅速，3~4年后，树高达3~5 m即可郁闭成林。檫树根系喜好通气，怕积水和土壤板结，应加强松土除草，每年松土除草2~3次，也可间种豆科植物，以耕代抚，以疏松土壤，增强土壤透性和蓄水性能，有利于根系伸展，促进幼林生长。抚育时，注意不要伤及嫩枝、新梢、树皮和根部，以免引起腐烂；此外，还需做好补植、除萌条、开沟排水、扶正培土、深翻埋青等抚育工作。

1.20 樟树造林技术

樟树［*Cinnamomum camphora*（L.）Presl.］是樟科樟属树种，为我国南方珍贵用材和芳香油类树种之一。其木材坚韧，材质致密，纹理美观，气味芳香，既耐腐又耐虫蛀，是造船、家具和制作美术品（雕刻）的上等用材。

樟树的根、茎、叶、果实均可提炼樟脑、樟油，广泛应用于化工、医药、国防等方面，如制作人造橡胶、软片、塑料、无烟火药、绝缘体、樟脑肥皂等。樟脑和樟油是重要的出口物质，我国台湾地区出产的樟脑，其数量、质量居世界首位。此外，樟树可用于养樟蚕，樟蚕所产蚕丝透明无影，是制钓丝、鱼网和外科手术缝合线的好材料；樟树树冠宽阔，四季常绿，树姿雅致，是园林绿化和营造防护林的优良树种。

1.20.1 林学特性

1）分布范围

樟树原产于我国南方热带和亚热带地区，水平分布范围在北纬10°~30°，如台湾、福建、江西、广东、广西、湖南、湖北、云南、浙江等，以台湾地区最多。樟树多生长于低山平原，垂直分布一般在海拔500~600 m，越往南其垂直分布越高，在海拔1 000 m以下都能生长。

2）生物学特性

樟树是常绿乔木，深根性树种，寿命长，生长快。第10~30年，高生长较快，30年后逐渐下降；胸径生长在第10~40年较快；材积生长率以第50~60年最大。

3）生态学特性

樟树是偏喜光树种，幼年耐荫，但是4年后需光量增加，到壮年则更需阳光。樟树喜温暖、湿润气候，不耐低温，要求年平均气温在16 ℃以上，绝对低温不低于–7 ℃，年降水量1 000 mm以上。

樟树要求土层深厚、肥沃、湿润、酸性至中性的沙质壤土、轻沙壤土、冲积土壤。樟树在半阴坡、阳坡山谷和土壤湿润的溪旁造林，生长最佳。樟树稍耐水湿，不耐干旱瘠薄，在干旱瘠薄的土壤上生长不良。

1.20.2　造林技术

1）育苗

樟树采取播种育苗，条播，播种量为 150 kg/hm²，播种后 1 个月左右种子发芽出土，苗高约 10 cm 即可定苗，留苗密度为 60~80 株 /m²。

为解决樟树主根长、侧根少，造林成活率不高的问题，提倡采用容器育苗，或在苗期进行截根移植。

2）造林

（1）造林地的选择　造林地要选择土壤较深厚、肥沃的丘陵、山地。

（2）整地方式　大穴整地，带状或块状整地。

（3）造林方法

①植苗造林。栽植前适当修剪枝叶，并选择阴雨天气进行植苗。

②截干造林。干旱天气造林，宜在 5 cm 处截断苗干，用根蔸定植，栽后培土壅根、盖草，萌芽抽条后选留健壮单株，其余剪除。

③直播造林。早春 1—2 月将已催芽的种子播在栽植穴中，每穴 3~4 粒种子，覆土 2 cm，上盖薄草，发芽后苗高 10 cm 时选留健壮的一株。

（4）造林密度　樟树分枝能力强，成片造林密度不宜过稀，否则主干分枝过低、侧枝横生，降低木材产量和质量。一般用材林的株行距为 1.5 m×2 m~2 m×2 m。以提取樟油、樟脑为目的的叶用林，可营造矮林，株行距为 1 m×1 m~1 m×1.5 m。用作行道树的株行距为 4 m×5 m。

（5）树种组成　樟树分枝多、树冠大，幼林需要荫蔽，营造混交林可促其快长、干直、枝高、节少，有利于培养良材。广西壮族自治区合浦县林科所用台湾相思与樟树混交，6 年生樟树高 4.3 m、胸径 5.3 cm，高生长比樟树纯林快 46%，胸径生长比樟树纯林快 39%，木材蓄积量比樟树纯林高 3 倍多。营造樟树混交林可在造林前 3~4 年先种上混交树，两三年后再栽种樟树，10 年左右后砍掉混交树。混交方法有带状、块状、星状或隔行混交，混交树种有桉树、台湾相思、木麻黄、油桐、杉木等，混交比例为 1∶1~1∶3。

（6）抚育管理　造林后 3 年内，每年除草松土 2 次，有条件的适当施肥，同时要注意抹芽、修枝，以培养干形通直、分枝高的树干。采取截干造林，应选留健壮萌条 1 株，将其余萌条砍去。

樟树成林后，第 8~10 年第 1 次间伐，每隔 5~6 年间伐 1 次，主伐年龄为 30~50 年。

1.21　紫穗槐造林技术

紫穗槐（*Amorpha fruticosa* L.）是优良的肥料、饲料、燃料和固沙保土、农田防护的灌木树种。其生长快，繁殖力强，适应性广，耐盐碱、耐水湿、耐旱和耐瘠薄。紫穗槐的根系发达，具有根瘤，能改良土壤；枝条可作编织材料。紫穗槐的青枝叶含氮 1.32%、含磷 0.3%、含钾 0.79%，每 300 kg 青枝叶的肥效相当于 50 kg 豆饼的肥效，用于沤制绿肥或压青效果很好。紫穗槐还是蜜源植物。

1.21.1　林学特性

1）分布范围

紫穗槐原产北美，20 世纪初引入我国栽培，在我国东北地区中部以南、华北、西北地区以及长江流域海拔 1 000 m 以下的平原、丘陵山地广泛栽培，广西和云贵高原也曾试验引种。

2）生物学特性

紫穗槐是落叶丛生灌木，生长迅速，生长 2 年开花结实。其萌芽力强，枝叶茂密，根系发达，在一般土壤中根幅达 2 m 左右，根深 30~50 cm，纵横交织成网，根有根瘤。紫穗槐在平茬后，当年高可达 2 m，每丛可萌生 21~30 个枝条，1 年生可割条 1 500 kg/hm²，2 年生可割条 3 150 kg/hm²，3 年生以后每年可割条 7 500 kg/hm² 以上，21 年不衰。

3）生态学特性

紫穗槐喜光，对环境的适应性强，不苛求土壤条件，耐旱、耐水湿、耐寒，在含盐量为 0.3%~0.5% 的盐碱地上也能生长。

1.21.2　造林技术

1）育苗

①播种育苗。采用苗床条播，播幅宽 6~8 cm，条距 15~21 cm，播种量为 45~60 kg/hm²，产苗量约为 45 万株/hm²。1 年生苗出圃造林。

②插条育苗。在盐碱地上播种育苗的保苗率低，采用插条育苗可获得壮苗丰产。用直径粗 1.2~1.5 cm 的 1 年生条作插穗，因插穗含有大量养分，故能较快形成发达根系，促进幼苗迅速成长且具有较强的抗盐能力。扦插前，应先将插穗浸水 2~3 d。

2）造林

春、秋两季可进行植苗造林、插条造林，春季、雨季亦可进行播种造林。造林前应进行穴状或带状整地。

①植苗造林。为提高幼苗成活率，可截干造林。栽植不宜过深，要踩实，有条件时，栽后可灌水 1 次。

②插条造林。多用于低湿地区，用 30 cm 长的 1 年生健壮枝条作插穗，每穴四周分别插入 4 个插穗，插穗上端与地面平齐。（此法称墩形插条法）秋插比春插的造林成活率高。

③直播造林。在雨季前或下过透雨时播种最好。墒情好的地区，也可春播。坡地多穴

播，平地多条播。穴播为每穴 4~5 粒种子。造林密度一般为 4 500~6 000 <u>丛</u> / hm²。

3）抚育管理

紫穗槐造林后 1~2 年应及时除草松土；秋末平茬，促进翌春萌条，形成灌<u>丛</u>，一般 2~3 年平茬一次。平茬后拥土培墩，可扩大根盘，多萌枝条。另外，采用山东的"一肥一条"的办法，造林收益较高，即一年采割 2 次，麦收前割 1 次绿肥，秋末割 1 次编织用条。

1.22 柠条造林技术

柠条（*Caragana korshinskii* Kom），也叫作小叶锦鸡儿，蝶形花科锦鸡儿属多年生灌木，其适应性强，是优良的固沙、水土保持、饲料、薪炭及旱地草场和农田防护林树种。

1.22.1 林学特性

1）分布范围

柠条主要分布在我国黄河流域以北，干旱、半干旱、半荒漠、草原等地区。生长在海拔 1 000~2 000 m 的沙漠绿洲区域或黄土高原地段，在海拔 3 800 m 高的祁连山上也能生长发育。

2）生物学特性

柠条为深根性树种，主根明显，侧根向四周水平方向延伸，纵横交错。初期生长慢，寿命长，萌蘖力强。

3）生态学特性

喜光，耐旱、耐寒、耐高温、耐瘠薄、耐风蚀沙埋，适应性强，在黄土丘陵、山坡、流动沙地、丘间低地、固定沙地都能正常生长。忌土壤水分过多，水位过高。

1.22.2 造林技术

1）育苗

播种育苗，条播，播幅 10 cm，沟深 6~8 cm，沟距 25~30 cm，覆土厚 3 cm。播种量为 250~300 kg/hm²。

2）造林

（1）造林地的选择　一般选择在没有积水的沙丘丘间低地、干旱缺水的地区造林。

（2）整地方式　沙地上一般不用整地即可播种，平缓的丘间低地可带状翻耕。黄土丘陵区多采用小穴整地，穴播。

（3）造林季节和造林方法　主要采用直播造林，春、夏、秋三季都可播种。播种方法有穴播、条播、撒播等。

（4）造林密度　随地形和利用方式而异，地势平坦的地方的造林密度可略高于陡坡的，用于能源林的造林密度应大于用于放牧林的。若水分亏损现象比较严重、造林密度过大，会使植株生长不良，故造林密度一般以 4 500~5 000 丛 /hm² 为宜。

（5）抚育管理 幼苗常遭鼠、兔害，要进行防治。出苗后，严格封育 2~3 年，让幼苗充分生长，以保苗。

1.23 梭梭造林技术

梭梭 [*Haloxylon ammodendron*（C.A.Mey.）Bunge] 是藜科梭梭属植物，落叶大灌木或小乔木，高达 7 m。梭梭是防风固沙、改善沙漠戈壁环境的优良树种，也是人工固沙造林的先锋树种，在荒漠地区无须灌溉，能够自然生长成林，寿命可达 50 年左右。

1.23.1 林学特性

1）分布范围

梭梭属植物在全世界共有 11 种，在我国有 2 种，即白梭梭和本种。梭梭是亚洲荒漠地区中分布面积最广的一种典型荒漠植物，是亚洲中部——中亚荒漠重要的建群种，能形成特殊的荒漠丛林，有"荒漠森林"之称。在我国，梭梭分布于东经 60°~111°，北纬 36°~48° 的广大荒漠地区。其垂直分布除新疆准噶尔盆地、东天山山间盆地在海拔 150~500 m 外，其余一般在海拔 800~1 500 m，在青海柴达木盆地海拔 2 500 m 左右的地区尚有梭梭生长，广泛分布于新疆、甘肃、青海和内蒙古的荒漠地区。

2）生物学特性

梭梭根系庞大，垂直根深超过 5 m，水平根系达 10 m 以上，能充分吸收沙层水分。其嫩枝多汁，内部被两层排列紧密的栅栏组织包围，细胞液含有高浓度的盐溶液，渗透压很高，抗脱水力强。梭梭的种子小、寿命短，不宜久存。

3）生态学特性

梭梭的喜光性很强，不耐庇荫，是沙生植物。梭梭抗旱能力极强，能耐年降水量仅有几十毫米而水分蒸发量高达 3 000 mm 的大气干旱；抗寒力强，在 –40 ℃ 的低温下不受冻害；耐盐碱，耐沙埋；抗盐性很强，茎枝内盐分含量高达 14%~17%，是典型的积盐植物，耐盐的临界范围为 4%~6%。

1.23.2 造林技术

1）育苗

梭梭的育苗地宜选择含盐量在 1% 以下、地下水位为 1~3 m 的沙土或沙壤土。不宜在土质黏重或盐渍化过重及排水不良的低洼地上育苗。播种前应灌足底水，浅翻细耙，力求苗床面平坦、土块细碎。春、秋两季均可播种，春播宜早不宜晚，在土壤解冻后即可播种。播前对种子用 0.1%~0.3% 高锰酸钾或硫酸铜水溶液浸种 20~30 min，以预防根腐病和白粉病。将浸种后的种子捞出晾干后，拌沙播种。开沟条播，行距 25 cm，覆土厚

1 cm，播种后引小水缓灌，保持苗床湿润，切忌大水漫灌。播种量为 30 kg/hm²，产苗量为 45 万~52.5 万株 /hm²。一般 1 年生苗即可出圃造林。

2）造林

（1）造林地的选择　选择湖盆沙地、丘间低地、固定沙丘及一般沙荒地。在流动沙丘上造林一定要设置沙障，应将梭梭栽植在迎风坡的中下部沙障网格内。

（2）造林密度　应根据造林地的立地条件而定。一般株行距 1.5 m×2 m 或 2 m×2 m。

（3）造林方法　以植苗造林为主。常用穴植造林，穴的深度可根据苗根的长短而定，穴要比苗根深 10~15 cm。栽植时应将苗木扶正，深栽踏实。也可用缝植法造林，即先铲去表层干沙，然后用锹开缝，缝深 20 cm，将苗木插入缝内，轻提苗木至合适深度，浇水后踏实，再覆沙保墒。

（4）抚育管理　一般采取封育管护。及时防治病虫害，梭梭的病害主要是白粉病，发病期用 0.3~0.4 波美度石硫合剂，每隔 10 d 喷撒 1 次，连续喷撒 3~4 次。

1.24　柽柳造林技术

柽柳（*Tamarix chinensis* Lour.）是柽柳科柽柳属落叶小乔木或灌木，高 3~7 m，是防风固沙造林和水土保持林的优良树种。柽柳的嫩枝叶是中药材，枝条细柔，姿态婆娑，颇为美观，常作为庭院观赏树。

1.24.1　林学特性

1）生物学特性

柽柳具有深根性，主侧根发达，主根往往伸到地下水层，深达 10 余米。其萌芽力强，耐修剪和刈割；生长快，高年生长量为 50~80 cm；叶能分泌盐碱，具有降低土壤含盐量的效能。

2）生态学特性

柽柳为喜光树种，不耐庇荫，适应性广，对大气干旱及高温、低温均有一定的适应能力。其对土壤要求不严，既耐旱又耐盐碱，插穗在含盐量 0.5% 的盐碱地上能正常出苗，带根的苗木则能在含盐量 0.8% 的盐碱地上成活生长，大树能在含盐量 1% 的重盐碱地上生长。其耐沙割、沙埋。

1.24.2　造林技术

1）育苗

柽柳育苗可采用播种育苗和插条育苗。

（1）播种育苗　柽柳果实成熟后开裂，种子易飞散，需及时采收。一般采用落水播种；也可利用洪水漫地，撒播育苗。播后 3~5 d 就能长出小苗，当年苗高 10~15 cm，翌年秋末苗高达 1 m 以上，即可出圃造林。

（2）插条育苗　选择生长健壮、直径 1~1.5 cm 的 1 年生萌条或苗干作种条，剪成 20 cm 长的插穗。用直插法秋插或春插，以秋插成活率较高。秋插后，应在插条上端封土成堆，翌春扒开。春插时，插穗在地面露出 3~5 cm，以免表土含盐量多，侵蚀幼芽，影响其成活。也可用丛插，即每穴插 2~3 根插穗，有利于提高其成活率及促进苗期生长。插后要加强抚育管理。

2）造林

柽柳在冬初或早春造林，可用扦插或植苗造林法。扦插造林技术与扦插育苗技术相同，但插穗长度以 30~40 cm 为宜。植苗造林的造林成活率高。一般株行距 1 m × 1.5 m，每穴 2~3 株。

3）幼林抚育管理

造林后严禁放牧，应进行松土除草。造林后第 2~3 年可进行平茬，促进幼苗生长。以后视树势情况，每隔 1~2 年平茬一次。

1.25　沙棘造林技术

沙棘（*Hippophae rhamnoides* L.），又名醋柳、酸刺，胡颓子科沙棘属落叶大灌木或小乔木，是华北、西北地区主要荒山造林及水土保持林树种，又可作为能源林、经济林和绿篱树种。沙棘不仅具有很强的护坡固土改土作用，而且具有很高的经济价值。其果实可加工果汁、糕点、果酱、果醋等；枝梢是很好的烧柴，枝杆木质坚硬，可作农具、工具把柄；种子也可入药；叶及嫩梢可作饲料；花是良好的蜜源，还可提炼香精。

1.25.1　林学特性

1）分布范围

沙棘在欧、亚两洲的温带均有分布，在我国分布于内蒙古、河北、陕西、山西、甘肃、青海、新疆、四川、云南、贵州、西藏等。其垂直分布在海拔 1 000~4 000 m，多生于河漫滩、河谷阶地、洪积扇、丘陵河谷及草原边缘、丘间低地等。

2）生物学特性

沙棘的主根浅，侧根发达，萌蘖性强，根部有根瘤可固氮。沙棘在栽植后 1~2 年生长缓慢，3 年以后开始迅速生长，如在沙地造林，造林后 5~6 年高可达 3~4 m，平均地径 2~4 cm，有的可达 7 cm。在沙地上生长较好的沙棘树，8 年生高可达 6 m，地径 10.4 cm。

3）生态学特性

沙棘为喜光树种，也能生长于疏林下，对气候和土壤的适应性很强，耐水湿、耐盐碱、耐瘠薄，抗风沙，耐大气干旱和高温，能在地表 5 cm 深处含水量 42% 的山地草甸土、pH

值为 9.5 的重碱土及含盐量达 1.1% 的盐碱地上生长，不耐过于黏重的土壤。

1.25.2 造林技术

1）育苗

沙棘以播种育苗为主。选择地势平坦，向阳，土层深厚、疏松的沙壤土育苗。忌在有病虫害的土壤和地势低洼、泛碱严重的土壤上育苗。一般播种行距 20~25 cm，播幅宽 10~15 cm，沟底要平，将种子均匀地撒入播种沟内，覆细沙土 2.0~2.5 cm 厚，稍加镇压。若春季播种时土壤干燥，播种前灌足底水，待表层土壤稍干后将床面整平再播种，或边开沟边播种。

2）造林

（1）造林地的选择　沙棘春季造林以侵蚀沟、梁峁阴坡为主，秋季可选梁峁阳坡、梁峁顶造林。在持续干旱的情况下，沙棘造林应以沟壑下湿地为主。

（2）整地方式　坡度在 5° 以下，可全面整地，也可带状整地，整地深度在 20 cm 以上。坡度在 5°~10° 时，应采用水平沟整地；坡度大于 10° 时，应采用水平阶整地或鱼鳞坑整地，生土作梗，表土回填。

（3）造林季节和造林方法　沙棘可采用植苗造林、直播造林，插条造林、分根造林等造林方法，主要以植苗造林为主。植苗造林可在春季或秋季进行，以春季造林为主。

（4）造林密度　造林密度依林种而定。株行距：一般水土保持林为 0.5 m×0.75 m、0.5 m×1 m 或 1 m×1 m；沙棘园造林为 1.5 m×2 m 或 3 m×4 m。沙棘园应注意雌、雄株的合理配置。

（5）树种组成　沙棘的适应性极强，有良好的改土增肥作用，是混交林中理想的灌木树种。据测定，一亩沙棘林可固氮 12 kg，相当于约 26 kg 尿素。6 年生的沙棘林内土壤有机质含量为 2.13%，土壤含氮量为 0.118%，枯枝落叶层厚达 3 cm，能有效地改善土壤的理化性质，提高土壤肥力，促进树木生长。沙棘可与杨树、油松、侧柏混交造林。

3）抚育管理

（1）幼林抚育　当造林成活后，要及时进行松土除草工作，防止杂草丛生。

（2）成林抚育　主要是进行平茬复壮。平茬后可使林木长势更良好、粗壮。平茬从第 5 年开始，间隔期以 4~6 年为宜。平茬一般在早春土壤未解冻前进行，采用片砍片伐，亦可根据不同的需要进行采伐。

◎巩固拓展

一、思考与练习题

（一）填空题

1. 油松耐旱、耐瘠薄，不耐（　　　　　）和（　　　　　），适宜在中性和微酸性的土壤上生长。在通气、排水不良的黏重土壤上生长缓慢，枝叶稀疏，早期干梢。

2. 杨树喜（　　　　　）、喜温暖、喜（　　　　　）、喜（　　　　　），需水量大。

3. 落叶松的生长期（　　　　　），春季萌动（　　　　　），秋季停止生长（　　　　　）。

4. 红松在生长发育过程中常出现（　　　　　）现象，过早分叉会影响木材的质量和产量（特别是人工林）。

5. 红松为（　　　　　）树种，主根不发达，侧根向水平方向展开，有利于吸收养分；但因根系较浅，若疏伐不当则常引起大量树木风倒，造成损失。

6. 侧柏的适应性（　　　　　），耐（　　　　　），耐（　　　　　）。

7. 侧柏是（　　　　　）树种，幼苗和幼树耐庇荫，在郁闭度（　　　　　）的林地上天然更新良好，20年后需光量增大。

8. 刺槐虽耐旱、耐瘠薄，但在（　　　　　）、（　　　　　）的立地生长不良。

9. 刺槐根系（　　　　　），具有根瘤，能固氮，萌蘖能力（　　　　　）。

（二）判断题（正确的在括号内画"√"，错误的在括号内画"×"）

1. 水曲柳在季节性积水和排水不良地块栽植，生长好。　　　　　（　　　）

2. 杨树喜温暖的气候条件，不抗寒，对早霜和晚霜敏感。　　　　（　　　）

3. 毛竹的最佳造林季节是11月—翌年2月。　　　　　　　　　　（　　　）

4. 油松幼年时生长较慢，干形不够通直，侧枝较粗壮，应适当密植。（　　　）

（三）问答题

1. 简述油松造林技术。

2. 简述落叶松的生物学特性。

3. 简述红松的生态学特性。

4. 简述侧柏的生态学特性。

5. 简述樟子松造林技术。

（四）综合能力题

油松是喜光树种。在北方石质山区，在阳坡栽植的油松林生长发育差，形成"小老树"，而在阴坡栽植的油松林却生长旺盛。请分析原因，并说明提高石质山区油松造林成活率的技术要点。

二、阅读文献题录

1.张二亮,刘帅,陈永军.栽植深度对油松造林成活率的影响[J].防护林科技,2019(2).

2.张丽艳.落叶松与刺龙牙复合经营技术[J].林业科技通讯,2020(9).

3.殷志达.落叶松幼林地割灌技术[J].现代农村科技,2020(7).

4.曹平.榆林市横山区樟子松造林技术[J].现代农业科技,2020(16).

5.孙白冰,陈晓波,张启昌,等.我国红松大径级用材林近自然培育探讨[J].世界林业研究,2021,34(1).

三、标准与法规

1.DB13/T 883—2020 华北落叶松造林技术规程(河北省地方标准)

2.LY/T 3047—2018 日本落叶松纸浆林定向培育技术规程

3.DB22/T 3129—2020 林冠下红松造林技术规程(吉林省地方标准)

4.DB64/T 1816—2021 樟子松造林技术规程(宁夏回族自治区地方标准)

5.DB63/T 1864—2020 杨树插干造林技术规程(青海省地方标准)

任务2 主要经济林、能源林树种造林技术

◎任务目标

◆ 知识目标

掌握本地区主要经济林、能源林树种的生物学、生态学特性及造林技术。

◆ 能力目标

①掌握本地区主要经济林、能源林树种造林技术设计。

②能指导造林施工。

◆ 育人目标

培养学生树立社会主义核心价值观,自信、自立、自强,不忘初心,不负韶华,砥砺前行,努力学习,深入实践,掌握本领,服务人民。

◎实践训练

实训项目2.1 本地区主要经济林树种造林技术设计

一、实训目标

掌握本地区主要经济林树种的生物学、生态学特性，会造林技术设计。

二、实训场所

拟造林地、森林营造实训室、阅览室等。

三、实训形式

学生5~6人一组，在老师或企业技术员的指导下进行实操训练。

四、实训工具

1∶10 000或1∶25 000地形图、土地利用现状图、土壤分布图、地貌类型图、气象资料、土壤资料等。

五、实训内容与方法

①调查当地主要经济林树种及其栽培面积、栽植技术、发展现状。

②本地区主要经济林树种造林技术设计。

如表5-2-1所示。

表5-2-1　本地区主要经济林树种造林技术设计

_____县（区、林场）

树种	生物学特性	生态学特性	立地条件							造林技术									抚育措施				种苗		
			坡度	坡向	坡位	海拔	土壤质地	土壤pH值	土层厚度	造林面积	授粉树种	种植点配置	造林方式	造林时间	初植密度	整地方式	整地时间	整地规格	抚育次数	抚育时间	施肥种类	施肥数量	需种量	苗木规格	需苗量

六、实训报告要求

编制一份本地区主要经济林树种发展现状调查表、造林技术设计表。

◎背景知识

2.1 核桃造林技术

核桃（*Juglans regia* L.），又名胡桃，为胡桃科核桃属落叶乔木，高达 20~25 m，是世界上最重要的木本油料树种。我国的核桃质量好，含油量高，深受国际市场欢迎，是重要的传统出口物资。核桃木材质地细腻，是高档的家具木材。

2.1.1 林学特性

1）分布范围

我国核桃的自然分布和栽培区有 6 个，分别是东部沿海、近海分布区；西北黄土区分布区；新疆分布区；华中、华南分布区；西南分布区；西藏分布区。主产区在西北的陕西、甘肃、青海、新疆等，华北的山西、河北、北京等，西南的云南、贵州、四川、西藏等。

2）主要品种

目前生产上栽植的早实核桃优良品种有：扎 343、中林 1 号、辽宁 1 号、西扶 1 号、中林 3 号、中林 5 号、中林 6 号、辽宁 2 号、辽宁 3 号、辽宁 4 号、香玲、绿岭、西林 2 号、西林 3 号、薄壳香、京 861、陕核 1 号、陕核 5 号、鲁光、绿波、强特勒、新纸皮、晋香、温 185、薄丰、新早丰、丰辉、晋丰等。

晚实品种主要有：礼品 1 号、礼品 2 号、晋龙 1 号、晋龙 2 号、晋薄 1 号、西洛 1 号、西洛 2 号、西洛 3 号、西洛 4 号、秦核 1 号、清香核桃、纸皮 1 号、北京 746 号、石门核桃、穗状核桃等。

3）生物学特性

核桃主根发达、侧根水平延伸较广、须根密集生长，主要根群集中分布在 30~60 cm 的土层内。核桃干性较强，除幼树枝梢生长较为直立外，成年树枝条多为横向生长，分生角度大，树冠开张；进入盛果期，枝条渐渐下垂。枝条每年有 2 次生长高峰，形成春秋梢。核桃为雌雄同株、异花树种。根据枝条的不同特性，核桃枝条分为营养枝、结果枝和雄花枝。雄花着生于 2 年生枝的中下部，花序长 8~12 cm；雌花着生在结果枝的顶部，为总状花序，单生或簇生，有小花 10~15 朵。核桃若多年连作，根结线虫等害虫的密度也会大量增加，影响核桃的生长发育，因此应尽量避免连作；同时避免在柳树、杨树、槐树等生长过的土壤上栽植核桃，以防止根腐病。

4）生态学特性

（1）气候条件　核桃为温带树种，喜温暖、凉爽气候，不耐湿热。适宜核桃生长的年平均气温 8~16 ℃，极端最低气温 –25 ℃，极端最高气温 35~38 ℃，无霜期在 150~240 d。栽植点无大风，无严重的晚霜冻害现象。

核桃是喜光树种，在整个生长期内要求年日照时长大于或等于 2 000 h，如低于 1 000 h 则核壳、核仁均发育不良。

（2）土壤条件　核桃适宜在土层深厚、肥沃、结构疏松、保水性和透气性良好的壤土或沙壤土上生长，土层厚度 ≥ 1 m，不耐旱、不耐瘠薄。在含钙的微碱性土壤上生长得最好。土壤 pH 值适应范围为 6.2~8.2，最适 pH 值为 6.5~7.5，土壤含盐量宜在 0.25% 以下。

（3）水分条件　核桃较喜湿润，不耐旱，忌涝。在年降水量 400~1 200 mm 的气候条件下能正常生长，对空气干燥有较强的抵抗能力，但对土壤干旱的抗性较差。土壤水分不足会影响核桃的产量和品质，如果地下水位太高或土壤排水不良，根系就会因缺氧而死亡。因此，栽植地的地下水位应在距地表 2 m 以下，同时要求附近有水源并设置排灌系统，干旱时能够及时灌水，遇涝时能够及时排水。

2.1.2　造林技术

1）育苗

（1）苗圃地选择　选择交通方便、地势平坦，背风向阳，土质疏松，土壤肥沃，地下水位在距地表 2 m 以下，排水良好，有灌溉条件，土层深厚的中性或弱碱性的壤土至沙壤土。

（2）整地做床　苗圃地应在播前 2~3 个月整地，施农家肥 37 500~52 500 kg/hm²，深耕 20~25 cm，清除草根、石块等杂物。播种前做苗床，床宽 1.0~1.2 m，长度因地形和育苗量而定。

（3）播种　核桃在春、秋两季都可播种。

①秋播。在核桃采收后到土壤结冻前进行，种子不需处理，带青皮播种，翌春出苗早而整齐，但在冬季特别干旱和鸟兽危害严重地区不宜采用秋播。

②春播。以 3 月下旬—4 月上旬为宜。干藏种子应在播种前用冷水浸种处理，将核桃种子装在麻袋中，放入冷水中浸泡 7~10 d，每天换 1 次水；或者将盛有核桃种子的麻袋放在流水中 7~10 d，使种子吸水膨胀。浸泡种子期间，每天检查，当大部分种子膨胀裂口后即可播种。也可用热水浸种或沙藏法处理种子。

对沙藏处理的种子，在播种前 15 d 进行检查，如胚根尚未露出，则将种子带沙一起从储藏坑中取出，放在背风向阳的室内，盖上湿麻袋或草帘催芽，并保持 20 ℃ 左右的室温，要经常翻动、适当洒水，待 1/3 的种子裂嘴时即可播种。

③播种方法。核桃的种粒较大，适宜采用点播。播前 2~3 d 灌透底水，待表土稍干，开沟点播，沟深 8~10 cm，沟距 30~40 cm，沟内每隔 10~15 cm 放种子 1 粒，种子的缝合线要与地面垂直，种尖朝向同一侧为最好，覆土厚度不能超过种子直径的 3 倍。

④播种量。一般播种量为 1 800~2 250 kg/hm²。

⑤苗期管理。一般幼苗出土前不宜灌水，出苗后应根据天气情况及幼苗长势适时灌水，每次以灌透为度，及时松土除草，防止地表板结。幼苗生长期追施 2~3 次氮肥，8 月追施 1 次速效磷钾肥，促进苗木木质化，提高苗木的抗寒能力。

（4）苗木嫁接

①嫁接方法。枝接和芽接，也可芽苗砧嫁接。

②嫁接时间。核桃嫁接时间因嫁接方法和地区物候期的不同而不同。核桃硬枝嫁接时间，北方地区多在 3 月下旬—4 月中旬，绿枝嫁接多在 5—7 月，核桃芽接多在 6—8 月新梢速长期进行。

2）造林

（1）造林地的选择　选择地势开阔、背风向阳的缓坡地、平地及排水良好的沟坪（台）地，坡度 15°~20° 较好。土层深厚（厚度在 1 m 以上）、肥沃、疏松透气、排水良好的壤土或沙壤土，pH 值以 6.5~8 为宜。平原地下水位应在 2 m 以下。应做到旱能灌、涝能排。避免在山谷、低洼地、滩地、风口地带、阴坡栽植。

（2）整地方式　提前 1~2 个季度进行穴状整地，规格为 1 m×1 m×1 m 或 1 m×1 m×0.8 m，穴挖好以后，每穴施 25~30 kg 腐熟的有机肥，将肥料与表土混合后填入坑底，然后填底土至与穴面平齐，踏实，灌水。

在山地栽植核桃，要修筑梯田阶面。阶面的宽度与坡度相适宜。一般 10° 坡，阶面宽 5~15 m；15° 坡，阶面宽 5~10 m；20°~25° 坡，阶面宽 3~6 m。

在坡面较陡、破碎的沟坡上，以鱼鳞坑整地，坑呈品字形排列，长径 2 m 左右，短径 1.2 m，深 1 m，坑距根据对造林密度的要求而定。为了将鱼鳞坑逐步改造成水平梯田，横向鱼鳞坑宜尽可能按等高线设置。

（3）品种配置　核桃为雌雄同株，异花授粉树种，同一植株上雌花与雄花一般不同时盛开，影响坐果率。因此，造林时要根据区划和栽培模式对品种配置进行合理设计，在栽植小区、村、乡甚至县城之内，可选用 2~3 种雌雄花花期匹配、能相互授粉的主栽品种，以隔行、隔带或交叉方式栽植配置，从而提高坐果率。如选择单一主栽品种，应按主栽品种与授粉品种的比例为（6~8）:1 配置授粉品种，原则上主栽品种与授粉品种的最大距离不超过 100 m。目前生产上栽培的主要核桃品种的适宜授粉品种见表 5-2-2。

（4）造林密度　以高产、稳产、优质，便于管理为原则，根据品种、立地条件及栽培水平，灵活确定核桃造林密度。一般在土层深厚、疏松、肥沃的平地，主栽品种为早熟品种，株行距 5 m×6 m，栽植密度为 330 株 / hm²；在缓坡地，株行距 5 m×5 m，栽植密度为 390

株 / hm²；矮化品种株行距 4 m × 4 m 或 4 m × 5 m；晚熟品种株行距 7 m × 8 m 或 8 m × 8 m。

表5-2-2　核桃主栽品种的适宜授粉品种

主栽品种	适宜授粉品种
晋龙 1 号、晋龙 2 号、西扶 1 号	扎 343、鲁光、中林 6 号
绿岭、香玲、西林 3 号	鲁光、中林 3 号
鲁光、中林 3 号	晋丰、薄壳香
中林 5 号、扎 343	薄丰
中林 1 号	辽宁 1 号、中林 3 号、辽宁 4 号
薄壳香、辽宁 1 号、薄丰、新早丰、西洛 1 号、西洛 2 号	扎 343

（5）种植点配置　在平地按正方形或正三角形配置，以充分利用阳光和地力；在山地沿等高线按等腰三角形配置，以利于水土保持。

（6）造林季节与造林方法

①造林季节。春季造林或秋季造林。北方春旱地区，核桃根系伤口愈合较慢，发根较晚，以秋季造林较好，冬季注意幼树防寒。具体时间为核桃树落叶后到土壤结冻以前（即 10—11 月）。冬季气温较低，冻土层很深，在冬季多风的地区，为防止抽条和冻害，适宜春季造林，春季造林宜早不宜迟。

②栽植方法。以穴植法为主，定植穴以 1 m × 1 m × 1 m 为宜，每穴施腐熟的有机肥 25~30 kg，外加 0.5 kg 过磷酸钙，与表土混拌均匀后回填。栽植时按苗木根系大小在穴中心挖定植坑，将苗木放于坑中央，舒展根系，扶直苗干，回填一半土轻提一下苗木，使根系舒展后踩实，将余土填上，再踩实，上面覆一层细土，修好树盘，浇足定根水，待水下渗后用细土覆盖，有条件时用塑料薄膜或用石子覆盖穴面。栽植深度一般以超过苗木根颈处原土印 3~4 cm 为宜，注意嫁接口必须露在外面，栽后 7 天再灌水一次。

（7）抚育管理

①灌水与排水。核桃喜湿润，抗旱力弱，灌水是增产的一项有效措施。在核桃生长期间若土壤干旱缺水，则坐果率低，果皮厚，种仁发育不饱满；施肥后如果不灌水，则不能充分发挥肥效。因此，根据核桃的生长发育特点，其在萌动和发芽抽梢期（3—4 月）、开花后至果实膨大期（6 月前后）、花芽分化至硬核期（7—8 月）是不能缺水的，应及时进行灌溉。多雨地区应搞好排涝设施，防止核桃树因雨水过多而烂根。

②松土除草。对定植后至结果前的幼龄树，应及时松土除草。每年除草 2~3 次，分

别在 4—5 月和 7—8 月。松土可结合除草进行，也可在雨后土壤板结时进行，松土深度为 5~15 cm。

成龄核桃园每年秋冬季（采果后）结合施基肥进行土壤翻耕，促进土壤熟化，改良土壤结构，提高土壤保水保肥能力，减少病虫害，达到增强树势、提高产量的目的。

③合理间作。在核桃树幼龄期实行间作，不仅可以使树体生长健壮，而且可以获得早期效益，做到长短结合，以短养长。间种作物有小麦、豆类作物、花生等矮干和浅根性植物，以增加土壤肥力。

④苗木防寒。核桃幼树的抗寒性差，容易冻死，在土壤冻结前要实施埋土、包草或树干涂白等防寒措施。1 年生树埋土防寒，2 年生树冬季包扎稻草防寒，3 年生树可进行树干涂白防寒。来年春季发芽前将覆土、包扎物去除，扶直苗干，在根际培松土。

⑤施肥。施肥是保证核桃树体生长发育和高产稳产的重要措施。施肥除直接供给树体养分外，还具有促进花芽分化，促进幼树提前结果的作用。施肥主要有施基肥和追肥两种方式。基肥以迟效性农家肥为主，如厩肥、堆肥、饼肥等，它能够在较长时间内持续供给多种养分，还能改良土壤。基肥一般在春秋季施入，以采果后到落叶前施入效果较好。追肥是对基肥的一种补充，主要在树体生长期施入，以速效肥为主。

未结果的幼树需氮量较多，在结果前，每年施肥量为每株施氮肥 100~500 g，磷、钾肥各 20~100 g。全年施肥 2~3 次，第 1 次在展叶初期（3 月中下旬），以速效氮肥为主，施肥量占全年施肥量的 30%~35%；第 2 次在 5 月下旬，以氮磷钾复合肥为主，施肥量占全年施肥量的 25% 左右；第 3 次在 10 月中旬—11 月上旬，以腐熟的农家肥为主，结合翻耕土壤进行，施肥量占全年施肥量的 40%~45%。

结果树每年施基肥 1 次，追肥 3 次。基肥于秋季采果后结合土壤深耕压绿时间（9—11 月）施用，以农家肥为主，适当配施磷肥，每年每株施基肥 50~100 kg。追肥分 3 次施入，第 1 次在 3 月中下旬，施速效氮肥或加适量磷肥，以促进新枝生长和开花结果；第 2 次在 6 月中旬前后，以氮磷钾复合肥为主，主要作用是促进幼果发育，减少落果，有利于花芽分化；第 3 次在 7 月中下旬果实硬核期进行，以氮磷钾复合肥为主，满足花芽分化和核仁发育所需养分。

⑥整形修剪。

a. 修剪时期。休眠期间，核桃有伤流现象，故不宜进行修剪。核桃修剪以秋季最适宜，有利于伤口愈合。幼树无果，可提前至 8 月下旬开始；成年树在采果后，叶片尚未变黄脱落之前进行。核桃修剪也可在春季萌芽展叶初期进行，以减少伤流。

b. 整形。目前，核桃生产中采用较多的有两种树形，即疏散分层形和自然开心形。一般情况下，早实核桃干性弱，多采用自然开心形；晚实核桃干性强，宜培养疏散分层形。在实际生产中，可根据品种特点、立地条件、管理水平等因素，选择培养合理的树形。

c.幼树修剪。未结果的幼树，主要以培育树形为主，在选留主、侧枝的基础上，采用短截、疏除等方法，培养辅养枝，促发新枝，培育结果枝。

d.初果树修剪。继续选留主、侧枝，扩展树冠，在使核桃适度结果的同时，疏除过密枝、交叉枝、重叠枝，使枝梢分布均匀，改善通风透光条件，促进枝干旺盛生长。

e.盛果树修剪。盛果期应着重调节营养生长和生殖生长的平衡关系，继续培养健壮的结果枝组，更新复壮衰弱枝组，疏除内膛干枯枝、病虫枝、下垂枝、过密枝、重叠枝、细弱枝和徒长枝，以便集中养分供应健壮枝生长，维持、延长盛果期年限。

f.老树修剪。对于衰老树，要进行更新复壮修剪，以增强和复壮树势。其方法是抑前促后，抬高角度、去老留新、去弱留强，尽量疏除过多雄花和枯死枝，保留抬头枝，以复壮树势。

g.放任树改造。放任树是指未经过人工整形修剪的大树，普遍表现为大枝过多、枝条紊乱、通风透光不良、结果枝细弱、产量低、树势弱等特点。放任树改造的方法主要是随枝作形，根据枝干结构，确定主、侧枝的去留。如果枝干过多，可在2~3年内分批改造完成，少量疏枝以1年疏除的效果好。在疏除大枝的同时，还应对选留的主、侧枝进行修剪，按照留壮去弱、留稀去密的原则，疏除交叉枝、重叠枝、密集枝和下垂枝。对留下的枝条，给予适当回缩短截，促使萌发新枝，尽快恢复产量。

（8）适时采收　核桃要充分成熟才能采收，采收过早则外层青皮不容易剥离，种仁不饱满，出仁率低。果实充分成熟的标志是果皮由青绿变黄。成熟的果实部分果皮自行开裂或脱落，内部种仁硬化，果壳坚硬并呈现黄白色，这时才是果实采收的最佳时期。

2.2　板栗造林技术

板栗（*Castanea. mollissima* BL.）为壳斗科栗属乔木树种，在中国广泛栽培，北自吉林，南抵海南，东至黄海之滨，西至云贵高原，地跨寒温带、温带和亚热带，垂直分布于海拔50~2 800 m，有越向南，垂直分布越高的趋势。主要产区集中在黄河流域的华北、西北和长江流域各省（区，市），栽培在丘陵山地的谷地、缓坡及河滩地。板栗树寿命长、适应性广，一年种植多年收益，被誉为"铁杆庄稼"。特别是我国板栗品质好，在国内外享有很高的声誉，是我国近年来大力提倡发展的主要经济林树种。

板栗营养丰富，果实含60%~70%的淀粉，5%~10%的蛋白质，2%~7%的脂肪以及多种维生素。板栗可炒食或制成各种菜肴、糕点、罐头等，有健胃、补肾等药用价值；木材坚硬，纹理通直，抗腐、耐湿，是军工、车船、家具制造等方面的良好用材；枝叶、树皮、刺苞富含单宁，可以提取栲胶，叶子还可以用来饲养柞蚕；花是很好的蜜源。

2.2.1 林学特性

1）主要砧木和优良品种

（1）主要砧木　栗属（*Castanea*）树种原产我国的有板栗、锥栗和茅栗3种，均可作砧木。板栗又名大栗、油栗、魁栗等，为主要栽培品种，在我国分布很广，以河北、山东、陕西、湖北和北京郊区的栽培量最多。锥栗又名箭栗，分布在我国长江流域各地。茅栗又名野栗子，分布于河南、安徽、陕西、山西及长江流域以南各地。

（2）优良品种　据不完全统计，我国板栗品种多达300个以上，可划分为4个栽培区，即最适宜板栗栽培区、适宜板栗栽培区、较适宜板栗栽培区和丹东栗栽培区。下面介绍前3个栽培区。

2）板栗栽培区

（1）最适宜板栗栽培区　该区包括河北、山东、山西、北京、天津（蓟县）等地及安徽北部、江苏北部、河南南部、陕西北部（秦岭以北）。北京主栽品种有燕红、燕昌、银丰等；天津蓟县主栽品种有燕魁、早丰、燕红及盘山1号等；河北主栽品种有燕魁、早丰、短丰、北峪2号、西沟7号、河东1号等；山东主栽品种有红光、金串、上丰、泰山红、石丰、宋家早、郯城207等；陕西北部（秦岭以北）主栽品种有寸栗、明拣栗、灰拣栗、大板栗、大社栗等；河南南部主栽品种有豫罗红、确红栗、洛蜂968、谷堆栗、红油栗、大板栗、黄栗蒲、蜜蜂球、二新早等；安徽北部主栽品种有黄栗蒲、蜜蜂球、二新早、红花栗、大红袍、迟栗子、紫光栗等；江苏北部主栽品种有尖顶油栗、薄壳、宋家早、郯城207等；山西主栽品种有燕魁、早丰、短丰、燕红、燕昌、大板红等。

（2）适宜板栗栽培区　该区包括湖北、湖南、浙江、江西、贵州、云南、四川、重庆等地及江苏南部、安徽南部、陕西南部（秦岭以南）、甘肃南部等。湖北主栽品种有浅刺大板栗、大乌壳栗、早枣红1号、桂花香、六月暴、大果中迟栗、大红袍、九月寒、红毛早、青毛早等；湖南主栽品种有它栗、接板栗、双季栗、深刺大板栗等；浙江主栽品种有魁栗、油毛栗、毛板红、上光栗、大藤青、短刺板红、岭口大栗等；江西主栽品种有短毛焦扎、青扎、毛板红、大红袍、薄皮大油栗、处暑红、长兴5号、九家种等；贵州主栽品种有平顶大红栗、尖顶大红栗、浅刺板栗、薄壳板栗等；江苏南部主栽品种有九家种、短毛焦扎、处暑红、大青底、重阳蒲、铁粒头、查湾种、早庄、薄壳等；安徽南部主栽品种有大红袍、处暑红、大油栗、迟栗子、新杭迟栗、乌早、叶里藏、软刺早、二新早等；陕西南部主栽品种有寸栗、大板栗、大社栗、燕魁、早丰等；甘肃南部主栽品种有大板红、寸栗、燕魁、早丰等；云南主栽品种有云丰、云腰、云富、云早、云良、云珍等；四川主栽品种有铁粒头、石丰、毛板红、大红袍、尖油栗、处暑红等；重庆主栽品种有铁粒头、石丰、大红袍、江氏栗、红毛早、浅刺板栗、焦扎、青扎等。

（3）较适宜板栗栽培区　该区包括广西、广东北部及福建北部。广西主栽品种有中果红皮油栗、早熟油栗、红皮油栗、大乌皮栗等；广东北部主栽品种有韶关18号、河源1号、河源2号、河源3号、农大1号等；福建北部主栽品种有岭口大栗、短刺板红、大藤青、常兴5号、薄皮大油栗等。

3）生物学特性

（1）生长结果习性　板栗实生苗通常需6~8年开花结实，15年以上才能进入盛果期。板栗嫁接苗2~3年开花结实，10~11年进入结果盛期。

（2）根系生长特性　板栗为深根性树种，侧根细而发达，集中分布在20~60 cm深的土层内。板栗的根系损伤后愈合能力较差，断根后需较长时间才能萌发新根。因此，板栗出圃移栽和土壤耕作时切忌伤根过多。

板栗的幼嫩根常与真菌共生形成菌根，因此，在板栗园增施有机肥、接种菌根，加强土壤和肥水管理，是促进板栗树生长发育的有效措施。近年，中国林业科学研究院研制的Pt菌根剂在施用后可诱发板栗树形成菌根。

（3）开花结实　板栗为雌雄同株，异花授粉树种。在长江中下游一带，4月上旬，气温达13~14 ℃时，板栗的地上部分开始萌发；经6~10 d抽枝展叶，6月初雄花盛开，6月上中旬雌花盛开。雄花的盛开期正值雌花的开放期，加之枝条上的雄花序渐次向上开放，花期长，有利于授粉。雌花授粉期也较长，一般可保持1个月，从柱头露出后7~26 d为授粉适期，最适授粉期为柱头露出后9~13 d。板栗的自花授粉结实率通常不高，所以栽植时要配置授粉树。板栗坐果率通常较高，可达90%左右，但由于授粉不良或营养不足或受病虫害，易引起落果。板栗的"空苞"现象较为普遍，除与品种本身特性及板栗树授粉不良有关外，还与树体营养不足特别是缺乏微量元素硼有关。因此，加强前期水肥管理、人工辅助授粉、病虫害防治等措施，对提高坐果率和降低空苞率是很重要的。

4）生态学特性

（1）气候条件　板栗为喜光树种，忌庇荫，若光照不足，会影响板栗正常开花结实。因此，板栗宜栽植于光照充足的阳坡、半阳坡或开阔的地带。板栗对气候要求不甚严格，在年平均气温8~22 ℃，极端最高气温35~39 ℃，极端最低气温–25 ℃，年平均降水量500~1 500 mm的条件下都能生长，但以年平均气温在10~15 ℃，生长期（4—10月）内平均气温16~20 ℃，年平均降水量600~1 400 mm的地方生长得最好。雨量过多，影响板栗授粉受精而致结实率降低，也常引起栗苞开裂而致坚果裸露、霉坏。果实发育期间若过于干旱，易引起栗实发育不良而产生"空苞"。

（2）土壤条件　以微酸性（pH值5.6~6.5）、土层深厚（深80 cm以上）、质地疏松、湿润、肥沃、有机质含量高（1%以上）的沙壤土为好。生产实践表明，pH值大于7.5或含盐量大于0.2%或地下水位离地面不足1.5 m时，板栗树的生长发育均受到抑制。栽植在黏重土壤上的板栗树，生长与结实均不良。

2.2.2　造林技术

1）育苗

（1）播种育苗　春播、秋播皆可，以春播较多。选择平坦、向阳、水源充足、排水良好、土质肥沃的沙质壤土为育苗圃地。采用条播，条距25~30 cm，沟深10 cm，每隔10~15 cm横放1粒种子，覆土4~5 cm厚，覆土后稍加镇压。播种量为1 500~1 875 kg/hm²。播种后约3~4周，即可发芽。幼苗出土后，及时松土、除草、灌水，6—7月追肥2次；如发现象鼻虫、金龟子等虫害，要及时防治；在寒冷地区，冬季要防寒。1年生苗高可达40~60 cm，产苗量为$12 \times 10^4 \sim 15 \times 10^4$株/hm²。2年生苗高1 m以上，即可出圃造林。

（2）嫁接育苗　我国北方多用2~3年生板栗实生苗作砧木，南方多用锥栗作砧木。接穗应选优良单株，在萌芽前剪下的健壮发育枝或粗壮的结果母枝为最好，也可用2年生枝作接穗。接穗采集后，可随采随接，也可用湿沙埋藏或置于2~5 ℃的冷藏库内冷藏。春季以树液开始流动或砧木展叶后进行嫁接为好。通常采用劈接、切接、插皮接、腹接等嫁接方法。

2）造林

（1）造林地的选择　选择土层深厚，土质肥沃、湿润，向阳的丘陵缓坡。

（2）整地方式　在平缓地，采用全面整地，深挖30 cm以上；在坡地要筑成梯田，土层厚1 m左右，坡度较陡的山地采用水平带状整地，带宽4~5 m，保留带宽1~3 m，采用鱼鳞坑整地，要客土，注意施肥。

（3）造林密度　600~825株/hm²，株行距2 m×4 m、3 m×4 m、4 m×4 m或3 m×5 m。

（4）造林方法与造林季节　板栗宜用植苗造林或播种造林，秋季或春季栽植均可。

①植苗造林。选用根系完整的2~3年生大苗，栽前挖1 m×1.5 m×1.5 m的大穴，用客土，施基肥，栽植不要过深。板栗为异花授粉树种，栽植时应注意配置授粉品种，一般主栽品种每4~8行配置1行授粉品种。

②播种造林。春、秋两季皆可进行。在多霜、兽害严重地区，最好在春季播种。在已整好的造林地上开穴播种，每穴均匀地放3~4粒种子，种子间隔10~15 cm，覆土厚5~6 cm。播种后，要特别注意防止兽害如鼠害。幼苗长出后，每穴留一株健壮的苗木加以培养，

其余的移去作补植用。

3）抚育管理

（1）栗农间种 板栗林内间种豆类作物和绿肥作物，可以改良土壤结构，提高肥力，增产粮食和油料，提高板栗产量。

（2）土壤管理 树下刨几镐，板栗树长得好。一般在早春和晚秋在板栗树下刨树盘（即深松土），先刨树干附近部分，后刨离树干较远部分，深度为 15~20 cm，同时把草皮和杂草压入土内作肥料。夏季亦需进行刨土，保持树下土松草净，为根系的生长创造良好的营养环境。

（3）水肥管理 板栗树通常 1 年需进行 3 次施肥，分别在 2—3 月、6—7 月、11 月进行。肥料以有机肥为主，有机肥以厩肥、绿肥为主，配合施化肥。肥料应施于树冠边缘，一般冬季施有机肥，采用环状沟施，沟宽 15~20 cm，深 25 cm。春、夏两季用化肥追肥，宜采用放射状施或穴施，施肥深度约 15 cm。施肥要配合浇水，才能发挥肥效。

在南方地区，板栗果实膨大的生长期正值秋旱季节，应进行灌溉抗旱；在华北地区，5—6 月天气干旱，要及时灌溉。

（4）整形修剪 板栗幼树整形通常采用自然半圆形和自然开心形两种。自然半圆形的特点是树冠疏散分层，通风、透光良好，有利树体生长和结果，其整形方法为：干高 60~100 cm，主枝 5~6 个，分 2~3 层，第一层 2~3 个主枝，第 2、第 3 层 1~2 个主枝。嫁接树的树体较小，可留 2 层，层间距离不宜小于 1 m。为了适应板栗喜光的特点，第一层主枝的角度以 70°~80° 为宜，第二层主枝的角度适当减小，以保证有较大的叶幕层间距离，利于内膛结果。培养主枝的同时，注意选留侧枝，第一层主枝留侧枝 2~8 个，第 2、第 3 层主枝留侧枝 1~2 个，第 1 个侧枝距离主干 60 cm，侧枝要上下交错，避免对生。

土层较薄的栗园或干性较弱的板栗品种，一般难以培养出中心主干，整形修剪可采用自然开心形。

修剪结果树，主要是掌握集中与分散的关系，调整树势，促生强壮的结果枝，达到高产稳产；适当修剪密生枝、纤弱枝、病虫害枝，其余枝条一般不修剪。

2.3 银杏造林技术

银杏（*Ginkgo biloba* L.），又称白果、公孙树等，是银杏科银杏属落叶乔木。银杏是一个古老神奇的树种，有"金色活化石"之称。银杏的树形挺拔俊秀、姿态优美，是理想的绿化树种；木材材质细密、光洁度高、耐腐性强、硬度适中、易加工，是优良的用材林树种，市场价格高；银杏种子（白果）营养丰富，除含淀粉、蛋白质、脂肪外，还含维生素 C、核黄素、胡萝卜素、银杏酸、白果酚等成分，具有益肺气、治喘咳、缩小便、扩张微血管、增加血流量等作用，是著名的药食两用的干果；银杏叶（秋叶）含有较高的双黄酮类物质，有治疗冠状动脉硬化、脑血管疾病、心绞痛，以及降血压、抑制某些细菌和真菌的作用。

2.3.1 林学特性

1）主要品种类型

《中国果树志·银杏卷》记载，银杏有 46 个品种。

（1）长子类品种　这一类银杏品种的种核为纺锤状卵圆形，上端圆钝，下部长楔形，种核长宽比约 2：1（变动于 1.75：1~2.15：1），纵、横轴线的交点位于种核的中心位置。这一类品种包括金坠子（又名长白果，分长把金坠、扁金坠、锥子把金坠子）、橄榄果（又称橄榄佛手）、粗佛子（又名粗佛手）、圆枣佛手（又称枣子佛手、枣子果）、金果佛手（又称牛奶果）、叶籽银杏、余村长籽、天目长籽、九甫长籽，其中优良品种有：

①金坠子。主要分布于郯城。丰产稳产，种子质细、性糯、味香，略带甜味。

②橄榄果。主要分布于广西灵川、兴安，浙江长兴、江苏吴县亦有少量分布。

③金果佛手。产于广西灵川和兴安。丰产稳产，种子质细、味香，品质较好，但核较小。

④天目长籽。分布于浙江西天目山。较丰产，种子品质优良。

（2）佛指类品种　这一类银杏品种的种核为卵形，上窄下宽，种核长宽比约 1.6：1（变动于 1.75：1~1.45：1），纵、横轴线的交点位于纵轴上端 1/3 处。这一类品种包括佛指（又称佛子、家佛子）、七星果、扁佛指、野佛指、尖顶佛手、洞庭佛手（又称大佛手、凤尾佛手）、早熟大佛子、鸭尾银杏、长柄佛手、小黄白果、青皮果、黄皮果、贵州黄白果、长糯白果，其中优良品种有：

①佛指。江苏泰兴的主栽品种。高产质好，但大小年明显。

②洞庭佛手。主产于江苏吴县、浙江长兴和临安。丰产，种子核较大，品质优良。

③长柄佛手。主产于广西灵川。丰产，种子品质好，质地细腻。

（3）马铃类品种　这一类银杏品种的种核为宽卵形或宽倒卵形，大部上宽下窄，长宽比约 1.44：1（变动于 1.2：1~1.45：1），纵、横轴线的交点位于纵轴上端 2/3 处。这一类品种包括海洋皇、马铃（分大马铃、中马铃、小马铃）、猪心白果、圆底果、圆锥佛手、汪槎银杏、李子果，其中优良品种有：

①海洋皇。广西桂林主要推广品种。丰产，稳产性好，种子核大而匀，种仁味香清甜。

②大马铃。我国各地有栽培，以江苏邳县较多。丰产，种子种仁饱满，抗性强。

③圆底果。主要分布于广西灵川、兴安、全州等地，浙江诸暨、临安、富阳、长兴等地及江苏宜兴等地也有少量栽培。广西已选出海 1、海 2、海 3、海 4、海 5、海 8 和高 1、

高 3、高 4 共 9 个优良单株。

④圆锥佛手。主要分布于广西灵川、兴安，全州亦有少量分布。较丰产，种子品质较好，但抗性较弱。

⑤汪槎银杏。分布于江西婺源、庐山、龙南、永修、贵溪、德兴、临川。较丰产，但大小年十分明显，种子种核大，品质优。

（4）梅核类品种　这一类银杏品种的种核为长卵形或短纺锤形，上下宽度基本相等，种核长宽比约 1.35∶1（变动于 1.2∶1~1.45∶1）。这一类品种有梅核（分大梅核、小梅核）、棉花果、珍珠子、眼珠子、庐山银杏，其中优良品种有大梅核，全国各地广泛分布，适应性广，抗性强。

（5）圆子类品种　这一类银杏品种的种核为近圆形或扁圆形，种核长宽比约 1∶1（变动于 0.9∶1~1.2∶1）。这一类品种包括龙眼（分大龙眼、小龙眼）、圆铃、垂枝银杏、算盘子、大圆子、小圆子、皱皮果、葡萄果、桐子果、糯米白果和松壳银杏，其中优良品种有：

①大龙眼。全国各地广泛分布。适应范围广，抗性强，种仁味糯、香甜、细腻、柔韧，但略有苦味。

②圆铃。主要分布于山东郯城。产量上大小年不明显，种子粒大、质细、性糯，味香、清甜。

③大圆子。主要分布于江苏吴县和浙江长兴。产量上大小年不明显，抗性较强，种子种仁清甜。

④皱皮果。仅见于广西灵川。丰产稳产，种子种仁质细、味香，性糯、微苦，品质上乘，但核较小。

⑤葡萄果。主要分布于广西桂林。在广西已选出海 6、海 7、海 9 和高 2 共 4 个优良单株。

2）分布范围

目前我国的银杏资源主要分布在山东、浙江、安徽、福建、江西、河北、河南、湖北、江苏、湖南、四川、贵州、广西、广东、云南等地，台湾地区也有少量分布。野生、半野生状态的银杏残存于我国江苏省徐州市北部（邳州市），山东省南部临沂（郯城县）地区，浙江省天目山，湖北省宜昌市雾渡河镇、安陆市，广西壮族自治区桂林市灵川县海洋乡到兴安县高尚镇等周围少数乡镇，大别山，神农架等地。

银杏垂直分布的跨度比较大，在海拔数米至数十米的东部平原到海拔 3 000 m 左右的西南山区均发现有生长得较好的银杏古树，如在江苏省泰兴市海拔约 5 m、苏州市原吴县（现吴中区、相城区）海拔约 300 m，山东省临沂市郯城县海拔约 40 m，四川省成都市都江堰市海拔 1 600 m，甘肃省兰州市海拔 1 500 m，云南省昆明市海拔 2 000 m，西藏自治区昌都市海拔 3 000 m。

3）生物学特性

银杏为深根性树种。营养繁殖苗生长 5 年左右开花结实，实生苗生长 20 年开花结实，果期可达千年以上。

4）生态学特性

（1）气温　从我国目前主要的银杏种子产区来看，适宜银杏生长的年平均温度为 13.2~18.7 ℃，最冷月平均温度为 –0.8~7.8 ℃，最热月平均温度为 21.8~29.4 ℃，年最低温度为 –23.4 ℃，年最高温度为 41 ℃。另外，银杏枝不抗雪压，冬季积雪过厚影响产量。

（2）降水量和空气湿度　银杏生长以年降水量 800 mm 以上，空气相对湿度 80% 左右的地区为好。另外，银杏花期和幼果期阴雨天过多，影响产量。

（3）光照　银杏大树喜光，苗期耐荫。

（4）风　4 级以下风利于银杏授粉，强风则影响授粉。

（5）土壤　以土层深厚、肥沃、排水好、pH 值 4.5~7.5 的土壤为好。

2.3.2　造林技术

1）育苗

银杏育苗方法有播种育苗和营养繁殖育苗。

（1）播种育苗　银杏为雌雄异株，实生苗性别不确定、品种不纯正、开花结实晚，一般用于培育叶用林、材用林、果材两用林或做果用林的砧木。

银杏种子需沙藏 2~3 个月，完成生理后熟方可播种。播种前 20~30 d 用 30 ℃温水浸种 2~3 d，然后将种子置于温暖、湿润的环境下催芽，待种子发芽后切去 1/3 长度的胚根再点播。

银杏在春季播种，产苗量控制在 25 万~30 万株 /hm²。苗期管理有三大关键措施：施足底肥，消毒灭菌；加强追肥和排灌；适当遮阴（透光度 40%）。

（2）营养繁殖　营养繁殖苗的性别确定、开花结实早、品种纯正，用于培育果用林和叶用林。用扦插法和嫁接法繁殖。

①扦插。银杏嫩枝扦插成活率高。插前进行催根。5—6 月，选生长健壮的半木质化枝条，剪成长 10 cm 左右的段，一般留 2~3 片叶，50 根一捆，将插穗下端 2~3 cm 浸泡在 50~100 mg/L 的 ABT 溶液中 2 h，然后插入疏松、透气的基质中，适当遮阴。

②嫁接。银杏的嫁接方法很多，春季可用切接和劈接，夏季可用 T 形芽接。接穗从优良品种的结实母树上采 1~2 年生枝，砧木用 1~2 年生播种苗。

2）造林

（1）造林地的选择　选择光照充足，相对湿度大，风小，土层深厚、肥沃、排水好、pH 值为 4.5~7.5 的山地、丘陵和四旁地。

（2）整地方式　大穴整地，规格为 1 m×1 m×1 m，每穴施有机肥 25~50 kg。

（3）造林季节和造林方法　早春土壤解冻后，用 1~2 年生苗造林。果用林应配置 5% 的雄株，以利于自然授粉。

（4）造林密度　株行距：果用林（6~8）m×（10~12）m，果用早期丰产密植林 4 m×4 m 或 4 m×3.5 m；果材两用林（3~5）m×（4~6）m；叶用林 0.3 m×0.3 m。

3）抚育管理

（1）土壤管理　银杏结果前每年松土除草 2 次，结果后 2~3 年中耕 1 次。栽植当年如遇春旱需浇水，对结果大树，在天旱时最好浇水或用草覆盖穴面。施肥是银杏丰产的有效措施，结果前的母树每年施肥 2 次（以氮肥为主），结果后的母树每年施肥 3 次。3 月上旬施长叶肥，可施有机肥 75 kg /hm²，尿素、磷肥各 1.5 kg / 株；6 月施长果肥，可施氮磷钾复合肥 3 kg/ 株；9 月收果后施有机肥 75 kg /hm²。

（2）人工授粉　银杏为雌雄异株，无雄株或雄株过少必须进行人工授粉方可丰产。方法是在花期胚珠吐水时用花粉液（5~8 g 花粉 +10~20 kg 水）喷雾。

制取花粉：4 月上中旬雄花由青转黄时采花穗，阴干或将花放于纸上再盖纸，放于太阳下晒散粉。将花粉包好，放于密封石灰缸内干燥，2~3 d 后可用。

解决银杏授粉不良的根本措施：①造林时均匀配置 5% 的雄株；②在银杏大树的高枝上嫁接雄枝。

（3）整形修剪　对用材林和叶用林，适当修剪下部枝；对果用林的结果大树，在休眠期剪去其过密枝、交叉枝、并生枝、重叠枝、病虫枝和难以利用的徒长枝。对早期丰产密植林，冬春时在主干 50~60 cm 处截断，第二年留 3~4 个主枝，主枝上留 3~4 个侧枝，形成开心形树冠。对果材两用林，通过修剪使树冠保持层性，有 3~4 层，层间距 1~2 m，层与层枝条错开，每层 3~5 个侧枝；然后在侧枝上嫁接优良品种，原株为雄株的适当保留雄枝，原株为雌株的需在顶端嫁接雄枝。

2.4　油茶造林技术

油茶（*Camellia oleifera* Abel.）为茶科茶属常绿小乔木，是世界四大木本食用油料树种之一。由油茶提取的茶油色清、味香，营养丰富，不饱和油酸和亚油酸含量高达 90% 以上，易吸收、耐储藏，是优质高级食用油，被称为"油中之王"；也可作为润滑油、防锈油用于工业。油茶茶饼既是农药，又是肥料；果皮是提制栲胶、活性炭，提炼单宁的原料；叶部含有花黄素、茶碱等，是医药工业的原料；木材可作小型农具、家具用材；常绿、抗火，可作防火林带和荒山绿化树种。

2.4.1 林学特性

1）主要品种

我国栽培的油茶品种按花色分，主要有白花、红花、黄花 3 类；主要栽培品种是普通油茶和小叶油茶；主要地方品种有岑溪软枝油茶、永兴中苞红球、岳阳巴陵籽、宜春白皮中子等。20 世纪 80 年代以来，南方各省在油茶良种选育及其应用研究方面做了大量工作，从区域内选育出亚林 4、亚林 9、亚林 1、湘林 1、湘林 2、湘林 3、湘林 5、湘林 6、湘林 7、湘林 10、赣林 1、赣林 2、赣林 3、赣林 4、赣林 6、赣林 7、赣林 8、桂 2、桂 4 等 19 个高产油茶无性系新品种，这些新品种每平方米产油量均在 75 g 以上；选育出湘林 4、湘林 9、亚林 5、亚林 6、亚林 8、赣林 5、桂 3、桂 5、桂 6、桂 7 等优良无性系新品种。

2）分布范围

油茶主产于我国南方各省，主要分布在广东、广西、福建、江西、湖南、浙江、安徽等地。其水平分布范围为北纬 18° 21′ ~34° 34′，东经 98° 40′ ~121° 40′；垂直分布于海拔 800 m 以下，多数分布于海拔 500 m 以下的丘陵山地，西部地区可达海拔 2 000 m。

3）生物学特性

油茶树高可达 4~6 m，一般为 2~3 m。油茶是深根性树种，主根发达，侧须根稀且短；萌蘖性强；花顶生或腋生，两性花，生长较好时栽后 3~4 年开花结实，15~16 年进入盛果期，可持续 70~80 年；蒴果为球形、扁圆形、橄榄形等；种子为茶褐色或黑色，呈三角形状，有光泽。

4）生态学特性

油茶喜温暖、湿润气候，要求年平均气温为 14~21 ℃，最低月平均气温为 0 ℃，花期平均气温为 12~13 ℃；年平均降水量大于 1 000 mm，且四季分布均匀。油茶是喜光树种，对土壤要求不严，适应性强，一般以 pH 值 5~6 的酸性黄壤土或红壤土较适宜，但在土层深厚、富含有机质、疏松通气、酸性的沙质壤土上生长最好。

2.4.2 造林技术

1）育苗

油茶采种要把好片选、株选、果选、籽选 4 关。在种子成熟后及时采收，果实经阴干、脱粒、净种处理，及时层积湿藏、窖藏或随采随播。育苗主要采用播种育苗，也可用扦插育苗、芽苗砧嫁接育苗等。油茶早实丰产无性系品种主要采用芽苗砧嫁接育苗技术，即以刚出苗未展叶的油茶为砧木，以优良母树枝条为接穗进行芽苗砧嫁接批量繁殖。

2）造林

（1）造林地的选择　油茶对土壤要求不严，适应性强，较耐旱、耐瘠薄，但要高产稳产，需满足一定的光、热、水、肥条件，宜选择海拔 300 m 以下、坡度 25° 以下，土层深厚、肥沃、疏松、排水良好、pH 值 5~6 的微酸性沙壤土或轻黏壤土。坡向宜选阳坡，应尽量避免选择高山、陡坡、阴坡及积水低洼地。

（2）整地方式　造林前一年的夏、秋季进行，包括清山、劈杂、翻土。根据培育目的和地形合理选择全面整地、带状整地、块状整地等整地方式。栽植穴规格为 0.6 m × 0.6 m × 0.4 m，做到挖明穴、回表土。

（3）造林季节和造林方法　每年春季 2—3 月选择雨后阴天或即将降雨前的阴天栽植。造林方法有直播造林、植苗造林、扦插造林等，在生产上以植苗造林应用最广。

①苗木选择。应选择经鉴定年亩均油脂产量在 50 kg 以上的 1~2 年生优良品种或优良无性系品种嫁接壮苗，顶芽饱满、根系发达、无病虫害，1 年生苗高 15 cm 以上，2 年生苗高 30 cm 以上。

②造林密度。合理密植，株行距 2 m × 1.5 m，造林密度为 3 330 株 / hm²。

③栽植方法。采取穴植法，技术要点：扶正苗干，舒展根系，分层培土踩实，深度适中。

3）抚育管理

（1）幼林抚育　加强封山护林、松土除草、间苗补植、修剪整形等幼林抚育措施。为了培养丰产冠形，在油茶幼树 4 年生时可开始修剪，在主干高 80~100 cm 时培养一级分枝 3~4 条，以后依此类推，使分枝分布均匀。修剪主要剪去交叉枝、弯曲枝、过密枝、病虫枝等。

（2）成林抚育　油茶成林抚育应加强垦复、修剪和品种改良。

①垦复。适时清除杂草灌丛，垦复油茶林地是油茶增产的基本措施，特别对荒芜、低产林分，增产效果快而明显。据全国油茶协作组调查，夏季在 15 cm 深表土垦复相比未垦复，其土壤含水量提高 5%~10%，林地有机质和有效氮、磷、钾含量比未垦复提高 1 倍。垦复可采用带垦、穴垦和壕沟垦等，一般冬、春季深挖垦复（深度为 21~24 cm），夏季中耕浅锄（深度为 9~15 cm）。

②修剪。油茶的树体随着树龄的增长，树冠扩展较快，应及时修剪，促进形成良好的结果树冠，促进大量开花结果，维持油茶的健壮树势，延长结果年限。修枝强度不宜过大，修枝的对象是枯枝、病虫枝、徒长枝、细弱枝、过密重叠枝、交叉枝、下脚枝等，保持单株清脚亮心，逐渐培养出开张形和受光面大的椭圆形或半圆形的树冠以增加结果面，提高产量。

③品种改良。现有的成林油茶大多数品种混杂、良莠不齐、劣种居多，导致成林油茶长期处于低产状态。因此，进行油茶品种改良，改造低产劣林，是提高油茶林产量、质量的重要途径。具体做法：密林疏伐，砍去（或挖去）劣株，保留优树；疏林补植，选用优良无性系品种培育2年生大苗重新造林或嫁接换种更新；高接换种，对林相整齐、生长旺盛的幼林或壮林，在5—6月用优良无性系品种半木质化新梢，采用断砧改良插皮嫁接，进行多头换种。

2.5 油桐造林技术

油桐〔*Vernicia fordii*（Hemsl.）〕，大戟科油桐属，著名的木本油料树种。油桐的种子榨出的油称为桐油，桐油是一种很好的干性油，具有干燥快、比重轻、有光泽、不导电、抗热、耐酸碱、防腐蚀等优良特性，是重要的工业用油，在国防工业、工农业生产和日常生活中用途广泛，是我国重要的传统出口物资。油桐的木材材质轻软，是家具、箱板、床板的良好用材；树皮可提取栲胶；果皮壳可用于制活性炭和烧灰制碱；桐叶是良好的农家肥料。

2.5.1 林学特性

1）主要品种

我国栽培的油桐有光桐（三年桐）和皱桐（千年桐）两大类，其性状区别如表5-2-3。

表5-2-3 光桐和皱桐的性状比较

性状	光桐	皱桐
叶	叶缘3～5浅裂或全缘，叶基部腺点无柄，冬季落叶	叶缘3～5深裂，叶基部腺点有柄，常绿或半常绿（在我国北部落叶）
花	花生于头年生梢顶，4月开花，雌雄同株	花生于当年生梢顶，5月开花，雌雄异株，偶有同株
果实	果皮光滑，2～3年开始结果	外果皮坚硬，有龟壳状纵横棱，5～7年开始结果
习性	耐寒	喜温，不耐寒，多数分布于两广（广东、广西）、福建等地

油桐经过长期自然选择和人工选择，变异很大，形成了多个品种类型，各地对油桐品种的划分和命名也各不相同。

（1）光桐的主要品种

①米桐：又称五爪桐，树冠平展呈伞状，分枝多；果实丛生，果小皮薄，圆球形。其寿命长，果实产量高，是优良丰产品种。

②柴桐：树形高大，主干明显，枝稀疏，叶片大；果单生，柄短，长卵形，果皮厚。其寿命长。

③柿饼桐：侧枝较少，多数为二杈，常扭曲下垂；果单生，偶有2~3个丛生，呈柿饼状，果大皮厚，产量较低。

④对年桐：又称周岁桐，栽植后第二年开始结果。树形低矮，分枝低；果为圆球形，果皮薄，收获期较早，是早熟品种。

（2）皱桐的主要品种 包括尖皱桐、大皱桐、圆皱桐、长皱桐等。

2）分布范围

我国广泛栽培的是光桐，其属于典型的中亚热带树种。光桐在我国北纬22°15′~34°30′，东经99°40′~121°30′的广大亚热带地区都有栽培，在湖南、四川、重庆、贵州、湖北栽培最为集中，产量占全国产量的一半以上，浙江、广西、江西、广东、福建、台湾、安徽等也是主要栽培区，在陕西、云南、河南、江苏、甘肃等省的部分地区也有栽培。光桐垂直分布在海拔200~1 500 m的地区，以海拔800 m以下的低山丘陵地区分布最多，在四川省西昌（市）和云南省可达海拔2 000 m。

皱桐原产于我国云南省，是典型的南亚热带树种。皱桐仅限于在中亚热带南部和南亚热带中部与北部地区生长，要求平均气温在16 ℃以上，极端最低温度不低于−6 ℃，适宜在海拔500 m以下的丘陵、平地栽培，不宜在山地栽培。

3）生物学特性

油桐的根系发达，萌芽力很强，幼苗时期主根较明显，成林后侧根发达，须根生长茂盛。油桐对大气中的二氧化硫污染反应极为敏感，在硫磺厂、脱硫厂数十里范围内会受二氧化碳毒害而死亡，可作为大气中二氧化硫污染的监测植物。

油桐生长快，1年生苗高60~120 cm。除对年桐以外，油桐一般生长3~4年开始结果，6年后结果渐旺，6~30年为盛果期，30年后结果下降。

4）生态学特性

油桐是亚热带树种，喜温暖、湿润的气候环境，我国栽培地区的年平均气温为15~22 ℃，年降水量为750~2 200 mm，以年平均气温16~18 ℃、年降水量900~1 200 mm最为适宜。油桐不耐低温，在−7 ℃以下幼桐即受冻害，不易成活。油桐在生长发育的不同时期对气候环境的要求不同，在3—4月开花期要求气温不低于14.5 ℃，这一时期油桐怕寒风和冷霜；在果实生长发育和花芽分化形成的夏季，要求有较长时间的高温和充足的雨量；在落叶和停止生长后的冬季，要求有短暂的低温，以保证植株充分停止生长完成休眠。

油桐为喜光树种，不耐庇荫，喜生于向阳避风、排水良好的缓坡，在阳光充足的地方开花结果良好，果实含油量高，结果期也怕遭风害。

油桐对土壤的要求较高，适宜生长于土层深厚、疏松、肥沃、湿润、排水良好的中性或微酸性土壤。在土壤过酸、过碱、过黏、干燥、瘠薄、排水不良的地方，均不宜栽植。

2.5.2 造林技术

1）育苗

油桐采取播种育苗。油桐种粒大、发芽率高、生长快，可冬播，也可春播。选向阳、排水良好的肥沃沙壤土圃地，深耕施肥，细致整地。在2—3月进行春播。在整好的圃地上，按行距20~30 cm、株距10~15 cm点播，播后覆土3~4 cm，播后约1个月即发芽出土。播种量为750~900 kg/hm²，苗期及时进行松土、除草、施肥、排水等管理工作。1年生苗高80~120 cm即可出圃造林。

2）造林

油桐多采用直播造林，也可植苗造林。

（1）造林地的选择　造林地宜选向阳、开阔、避风的缓坡、山腰和山脚，土层深厚、排水良好的中性或微酸性沙质壤土。在海拔过高的冲风地、低洼积水的平地、荫蔽的山谷中，在过于黏重的酸性土壤上，均不宜栽培油桐。

（2）整地方式　细致整地是保证油桐丰产的重要技术措施。在坡度较大的山地可进行带状整地，带宽1~1.3 m，带间留1 m左右宽的草带，造林后通过抚育管理，将林地逐渐修筑成阶梯。整地深度一般为20~30 cm，按株行距挖好栽植穴，施足底肥。

（3）造林密度　应根据立地条件、品种特性、经营方式等，综合考虑油桐的造林密度。在一般情况下实行纯林经营的（早期间作），造林密度约为300株/hm²；实行油桐与油茶、杉木短期间作的，油茶的造林密度为1 500株/hm²，杉木的造林密度为1 800株/hm²，油桐的造林密度为900株/hm²，呈梅花形配置。

（4）造林季节和造林方法　油桐以直播造林为主，也可植苗造林，冬播、春播均可。冬播时期在霜降至立冬，春播时期在立春至清明。在已整好的造林地上定点挖穴，穴的规格为50 cm×50 cm×30 cm，穴底施基肥，每穴均匀点播种子2~3粒，覆土厚5~7 cm。春播后约经1个月，种子发芽出土，幼苗出齐后间苗，每穴留健壮苗1株。

（5）油桐的经营方式

①油桐纯林。便于集约化经营，是实现高产、稳产、高效的重要经营模式。纯林密度为450~900株/hm²，幼林期间可间种耐荫的药材、绿肥作物等。

②桐农混作。

a.油桐与农作物长期间作是将油桐栽在种有农作物的地边、地中、梯田的土坎上，油桐栽植得较稀。对农作物进行施肥、灌溉等管理时，也直接或间接地对油桐进行了抚育管理，从而使油桐生长和结果均良好。

b. 油桐与农作物短期间作是在油桐栽培初期间种农作物，油桐树结果后即停止间种。这种经营方式，栽培比较集中，经营比较方便，油桐生产期长，单位面积产量高，产量较稳定。四川小米桐、浙江五爪桐、湖南葡萄桐等适宜采取这种经营方式。

③零星种植。油桐也是四旁绿化的良好树种。在四旁和耕地边角的零星空地，土壤疏松肥沃、光照充足，油桐能充分发挥生产潜力，生长好、结实多、寿命长。选用树形高大、单株产量高的米桐等为宜。在适合皱桐栽培的地区，用皱桐的嫁接苗栽培效果更好。（雌株嫁接苗应配置适当数量的授粉树）

3）抚育管理

油桐不耐荒芜，一旦不加抚育，则林地杂草丛生，油桐生长受影响甚至全株枯死，所以加强抚育管理是促进油桐速生丰产的关键。桐茶混交和桐杉混交的幼林中，一般每年松土除草2~3次，在5—9月杂草繁茂时及时松土除草，将杂草埋入土中并进行培土。成林以后，每年仍需中耕，消灭杂草，使表土保持疏松。

油桐年年结果，消耗养分较多，因此需要及时施肥。在幼林时期，多施氮、钾肥，成林后，除施有机肥外，要多施磷肥，以促进开花结果。施肥可结合松土除草进行，最好在春、夏季各施1次，有利于促进花芽形成，供应果实生长所需的养分。

光桐为混合芽，一般不进行修剪，仅在采果后到第2年萌发前适当修除衰弱枝、病虫害枝、徒长枝等。对衰老的油桐树，可进行1次强度修剪，在冬季将主干上的2~3轮分枝以上的枝条全部修掉，以促进其抽生新枝，修剪的第2年即开始结果。油桐的萌芽能力很强，对荒芜的油桐林或已衰退的老油桐树可采用垦复或平茬的方法更新，恢复其结果能力。

2.6　文冠果造林技术

文冠果（*Xanthoceras sorbifolia* Bunge）又名文官果、文光果、文灯果、木瓜、文登阁、崖木瓜等，属无患子科文冠果属落叶乔木或小乔木，为单属种，有"千花一果"之称。文冠果是我国特有的木本油料树种，原产于我国北方，是我国北方地区一种优良的木本食用油料树种和生物质能源树种，具有较高的工业开发价值，同时也是优良的水土保持和园林绿化树种，广泛应用于造林绿化。其在生态、能源等方面的综合经济价值较高，曾被世界许多国家引种。

2.6.1　林学特性

1）分布范围

文冠果水平分布于北纬33°~46°、东经100°~125°，生长于海拔52~2 600 m的荒坡、沟谷间和丘陵地带，在辽宁建平—北京—山东青岛—安徽合肥—河南栾川—陕西洛南—甘肃平凉—青海循化—西藏察隅一线以西以北地区均有分布。黑龙江、吉林、辽宁、内蒙古、山西、陕西等地进行了文冠果试验性栽培，选育出适宜当地生产的品种，内蒙古、山东、河南、甘肃等地均已成立专门从事文冠果产业推广的公司。

2）生物学特性

文冠果是深根性树种，根系发达，萌蘖力很强，经多次砍伐仍能萌蘖更新。文冠果结实早、产量高、寿命长，栽植后 3~5 年开始结实，7~8 年产量迅速增长，30~40 年进入盛果期，结实年龄可延续 200 年。

3）生态学特性

文冠果喜光照充足的生长环境，耐半荫，多散生于沟边崖畔；抗寒性强，可耐 –33.9 ℃的绝对低温；耐旱、耐瘠薄，在年降水量为 150 mm 的地方也有散生树木，在年降水量为 400 mm 以上的地区可作造林树种。文冠果不耐涝、怕风，在排水不好的低洼地区、重盐碱地和未固定沙地不宜栽植。其对土壤的适应性强，在中性、微酸性或微碱性土壤上均能生长，但以在湿润、肥沃、通气良好的微碱性土壤上生长得最好。

2.6.2 造林技术

1）育苗

文冠果以播种育苗为主，也可插根育苗和根蘖育苗。

（1）播种育苗　苗圃地应选择地势平坦、光照充足、土层深厚、土质肥沃、排灌方便的沙壤土和壤土。秋季深翻 25~30 cm，翌春浅翻一遍，施基肥 37~45 t/hm²，结合春耕将基肥翻入土内。播种前要进行种子处理，其方法是：先把种子沙藏 40~50 d，过筛后将种、沙分离，用 50~60 ℃热水浸种两昼夜，将种子捞出后堆放在地面，上覆湿草帘或湿麻袋，每天用温水浇洒、翻动 2 次。室温保持在 20 ℃，待 20% 左右的种子裂嘴时即可播种。一般在 4 月中上旬播种，播种量为 225~300 kg/hm²。播种前 5~7 d，灌足底水，土壤松散时顺畦开沟，沟距 20 cm，沟深 3~4 cm。点播，间隔 15~20 cm，种脐要平放，覆土厚度为 2~3 cm。幼苗出土后，要防止鸟兽害。要掌握好灌水量，防止土壤湿度过大，造成幼苗根颈腐烂。6—7 月加强管理，可促进较早封顶的苗木二次生长。全年一般要进行 3~4 次中耕除草。

（2）插根育苗　挖健壮母树的根系，截成长 15 cm、粗 3 cm 以上的根桩，按粗细分级。春插，根桩大头向上，埋入土中，顶端低于地表 2~3 cm，插后及时灌水。萌芽后，选留一个健壮芽。

（3）根蘖育苗　春、秋两季，距树 1 m 处开环形沟，切断根系，促进分蘖。1 年生根蘖苗在春季即可上山造林。

2）造林

（1）造林地的选择   对文冠果，应选择土层深厚的沙壤土，在坡度不大、背风向阳的地方造林，也可以在梯田和条田的地埂上栽植文冠果。

（2）整地方式   造林地要进行细致整地，3°～10°的平缓山坡要全面翻耕；10°以上的坡地鱼鳞坑整地，规格为长径100 cm、短径60 cm、深50 cm。亦可采用反坡梯田、水平阶等整地方式。

（3）造林季节和造林方法

①植苗造林。春季土壤化冻30 cm以上即可造林，做到"顶浆"造林。穴内施基肥或铲入草皮土、腐殖质土。文冠果的根系脆嫩，伤口愈合能力较差，起苗时要注意保护根系。栽植时根系要舒展，埋土不要过深，要踩实填土。有条件时，栽植后立即灌水，待水渗下后覆一层疏土。文冠果油料林造林密度为1 250～1 660株/hm^2，株行距以2 m×3 m～2 m×4 m为宜；文冠果水土保持林造林密度为5 000～7 000株/hm^2，株行距以1 m×1.5 m为宜。

②直播造林。4月下旬开始直播，每穴施有机肥7.5 kg，与穴土拌匀，播种量为3粒/穴，覆土厚2～3 cm，播后踩实，播种量为300～375 kg/hm^2。

3）抚育管理

（1）松土除草   种植后应常松土除草，全年除草3次以上，及时中耕。

（2）水肥管理   在文冠果开花前追施氮肥，果实膨大期追施磷、钾肥，保花、保果，花期喷洒萘乙酸钠提高坐果率至90%以上，增加产量效果明显。新梢生长期、开花坐果及果实膨大期，适时浇水，以促进文冠果生长发育。对4年生以下幼树，每株施农家肥150 kg、过磷酸钙5 kg，施肥深度为40～50 cm。对文冠果大树，按树冠面积估计施肥量，一般施尿素50 g/m^2、过磷酸钙100 g/m^2，农家肥按尿素20～50倍量施入。

（3）整枝   文冠果栽后4年即可开花结果，为便于采收果实，要采取矮干主枝形整枝方法，主枝40～80 cm定干，当年冬季整形，修剪为辅助手段，不得重剪，选留的主枝要高低一致，放开促其生长，对过强枝则适当回缩，使其高度与其他主枝基本一致；当年6月中旬进行夏季整形，选留1个主干、3～4个主枝，其余枝条短截，留5～10 cm丰产桩，主枝开张角度要大、分布均匀，树冠呈半圆形，短截枝条，为提早挂果，应继续甩放。

2.7 黄连木造林技术

黄连木（*Pistacia chinensis* Bunge）别名黄楝树、黄连茶、药木、药树、楷木，为漆树科黄连木属落叶乔木，原产我国，在我国广泛分布。黄连木种子含油率42.5%，出油率20%～30%，是生产生物柴油的重要原料之一。近年来，随着生物柴油技术的发展，黄连木在生物质能源产业开发中受到广泛重视，被称为"植物石油"。黄连木的树皮含单宁，可提取栲胶；果、叶也可制作黑色染料；鲜叶可提炼芳香油；木材可供建筑、雕刻及制作家具、车辆、农具等用。黄连木的寿命可达百年以上，是集能源、药用、绿化、用材、观赏为一体的多用途树种。

2.7.1 林学特性

1）分布范围

黄连木在温带、亚热带和热带地区均能正常生长，在黄河流域、两广（广东、广西）及西南各地均有分布，以河北、河南、山西、陕西最多。

2）生物学特性

黄连木为深根性树种，主根深达 3 m 以上，吸收根主要分布在 0.2~0.4 m 深的土壤中。其新梢于 3 月中下旬开始顶芽萌动，9 月上旬停止生长；3 月上中旬花芽萌动，4 月中旬为盛花期；5 月上旬—6 月上旬为果实速生期，6 月中旬为硬核期，7 月上中旬进入质量增长和油脂转化期；早熟品种果实于 8 月上中旬开始变红，9 月上中旬成熟；晚熟品种果实于 9 月初开始变红，10 月上中旬成熟。

3）生态学特性

黄连木为喜光树种，稍耐荫，在阴坡或庇荫较大的情况下往往生长不良，结实量降低。黄连木喜温暖，怕寒，能耐 –20 ℃的低温；耐旱、耐瘠薄，对土壤要求不严，在微酸性、中性和微碱性的沙质土、黏质土上均能生长，但生长缓慢，在肥沃、湿润、排水良好的石灰岩山地生长最好；对二氧化硫、硫化氢和煤烟有较强的抗性。

2.7.2 造林技术

1）播种育苗

播种前用 0.5% 高锰酸钾溶液浸泡种子 1~2 h，将种子冲洗干净后用 40 ℃左右的温水浸泡 12 h，之后取出种子置于 25~28 ℃的温暖处催芽，待 30% 的种子露白后播种。3—4 月，在苗床上开沟条播，沟宽 10 cm、深 2~3 cm，沟距为 25 cm。将种子均匀地撒在播种沟内，用细土覆盖，以不见种子为度，轻轻镇压，再用稻草覆盖。播种量为 112.5~150 kg/hm²。也可秋季随采随播。

2）造林

（1）造林地的选择　黄连木造林可选择土层厚度在 30 cm 以上，光照充足，坡度比较平缓（10° 以下），立地条件好，面积相对集中连片，交通方便，能形成适宜经营规模的宜林荒山荒地、采伐迹地或退耕地。

（2）整地方式　10° 以下坡地，采用机械全垦整地，在山腰和山脚留置生草带，防止水土流失，然后挖穴（规格为 60 cm×60 cm×40 cm）；或采用带状整地，带宽 1 m，然后挖穴（规格为 60 cm×60 cm×40 cm）。10° 以上坡地，采用穴状整地（规格为 60 cm×60 cm×40 cm），同时对林地进行块状或带状清理。块状清理以种植穴为中心，清除周围 80 cm×80 cm 范围内的灌丛和杂草；带状清理的清理带宽为 60 cm 左右，清除带内的灌木丛和杂草。

（3）造林季节和造林方法

①植苗造林。选择品种优良、根系发达、生长发育良好、植株健壮，裸根苗达到《主要造林树种苗木质量分级》（GB 6000—1999）规定的 Ⅰ、Ⅱ 级苗木，容器苗应严格执行《容器育苗技术》（LY/T 1000—2013）的有关规定。在春季、雨季或秋季进行栽植，造林密度约为 1 500 株 /hm²，三角形配置。

②直播造林。在立地条件较好的山地，秋季种子成熟后随采随播造林，黄连木的出苗率在 70% 以上，但生长缓慢，应加强抚育管理，增强其对外界环境的适应能力。

（4）幼林抚育

①施肥。包括施基肥和追肥。基肥要采用充分腐熟的有机肥或复合肥，在栽植前结合整地施于穴底，一次施足。追肥采用复合肥，一般在栽植幼苗后 1~3 年施用。

②松土除草。连续进行 3~5 年，每年 1~3 次。也可实行林农间作，以耕代抚。

2.8　乌桕造林技术

乌桕［Sapium sebiferum（L.）Roxb］为大戟科乌桕属落叶乔木，是我国特有的木本油料树种。乌桕的全籽含油率达 41% 以上，是生物柴油的优质原料树种，与油茶、油桐和核桃并称"中国四大木本油料植物"。其木材纹理致密，材质轻软，易于加工，可作家具、农具、雕刻、造纸等用材；树形优美，秋季红叶，是良好的四旁绿化树种。乌桕寿命达百年以上，是集能源、药用、材用、观赏为一体的多用途树种。

2.8.1　林学特性

1）分布范围

在我国，北起陕西、甘肃南部、河南西部、江苏南部，南至广东沿海及海南，东到浙江、江苏沿海，西至四川及云南，均有乌桕自然分布。乌桕在海拔 800 m 以下地区均能生长，在海拔 300~400 m 地区生长得较好。

2）生物学特性

乌桕为速生、喜光树种，1 年生播种苗高度可达到（甚至超过）1 m，10 年左右的乌桕树高达 8~10 m，胸径达 14~18 cm。实生乌桕苗 5~8 年开始结果，10~50 年为盛果期；嫁接苗 3~5 年开始结果，在结果的同时树体营养生长逐渐减慢。70 年后，乌桕树体很少挂果。

3）生态学特性

乌桕的耐寒性不强，适生于年平均气温 16~19 ℃，极端低温 -10 ℃以上，年降水量 1 000~1 500 mm 的地区。其对土壤的适应性较强，在红壤土、黄壤土、黄褐色土、紫色土、棕壤土等上能良好生长，土壤质地从沙质、黏质到钙质土，pH 值从 4.5 到 8.5 均可，在酸性、中性、微碱性土壤上均能生长，具有一定的抗盐性。但乌桕以在深厚、湿润、肥沃的冲积土上生长得最好，土壤水分条件好则生长旺盛。

2.8.2 造林技术

1）育苗

乌桕育苗有播种育苗和嫁接育苗两种方式。

（1）播种育苗

①圃地选择。选择光照充足，土层深厚、疏松的地块，深翻细耙，施足基肥，筑成高床。

②种子处理。乌桕种子外被蜡质，影响种子吸水和发芽，播前应进行去蜡处理。用 60~80 ℃热水浸泡，边倒水边搅拌，待冷却后再浸 24 h，或用冷水浸种 3 d。待蜡皮软化，用石碓或碾米机去蜡（也可用碱水去蜡）。种子外的蜡脱去后，水洗、晾干种子，待播。

③播种。冬播、春播均可，一般以春播较好。条播，行距约为 30 cm，播幅为 12 cm，沟深为 3 cm。

a.春播。在 2—3 月进行，播后 50~90 d 幼苗可全部出土，春播宜早，以利幼苗早出土，幼苗的生长期长、抗性强。

b.冬播。在 11—12 月进行，翌春 4 月中下旬发芽出苗，由于出苗前种子在土壤中的时间长，土壤易板结、杂草多，需加强管理。

④播种量。大粒去蜡种子的播种量为 112 kg/hm²，小粒种子的播种量为 75 kg/hm²，覆土厚度为种子直径的 2~3 倍。幼苗出齐后，及时松土除草、施肥，9 月后停施氮肥，增施磷、钾肥，以防冻害。

乌桕苗极怕庇荫，过密则生长细弱，木质化差，不适合用于造林和嫁接，应及时间苗，株距保持在 8~10 cm。1 年生苗高 1 m 以上即可出圃造林。供嫁接用的砧木苗，其地径应在 1 cm 以上。

（2）嫁接育苗

①枝接。接穗必须选自优良品种、类型，在此基础上，注意选择优良单株。现在多采用在苗圃地进行小苗嫁接的方法。小苗嫁接具有操作简便、工效快，幼苗成活率高、伤口愈合好等优点，同时可以让结果期大大提前。一般采用 1 年生枝条作为接穗，接穗要粗壮、

组织充实、芽体饱满，粗度以 0.75~1 cm 为好。接穗可以随采随接，也可以在冬季采种时利用采下的果穗下部枝条，将枝条剪成 60~80 cm 长，放室内层积沙藏，翌年春季嫁接。如从外地采集接穗，远途运输须在冬季进行，可将接穗用湿润的稻草包好，避免接穗风吹日晒，途中时间不宜太长，运到目的地后立即沙藏。

②芽接。芽接方法简便，节省接穗，同时嫁接时间长，春、夏、秋三季均可嫁接，以春、夏季为好。乌桕大树嫁接多用于低产林的改造、换种。嫁接方法有插皮接、劈接、切接等，群众习惯用劈接。乌桕如用于公路两侧、公园绿化，为防水浸和人畜为害，可用高接，嫁接高度为 1.3~1.5 m。

2）造林

（1）造林地的选择　山地选海拔 800 m 以下，土壤深厚、肥沃，坡度在 15° 以下的阳坡；梯田、地埂、道路两旁、海涂等均可造林。

（2）整地方式　在平原及缓坡地，水土不易流失的地方，进行全面整地；在坡度较大的山地进行带状整地；在四旁、田头、地埂可零星栽植，采用块状整地。

（3）苗木规格　苗木规格按《主要造林树种苗木质量分级》（GB 6000—1999）的规定，或按各地方标准执行。选用生长健壮、根系发达完整、无病虫害，苗高 80 cm 以上，地径 0.8 cm 以上的 I 级乌桕实生苗；或苗高 150 cm 以上，地径 1.5 cm 以上的 I 级乌桕嫁接苗造林。

（4）造林密度　根据培育目标、立地条件和经济条件确定合理的造林密度：株行距 3 m × 4 m，720~840 株 / hm²；或株行距 3 m × 5 m~4 m × 5 m，465~630 株 / hm²；或株行距 5 m × 5 m~5 m × 6 m，330~405 株 / hm²。

（5）造林季节与造林方法　冬季落叶后到翌年春季萌芽前，进行植苗造林。乌桕在比较寒冷的地区宜春栽，以免冻害。

（6）混交模式　乌桕能源林在条件许可时可选择营造混交林，但要选择合适的伴生树种，确定合理的混交模式。据试验研究，5乌桕5竹柏和8乌桕2竹柏的混交效果都不错。混交方式多采用带状混交、行带混交或块状混交，混交比例以 5：5 和 8：2 为宜。

3）抚育管理

（1）林粮间作　林粮间作是乌桕片林常用的经营方式。不论是在平原或丘陵山地，生长结果比较好的成片乌桕林均进行了林粮间作。间种的作物有豆类作物和绿肥作物。

（2）冬挖、伏铲、春施肥　冬季深挖，结合施有机肥，春季在春梢萌发前施速效氮肥，7 月以后施磷、钾肥。深挖施肥，可以改善土壤状况，提高土壤肥力，促进乌桕生长和结果。

伏铲是 7 月进行铲山、除草和松土。

（3）整形修剪　采取截干、抹芽、修剪技术把单主干变成三权状，通过控制二级和三级分枝数量及其伸展方向，使乌桕树形成合理的圆球形树冠分枝体系基本骨架，以培育矮化丰产树形。

4）果实采收、处理与储藏

（1）果实采收　乌桕果实成熟期为 10 月下旬—11 月下旬，在乌桕果实的外果皮从绿色转变成暗黑色，外果皮开裂露出白色种子后，选晴天无露水时，用高枝剪或采摘刀从果枝基部将果穗剪断，采收果实。采收应及时，做到树上采净、地下拣净、少伤母枝。

（2）果实处理　将采下的果穗整理成束，用脱粒机脱粒、去除杂质、晾干，不能暴晒，以防损失油分。乌桕籽含水率应在 7% 以内。

（3）果实储藏　对榨油用种子，采回的乌桕籽要边脱粒边加工，需储藏的种子应在脱粒后及时晾干，储藏于阴凉、通风、干燥、防潮防鼠的库房中。种子存放的时间不宜太久，应尽快榨油。对播种用种子，选粒大、饱满、蜡皮厚的乌桕籽脱粒，去除杂质、晾干，用麻袋或木桶盛装，放置于干燥、通风的室内，经常检查，以防种子发热霉变。

◎ 巩固拓展

一、思考与练习题

（一）填空题

1. 文冠果喜光照充足的生长环境，耐半荫，抗旱能力极强，在年降水量为 150 mm 的地区也有散生树木，但文冠果不（　　　　）、（　　　　），在排水不好的低洼地区、（　　　　）和（　　　）不宜栽植。

2. 黄莲木耐（　　　）、耐（　　　），对土壤要求不严。

3. 油桐对土壤的要求较高，适宜生长于土层深厚、疏松、肥沃、湿润、排水良好的（　　　）或（　　　）土壤上。

（二）选择题（单选）

1. 银杏是一种（　　　）树种。

　　A. 喜光　　　　　　B. 耐荫　　　　　　C. 耐水湿　　　　　　D. 半喜光

2. 板栗对土壤条件的要求是（　　　），土层深厚、质地疏松、湿润、肥沃、有机质含量高的沙壤土。

　　A. 酸性　　　　　　B. 碱性　　　　　　C. 微酸性　　　　　　D. 微碱性

（三）问答题

1. 简述核桃的生态学与生物学特性。

2. 简述核桃造林技术。

3. 简述文冠果造林技术。

4. 简述板栗造林技术。

5. 简述油桐造林技术。

二、阅读文献题录

1. 苏咏农 . 板栗文化 ［J］. 农家致富，2018（10）.

2. 赵艳斌，王建军 . 怀柔板栗　香飘天下 ［J］. 北京农业，2014（28）.

3. 吕文锦，王珏 . 漾濞核桃三千年　遍植滇境惠民生 ［J］. 中国西部，2016（9）.

4. 石建平 . 坚定文化自信　勇担新征程文化使命 ［N］. 中国文化报，2021-01-11（2）.

5. 孙涛 . 着力提高社会文明程度 ［N］. 青岛日报，2021-01-10（4）.

6. 魏敬东 . 用社会主义核心价值观熔铸灵魂 ［N］. 四平日报，2020-12-29（7）.

7. 张文虎 . 有机核桃栽培技术规程 ［J］. 农村实用技术，2020（5）.

8. 尹晨光 . 秦州区核桃树丰产栽培管理技术 ［J］. 农村实用技术，2020（1）.

9. 徐英梅 . 旱地板栗幼树丰产栽培技术 ［J］. 落叶果树，2020，52（2）.

10. 梁飞林 . 甘肃省张掖市银杏生长势分析及引种驯化栽培技术 ［J］. 河西学院学报，2019，35（2）.

11. 杨朝兴 . 文冠果区域栽培及资源管理技术 ［J］. 林业科技通讯，2020（8）.

12. 王浩，顾仲阳，颜珂 . 一坡一岭，护好美丽中国鲜明底色——践行习近平生态文明思想的水土保持实践 ［N］. 人民日报，2021-12-11（2）.

13. 杨忠武 . 以新理念引领生态文明建设 ［N］. 人民日报，2018-07-10（5）.

14. 本报评论员 . 新时代推进生态文明建设的重要遵循——二论学习贯彻习近平总书记全国生态环境保护大会重要讲话 ［N］. 人民日报，2018-05-21（1）.

三、标准与法规

1. LY/T 1337—2017　板栗优质丰产栽培技术规程

2. LY/T 1943—2011　文冠果栽培技术规程

3. LY/T 2128—2013　银杏栽培技术规程

4. LY/T 1328—2015　油茶栽培技术规程

5. LY/T 1327—2017　油桐林培育技术规程

6. LY/T 1903—2010　乌桕栽培技术规程

7. GB 6000—1999　主要造林树种苗木质量分级

8. LY/T 1000—2013　容器育苗技术

9. LY/T 3004.4—2018　核桃 第 4 部分：核桃优质丰产栽培技术规程

参考文献

［1］张玉芹.森林营造技术［M］.咸阳：西北农林科技大学出版社，2010.

［2］张余田.森林营造技术［M］.北京：中国林业出版社，2015.

［3］翟明普，沈国舫.森林培育学［M］.3 版.北京：中国林业出版社，2016.

［4］李典.黄土高原地区主要水土保持树种育苗及造林技术［M］.郑州：黄河水利出版社，
　　2006.

［5］王凤友.营造林技术：北方本［M］.哈尔滨：东北林业大学出版社，2005.

［6］GB/T 15776—2016　造林技术规程

［7］GB/T 15163—2018　封山（沙）育林技术规程

［8］GB/T 18337.3—2001　生态公益林建设技术规程

［9］LY/T 1528—2016　湿地松速生丰产林栽培技术规程

［10］LY/T 3047—2018　日本落叶松纸浆林定向培育技术规程

［11］GB 6000—1999　主要造林树种苗木质量分级

［12］GB 7908—1999　林木种子质量分级

［13］GB/T 15783—1995　主要造林树种林地化学除草技术规程

［14］LY/T 2083—2013　全国营造林综合核查技术规程

［15］LY/T 1895—2010　杨树速生丰产用材林定向培育技术规程

［16］LY/T 1337—2017　板栗优质丰产栽培技术规程

［17］LY/T 1943—2011　文冠果栽培技术规程

［18］LY/T 2128—2013　银杏栽培技术规程

［19］LY/T 1328—2015　油茶栽培技术规程

［20］LY/T 1327—2017　油桐林培育技术规程

［21］LY/T 1903—2010　乌桕栽培技术规程

［22］王震明，李领寰，任佳伦，等.基于无人机低空摄影测量技术的造林作业设计研究
　　［J］.华东森林经理，2020，34（1）：60-64.

［23］周建国.环京津冀造林工程作业设计方案［J］.青海农林科技，2019（4）：88-
　　90，101.

［24］董爱国．造林规划设计中造林树种与密度选择研究［J］．林业勘查设计，2018（2）：121-122.

［25］闫蓬勃．中国城市树种多样性评价及树种规划研究［D］．北京：北京林业大学，2019.

［26］张文虎．有机核桃栽培技术规程［J］．农村实用技术，2020（5）：51.

［27］尹晨光．秦州区核桃树丰产栽培管理技术［J］．农村实用技术，2020（1）：38-39.

［28］徐英梅．旱地板栗幼树丰产栽培技术［J］．落叶果树，2020，52（2）：58-59.

［29］梁飞林．甘肃省张掖市银杏生长势分析及引种驯化栽培技术［J］．河西学院学报，2019，35（2）：39-42.

［30］杨朝兴．文冠果区域栽培及资源管理技术［J］．林业科技通讯，2020（8）：110-112.

［31］郭俊杰．营造林工程质量控制研究［J］．山西林业，2019（S1）：17-18.

［32］张杰，王恒．造林质量检查验收研究［J］．江西农业，2019（2）：97.

［33］张毅．人工造林检查验收研究——以小陇山林区山门林场为例［J］．乡村科技，2018（14）：54-55.

［34］梅浩．基于造林综合核查的营造林质量问题研究［D］．长沙：中南林业科技大学，2018.

［35］赵国军．辽西地区主要防风固沙林模式及应用［J］．现代农业科技，2019（14）：140，143.

［36］厉静文，刘明虎，郭浩，等．防风固沙林研究进展［J］．世界林业研究，2019，32（5）：28-33.

［37］赵香君，付晓，何山．宁夏灵武引黄灌区植苗造林技术［J］．现代农业科技，2020（8）：159-160.

［38］李玉平，祝钰，赵银河，等．土壤保水剂在山区植苗造林中的应用研究［J］．林业科技通讯，2020（3）：62-63.

［39］王玉道，高峰．提高荒漠滩地梭梭植苗造林成活率的综合措施［J］．林业科技通讯，2020（2）：76-78.

［40］胡滨江．植树造林的常用方法及主要技术要点［J］．黑龙江科学，2020，11（10）：122-123.